卫拉特蒙古传统服饰变迁研究

WEILATE MENGGU CHUANTONG
FUSHI BIANQIAN YANJIU

U0149669

乌云 著

中国纺织出版社有限公司

内 容 提 要

服饰和人的关系密不可分，日常生活中的服饰变迁是人类文化变迁中的重要内容。本书以卫拉特蒙古传统服饰为例，通过梳理卫拉特蒙古服饰形成与变迁的过程，从而了解现代民族服饰传统形成的大致脉络，探讨现代日常生活中个体对传统服饰的选择实践，以及面对日渐退出日常生活的传统服饰如何进行传承和发展等问题。

本书适合民族服饰以及相关领域研究者和爱好者阅读参考。

图书在版编目（CIP）数据

卫拉特蒙古传统服饰变迁研究 / 乌云著. -- 北京：
中国纺织出版社有限公司，2022.5

ISBN 978-7-5180-9394-6

Ⅰ. ①卫… Ⅱ. ①乌… Ⅲ. ① 厄鲁特—民族服饰—服饰文化—文化史—研究—中国 Ⅳ. ①TS941.742.812

中国版本图书馆CIP数据核字（2022）第037847号

责任编辑：华长印 刘美汝 责任校对：江思飞
责任印制：王艳丽

中国纺织出版社有限公司出版发行
地址：北京市朝阳区百子湾东里 A407 号楼 邮政编码：100124
销售电话：010—67004422 传真：010—87155801
http://www.c-textilep.com
中国纺织出版社天猫旗舰店
官方微博 http://weibo.com/2119887771
北京华联印刷有限公司印刷 各地新华书店经销
2022 年 5 月第 1 版第 1 次印刷
开本：710×1000 1/16 印张：15.5
字数：267 千字 定价：98.00 元

凡购本书，如有缺页、倒页、脱页，由本社图书营销中心调换

前言
FOREWORD

服饰被称为人类的"第二皮肤",在人类日常生活"衣食住行"中居于首位,与人的关系可谓密不可分。服饰的变迁是人类文化变迁中的重要内容,无论是在历史进程中还是在现代日常生活中,服饰都在或快或慢地发生着变迁。

人类学对文化变迁的研究已从文化的属性、特征、功能,以及文化与人的关系等方面进行了深刻思考,并形成了诸多理论。然而,文化变迁理论在有关其原因、规律等问题的探讨中,普遍从民族社会内部的文化发明、发现,以及从外部自然与社会环境的影响方面进行分析,而对从个体思维观念角度寻求和揭示文化变迁的基本动因方面有所忽视。在以往有关服饰文化的研究中,往往比较重视作为物质外在的服饰款型、材质、色彩、装饰等因素的影响,而较少关注服饰穿着的主体——人对服饰文化的产生、变迁过程起到的关键作用。

日常生活范围是每一个人周而复始、循环往复的生存领域,人们每日都要对自己的着装进行选择和实践。在现代日常生活中,民族传统服饰的境遇,以及人们对民族传统服饰选择实践所进行的思维过程,是未来民族传统服饰发展变迁的重要基础和前提。而文化变迁是以人的思维观念结构变迁引领文化客体结构变迁的规律,也正是日常生活中人的思维过程与实践活动的关系体现。

卫拉特蒙古在历史上也被称为四卫拉特,不同时期四卫拉特的组成部分有所不同。卫拉特作为蒙古族的一个支系,在历史的进程中始终保持部落集团的整体性和独特性,并借北元时期"黄金家族"的衰落异军突起,曾一度统一东、西蒙古,获得统治蒙古的大权。由于历史原因,如今的卫拉特蒙古在国内分散居住于新疆、青海、甘肃、内蒙古等地,同时跨居蒙古国、俄罗斯等国家。而卫拉特蒙古服饰也在各地发展形成了品类多样的部落传统服饰。

本书研究的主题是日常生活中人与服饰的关系,在研究过程中提出现代日常生活中所谓的民族服饰的传统究竟从何而来,经历了怎样的文化变迁;在现代日常生活中,人们如何看待传统服饰,怎样进行对民族传统服饰的穿着实践;对日益退出日常生活的传统服饰,未来将如何进行传承和发展等问题。试图以卫拉特蒙古传统服饰为例,梳理历史上卫拉特蒙古服饰形成与变迁的过程,从而了解民族服饰传统形成的大致脉络,探讨现代日常生活中个体对传统服饰选择背后进行的思维活动,并且认为由个体的现代化带领传统服饰的现代化是传统服饰未来发展的主要内在推动力。而未来的民族服饰文化将随着个体日常思维的现代化转型,以及内在审美能力的不断提升走向与现代服饰时尚接轨的创新道路。

本书共由四个部分组成。在绪论部分,首先对卫拉特蒙古研究的相关前期研究成果进行回顾,梳理了国内在历史学、蒙古民间文学、语言学、民俗学、法学,以及相关研究机构对卫拉特蒙古的研究与考察实践所形成的研究成果,另外还有蒙古国、俄罗斯、日本等国家对卫拉特蒙古的相关研究。其次,对文化变迁、日常生活理论进行了探讨,认为文化变迁理论、日常生活的相关理论有助于我们深刻地认识文化的含义、属性、本质和发展规律等问题,并且对我们在日常生活实践中认识和处理文化现象、理解人与文化之间的关系等问题具有启发意义。对于本书的研究而言,日常生活既是一个实践概念,它意味着日常生活实践在各个具体方面的展开和进行,同时又是一个社会、文化哲学概念,在这个层面上,现代日常生活的发展成为检验以合理性为目标的现代价值观的基础。而关于对日常生活中服饰的所有认识及评价的基础和原则也都要在日常生活中建构,它把服饰文化导向了一个具体展开的、全面的实践语境。再次,对民族服饰的相关研究进行综述,分别以图像形式展示、介绍、收集卫拉特蒙古服饰,以民族习俗、文化等视角描写、分析卫拉特蒙古服饰的相关著述,以史诗等文学作品中对卫拉特蒙古服饰的描述进行相关研究。最后,对卫拉特蒙古服饰研究的相关概念进行了界定,包括卫拉特蒙古、卫拉特蒙古服饰、日常服饰、非日常服饰、传统服饰,其中将传统服饰又分为民族传统服饰和传统特色服饰。

在第二章,梳理了历史各时期中的卫拉特蒙古服饰,分别对早期、蒙元时期、明清时期、民国时期,以及 20 世纪 80 年代卫拉特蒙古的日常生活与服饰进行了描述。在整个历史时期,卫拉特蒙古日常生活是在不断发生着变化的,只是在封建社会时期这种变化十分缓慢,直至中华民国(后文简称"民国")成立以来才产生巨大变迁。而卫拉特蒙古的服饰随着卫拉特蒙古日常经济生活的综合化发展,不断向着丰富和多样化的方向变迁。历史各时期的卫拉特蒙古服饰款型相对稳定、变化较少,有明显的日常服饰和非日常服饰的划分,同时表现出明显的等级差异,主要以材质的不同进行区分。

在第三章,阐述了精英表述下的卫拉特蒙古传统服饰。首先,将国内卫拉特蒙古传统服饰分为新疆、青海、甘肃、内蒙古四个部分进行了描述。其次,对跨国卫拉特蒙古,主要包括蒙古国和俄罗斯联邦卡尔梅克共和国的卫拉特蒙古各自的传统服饰进行了介绍和描述。再次，对精英表述的卫拉特蒙古传统服饰的象征内涵进行了解析。并以传统服饰的传承与创新对精英表述的卫拉特蒙古传统服饰进行总结，认为右衽袍服、圆帽和戴帽檐、护耳、护颈造型的皮帽，以及靴子是最为普遍的卫拉特蒙古传统服饰搭配组合，它们传承了传统蒙古服饰的总体特征。而在传统服饰的创新方面，表现为将历史时期的男装或男女共同穿用的服饰款型转变为女子特有的服饰，将古代军戎服饰的元素融入传统服饰，对历史各时期服饰材质的仿制与替代，对周边民族服饰文化的借鉴与吸收，以及同一款服饰在不同地区的创新命名。

在第四章，对现代日常生活中卫拉特蒙古的传统服饰实践进行了观察与分析，从婚礼、大型活动、舞台表演三个方面阐述了卫拉特蒙古的传统服饰实践活动，以及现代民族特色服饰中象征内涵的式微。最后，对传统服饰制作者关于传统与现代的困惑进行了阐述。同时笔者认为，卫拉特蒙古传统服饰一直处于发展变化的动态过程之中，社会发展、经济进步及人们为适应社会、经济的发展而进行的心理调适，即人们关于传统服饰的价值观念、行为习俗等发生转变是推动这一进程的主要因素。其中个体与他者进行趋同或区分的思维活动也对现代日常生活中卫拉特蒙古传统服饰的具体实践过程起到引导性作用。

现代社会瞬息万变，现代日常生活中传统文化的存在方式及其可能发展变迁的方向成为值得思考的问题。本书通过对卫拉特蒙古传统服饰变迁历程的梳理，以及在现代日常生活中人们对传统服饰进行的选择与实践活动的分析，认为传统服饰必然在现代社会生活中做出调整与建构，提出个体的现代化有助于推动传统的现代化。而在这样的实践过程中，个体的现代化审美能力的提升与传统服饰的时尚化，将可能是引领传统服饰文化蜕变的途径之一。

乌云

2021 年 10 月

目录
CONTENTS

第四章
现代日常生活中卫拉特蒙古的传统
服饰实践 / 197

第一章
绪论

第一节　问题的提出

服饰，在人类日常生活的"衣食住行"中居于首位，与人的关系可谓密不可分，我们能够随时随地离开食物、房屋、汽车等生活用品，可是服饰却要始终伴随着我们。服饰的确称得上是人类的"第二皮肤"❶，"当我们想到自己身体的时候，自然会容易地想到服装。几乎作为身体的一部分，服装比其他占有物更为重要。"❷

服饰的重要性早已被古今中外学者所肯定，有关服饰的各种研究著述也可谓成果丰硕。从研究的内容来看，总体可以分为古代服饰研究和现代服饰研究两大类，其中古代服饰研究内容侧重于上层阶级的服饰，现代服饰研究内容则侧重于各民族的传统服饰研究，以及一些有关现代服饰设计、美学等方面的研究。而这些研究均对日常生活中的服饰内容关注较少，尤其对日常生活实践中个体与服饰的关系问题有所忽略。

众所周知，现今很多民族在日常生活中早已不穿戴以前的民族传统服饰了，有的民族多数时间穿着现代日常服饰，仅在一些仪式、活动等特殊场合才会换上民族传统服饰。而对于这些民族传统服饰稍作观察就会发现，所谓的民族传统其实并不严谨，各种东拼西凑和张冠李戴的情况随处可见。内蒙古曾于 2012 年出台了《蒙古族部落服饰》地方标准，这是全国首个民族服饰地方标准，确定了28 个蒙古族部落服饰的基本样式，旨在保护、研究和传承传统服饰文化。可是根据笔者的观察，当地的蒙古人在日常生活中选择传统服饰的时候，对上述标准中确定的各部落的具体款式、裁剪工艺等并没有进行严格区分和实际执行，有很多人选择了民族传统元素和现代时尚结合的无明显部落特征的民族风格服饰。

这不禁让人产生一系列的疑问，现代日常生活中所谓的民族服饰的传统究竟从何而来，经历了怎样的文化变迁？在现代日常生活中，人们如何看待传统服饰并怎样对民族传统服饰的穿着进行实践？对日益退出日常生活的传统服饰，未来将如何进行传承和发展？

---

❶ [美] 玛里琳·霍恩. 服饰：人的第二皮肤 [M]. 乐竟泓，杨治良，译. 上海：上海人民出版社，1991.

❷ [美] E. B. 赫洛克. 服装心理学 [M]. 吕逸华，译. 北京：纺织工业出版社，1986：35.

第二节　研究意义

本书研究的主题是日常生活中人与服饰的关系，以卫拉特蒙古传统服饰为例梳理历史上卫拉特蒙古服饰形成与变迁的过程，从而了解现代民族服饰传统形成的大致脉络，探讨现代日常生活中个体对自身服饰选择背后进行的思维活动，并且认为个体的现代化带领传统服饰的现代化是传统服饰未来发展的主要内在推动力。而未来的民族服饰文化将随着个体日常思维的现代化转型，以及内在审美能力的不断提升走向与现代服饰时尚接轨的创新道路。

本书研究意义在于：

①梳理和分析卫拉特蒙古传统服饰的历史发展与演变。

②通过对比各地区地方精英对现代卫拉特蒙古传统服饰的描述，分析传统服饰变迁的轨迹。

③考察各地卫拉特蒙古在现代日常生活中对传统服饰的选择实践，分析个体选择传统服饰背后进行的思维活动。

④思考现代日常生活中民族传统服饰的未来发展，以及如何实现传统服饰的现代化建构。

社会是由每一个个体的人组成的，社会的文化现象也是个体的人通过其内在思维外化于行动的集合而产生的。在以往的研究中，我们比较容易忽略个体的行为选择对整体文化形成的重要影响。在服饰文化的研究中，也比较重视作为物质外在服饰款型、材质、色彩、装饰等因素，而较少关注服饰穿着的主体——人对服饰文化的产生、变迁中起到的关键作用。

服饰的变迁无疑是人类文化变迁中的一部分内容，人类学对有关文化变迁的研究，至今已经形成了诸多的理论，对文化的属性、特征、功能，以及文化与人的关系等方面进行了深刻的思考。例如，提出了文化是人与其他生物相区别的重要标志，文化是包括人类创造的物质文化与精神文化的综合体，从总体看它是人类的一种生活方式、存在方式等。但是文化变迁的理论在有关文化变迁的原因、规律等问题的探讨中，并没有充分重视和利用以上的思考和见解，使得在分析文化变迁的动因之时，主要从民族社会内部的文化发明、发现，以及从外部自然与社会环境的影响中寻求答案，而忽视了从个体的主观思想世界中去寻找和揭示文化变迁的基本动因。例如，美国人类学家马歇尔·萨林斯（Marshall Sahlins）在其著作中看到了人的意义理性在促成文化变迁中的重要性 **❶**，但却没有充分地展示这

---

❶ Marshall Sahlins. Culture and Practical Reason[M]. Chicago：University of Chicago Press, 1978.

些意义理性的类型及其对不同文化体系变迁的影响。其他诸如进化论、传播论、功能论等学说也都没有阐明人的个体思维层面与文化变迁过程的具体关系❶。作为人类文化的载体之一，服饰文化经历了诸多变迁，而服饰文化变迁的主要动因也同样需要从人自身的思维变化中寻找答案。

服饰是人类最重要的文化创造之一，"是人类物质创造与精神创造的聚合体，体现着文化的一切特征"❷。它由人类创造，并穿着于人身之上，与人合为一体构成完整形象投入社会日常生活实践当中，因而它既是文化的产物又是文化的载体，很难截然分开其物质性和精神性，这两种性质是服饰文化同时兼备的。服饰的物质性由形态、色彩和材质经过人为的设计加工而成物质实体，但是整个过程不能缺少人创造的精神文化的内涵。服饰首先能够让人体适应各种自然温度，同时也能够让人以美的姿态在社会生活中进行个体展示，透过服饰的物质性表面，可以看到丰富的精神形态，这是研究其背后之社会文化的窗口。"服饰文化包括与服饰相关的全部穿着方式和观念形态，即既包括实际衣装、艺术饰品这些器物成果，也包括服制形式、审美趣味等制度、精神成果……是整个民族文化的构成要素。"❸

我国被誉为"服饰的王国"，具有悠久的服饰发展历史和博大精深的多元服饰文化。作为我国服饰文化的重要组成部分，各少数民族的服饰形制多样、色彩斑斓，同一民族不同支系、不同地域的服饰也各有传统、特色鲜明，整体构成了我国丰富多彩的服饰文化景观。所谓少数民族传统服饰，指"从古代服饰发展、演变而来，还承袭并保持着各民族固有特色的服饰"❹。服饰承载及反映了当地社会历史、神话传说、经济、文化、心理与所生活的自然生态环境。服饰及其生产再造的变迁与生计方式、经济结构、社会分工、价值评判、社会互动等息息相关，传统服饰历经数次变迁，呈现今天的样态，是研究民族发展历史、文化源流的活化石❺。

近现代以来，中国民族传统文化发生了重大的社会文化变迁。传统文化从内容到结构、模式、风格等方面都产生了质的变化，从而走进了现代化的进程。在此进程中，中国的传统文化产生变迁，日常穿着的服饰从民族传统服饰逐渐演变为全球趋同的现代服饰，民族文化特性不断消减。各少数民族包括民族支系的民族传统文化，只要接触了现代文明都会根据接触情况或快或慢地产生衰落、复

❶ 甘代军. 文化变迁的逻辑——贵阳市镇山村布依族文化考察 [D]. 北京：中央民族大学，2010：1.
❷ 华梅. 服饰心理学 [M]. 北京：中国纺织出版社，2004：1-8.
❸ 苑涛. 中国服饰文化略论 [J]. 文史哲，1991(3)：96-100.
❹ 刘军. 中国少数民族传统服饰的文化功能 [J]. 黑龙江民族丛刊，2004(4)：68.
❺ 胡文兰. 布依族妇女传统蜡染服饰变迁的"真假"之喻 [J]. 广西民族研究，2019(1)：75.

兴、创新等结构性的文化变迁现象，无一能幸免。

卫拉特蒙古也称西蒙古，在历史上也被称为四卫拉特，不同时期四卫拉特的组成部分有所不同。卫拉特作为蒙古族的一个支系，它在历史的进程中，始终保持部落集团的整体性和独特性，并借北元时期"黄金家族"的衰落，异军突起，曾一度统一东西蒙古，获得统治蒙古全体的大权。卫拉特蒙古在逐步西迁的过程中，有一部分迁徙至伏尔加河畔，有一部分南下到青海、甘肃等地，还有后来到达内蒙古的分支。他们在迁徙过程中，在保持自身文化特色的基础之上，广泛接纳、吸收了各周边民族文化的因素，并不断创新发展，形成品类多样的卫拉特各部落的传统服饰。

当下，中国各族人民的社会与文化正在或者即将走向从传统社会与传统生活方式向现代化社会与现代生活方式的过渡，现代化正在成为当今中国社会与中国文化的大趋势。这样丰富多彩、错综复杂并时有阵痛的伟大实践，为民族学研究的参与介入提供了绝好的机会❶。

史徒华（Steward，Julian H.）在《文化的变迁理论》中强调，他的研究目标是"论述局部性现象（phenomena of limttited occurrance）之决定因素。这些现象所归属的范畴一般称之为文化，见于所有的人类社会，但没有任何文化现象是普同的"❷。卫拉特蒙古服饰虽与其他蒙古部落服饰总体风格一脉相承，但受自身的历史发展与社会变迁背景的影响，在诸多细节上形成自身特色，同时在近现代发生了显著的文化变迁。这些变迁的背后，是卫拉特蒙古人日常生活体系的变化及其实践的体验内化为日常思维模式，再作用于个体服饰文化选择的结果。

本书试图通过对卫拉特蒙古服饰变迁的历史进行梳理，具体研究和分析各地卫拉特蒙古传统服饰文化的变迁形式，同时从作为文化主体的人的日常思维模式的角度理解民族传统服饰文化的现代化演变，并探讨日常生活实践中民族传统服饰文化的变迁形式及其未来的变迁轨迹等相关问题。

第三节　研究综述

一、文化变迁研究

文化变迁，是民族学研究的重要课题之一。人类社会从未停止过变化，变化

❶ [美]克莱德·M.伍兹. 文化变迁 [M]. 何瑞福，译. 石家庄：河北人民出版社，1989：6.
❷ [美]史徒华. 文化变迁的理论 [M]. 张恭启，译. 台北：远流出版事业股份有限公司，1989：11.

是唯一不变的主题。文化的变迁是一切文化的特征，任何民族都处于不断变化的状态之中，同时任何民族的文化也都在随时随地发生着改变。

文化变迁的研究，至今已经形成了古典进化论学派、传播学派、历史学派、功能学派等诸多的理论流派，正是在各种流派的兴废交替过程中，相关研究得以逐渐取得进展。古典进化论学派学者认为，全世界范围内所有的文化都是从低级向高级、由简单向复杂的纵向发展变迁过程。该学派用单线进化的观点解释不同地域、不同种族的文化发展进程及规律的普遍性。传播学派否认进化论的单一发展图式，强调文化之间的借取或传播，并认为世界上没有几个民族具有独立发明创造文化的能力，他们更加注重文化的横向散布。关于文化传播过程，英国的威廉·里弗斯（William H. Rivers）提出由于文化要素的传播，当某一文化传入异地时会与该地异于自己的文化要素、体系发生碰撞，这会导致新的文化要素的产生[1]。历史学派更赞成传播论而反对进化论，认为文化发展过程中，比起进化论的独立发明，传播是更为普遍的现象。历史学派重视单个文化特质的传布变化进程，同时注重传布过程的变化和调适，并以此为基础构建文化史。他们提出"文化区"的理论，认为相似的文化特质和文化丛构成一个特定的文化区域，在此区域内存在着文化中心，文化的变迁过程就是文化特质、文化丛由中心向外扩散的历史。"占主导地位的模式被吸收、重造和向外辐射（这个变迁的首要源泉，被称为文化'顶峰'或文化'焦点'）。"[2]他们注重文化模式中一般的异同，对不太显著的细节进行忽略，但又强调深入细致的田野调查和详细的民族志描写，从中观察和分析文化变迁的历史过程。功能学派的代表人物勃洛尼斯拉夫·马林诺夫斯基（Bronislaw Malinowski）提出社会是一个整体系统，各个相关部分有自己的功能，因而社会的总体状态是趋于均衡和稳定的。而文化变迁是社会的结构性变化，是社会秩序发生改变的过程，其变迁的主要动因是演化和传播。新进化论是在古典进化论的基础上发展的，它强调技术——经济的进步是文化进化的动力，抛弃了古典进化论的人类心理的不断完善是文化进化的动力的提法，代表人物有斯图尔德、怀特、萨林斯等[3]。美国人类学家朱利安·斯图尔德（Julian Steward）是文化生态学的创始者，提出了文化生态学理论，主张人类生存其中的物质环境对其所实行的社会文化制度和习俗有着关键性的影响。并且修改了古典进化论的单线进化思想，提出文化发展的多线进化论，认为文化的多线发展是与其生态环境密不可分的，相似的生态环境产生相似的文化形态和进化路线，不同的生态环

❶ 夏建中. 文化人类学理论学派 [M]. 北京：中国人民大学出版社，1997：65.

❷ [美] 克莱德·M. 伍兹. 文化变迁 [M]. 何瑞福，译. 石家庄：河北人民出版社，1989：14.

❸ 黄淑聘，龚佩华. 文化人类学理论方法研究 [M]. 广州：广东高等教育出版社，2004：211-213.

境产生不同的文化形态和发展路线。进入 20 世纪 60 年代之后，结构主义、象征主义、实践理论等理论先后出现。直到目前，文化变迁研究仍然是人类学研究的热门课题之一。

以上的各个理论学派从不同的视角对文化变迁进行了阐释，总体而言，主要涉及了文化变迁的两大内容，即文化变迁的过程和文化变迁的动因。古典进化论学派、传播学派、历史学派、新进化论学派的相关理论对文化变迁的过程均有一定的解释力。而美国人类学家赫斯科维茨（Herskovits）在《涵化——文化接触的研究》一书中提到涵化的概念，并将其定义为："由个别分子组成而具有不同文化的群体，发生持续的文化接触，导致一方或双方原有文化模式的变化现象。"❶可见，涵化也可以说是传播的一种结果，是文化变迁过程的一种形式。关于文化变迁的原因，一般认为有两个方面，"一是内部的，由社会内部的变化而引起；二是外部的，由自然环境的变化及社会文化环境的变化如迁徙、与其他民族的接触、政治制度的改变等而引起。当环境发生变化，社会成员以新的方式对此作出反应时，便开始发生变迁，而这种方式被这一民族的有足够数量的人们所接受，并成为它的特点以后，就可以认为文化已发生了变迁。"❷而从各理论学派的总体阐述来看，文化变迁的主要原因也可以总结为有发明发现、对外接触引起的文化传播和政治变革等几个方面。进化论学派的路易斯·亨利·摩尔根（Lewis Henry Morgan）认为技术的进步是文化系统进化的基础乃至决定性力量，"人类从发展阶梯的底层出发，向高级阶段上升，这一重要事实，由顺序相承的各种人类生存技术上可以看得非常明显。人类能不能征服地球，完全取决于他们生存技术之巧拙。"❸而技术体系的发展依靠的是人类知识的积累和各种发明发现的增加，因此提出发明发现是引起文化变迁的根本性原因。而文化传播作为变迁的原因是进化论学派、传播学派、历史学派、功能学派等广泛接受的看法，认为文化特质、文化丛体的传布是文化变迁的重要原因，而文化传播的前提条件是文化接触。常见的文化接触的形式和文化传播的途径主要有人口迁移、流动、战争、传教、殖民、经济社会交往等活动。另外，政治变革也是导致文化变迁的一种途径，C. 恩伯（Carol R. Ember）、M. 恩伯（Melvin Ember）提出"一种文化变迁的最剧烈最迅速的途径必然是暴力推翻这个社会的统治者的结果"❹，并称之为反抗与叛乱。同时又指出政治变革不必然带来文化变迁，具体情况有待研究。

❶ 黄淑聘,龚佩华.文化人类学理论方法研究 [M].广州:广东高等教育出版社,2004:223.
❷ 同❶218.
❸ [美]路易斯·亨利·摩尔根.古代社会 [M].杨东莼,马雍,马巨,译.北京:中央编译出版社,2007:14.
❹ [美]C.恩伯,M.恩伯.文化的变异——现代文化人类学通论 [M].杜彬彬,译.沈阳:辽宁人民出版社,1988:542.

在文化变迁原因的理论探索中还有学者探讨了变迁动力的来源，例如，约翰·吉尔林（John Gerring）提出了文化变迁动力的相关因素❶：文化之供应不能适应当时社会之要求；洞察并掌握了新的、进步的工具；当能够作出必要的反应；新的事物比旧的事物看起来更令人满意；其他因素，如"中枢导向"或"强制文明"等。这些因素指向人对其自身生物性、社会性、精神性需要的认知，包括对新事物的满意以及作出反应的意识和能力等因素是文化变迁的动力源泉和主要原因所在。

综上所述，人们对文化的内在需要引发了对文化的发明、接纳、改造和创新的行为，因此在文化变迁的原因中，除上述的内因和外因之外，人自身的需求和在其价值观引导下采取的实践活动是文化产生变迁最重要的内在动因。

二、日常生活研究

（一）日常生活的哲学探究

日常生活是每一个人周而复始、循环往复的生存状态，它既与人紧密相关又总是被视而不见，可谓最熟悉的陌生领域。"熟知的东西所以不是真正知道了的东西，正因为它是熟知的"❷，黑格尔曾道出人们往往会因太过熟悉而忽略对某些事物在认识上可能出现的偏差。而日常生活正是这样一种领域，它的似乎微不足道或无关紧要，长期以来未能进入哲学社会学科的研究视野。直到启蒙运动时期，这种情况有所改变，至 19 世纪末期哲学向日常生活世界回归，通过关注日常生活的过程重新建构有关哲学的认识，随之逐步开启了社会学与文化研究的发展。

日常生活的哲学研究方面，马克思（Karl Marx）、胡塞尔（Edmund Gustav Albrecht Husserl）、海德格尔（Martin Heidegger）、卢卡奇（Georg Lukács）、列斐伏尔（Henri Lefebvre）、赫勒（Agnes Heller）等理论家在不同的语境和条件下从不同的层面阐述和使用了日常生活的概念，从而推动了日常生活在哲学领域的发展并成为一项全新的研究方向。

在马克思主张的日常生活研究中，首先，肯定了物质生活的优先性，提出由衣食住行组成的日常生活虽与政治、经济、文化领域相比属于稍次一级的领域，但它是维持个体生存的基本条件。其次，马克思研究日常生活的主要目的在于批判资本主义制度，并且强调日常生活的实践本质，确立其在个体和人类社会存在和发展中的本体论地位。在马克思的日常生活研究中还揭露了人类日常生活的异

---

❶ 王海龙，何勇. 文化人类学历史导引 [M]. 上海：学林出版社，1992：234.
❷ ［德］黑格尔. 精神现象学：上卷 [M]. 贺麟，王玖兴，译. 北京：商务印书馆，1981：20.

化，并提出这种异化是以劳动基础的异化为前提的。而正是马克思的生活实践和异化理论成为后期列斐伏尔、赫勒等人对现代日常生活的异化本质进行反思和批判的理论源泉，日常生活批判随之成为现代社会学思考的核心问题。

现象学家胡塞尔于20世纪将"生活世界"作为一个哲学命题提出，主张哲学应当回归研究日常生活世界，认为生活世界是"一个始终被给予的，始终在先存在着的有效世界"❶，它是所有哲学范畴和逻辑判断的根本和基础，属于"认识论之前"的世界，而科学世界只是形式化和片面化的一部分生活世界。同时胡塞尔强调生活世界中人的"具体经验"，并认为以此为基础可以更加客观地把握人所存在的"既有世界"。他在《欧洲科学危机和超验现象学》的著作中提出将"生活世界"作为一种策略来应对深陷危机的欧洲科学，因为科学在自身的建构过程中取代并遗忘了生活世界，认为只有通过回归前科学和前逻辑的生活世界才可能重建意义世界和价值世界。

海德格尔是存在主义哲学的创始人，与胡塞尔将日常生活作为自在价值和意义源泉的看法不同的是他通过"日常共在"剖析生活形式，得出日常生活正在走向全面异化的判断。他认为日常生活中形成了无个体性的常人认同，即本已消解在他人的存在方式中，"常人怎样享乐，我们就怎样享乐，常人对文学艺术怎样阅读怎样判断，我们就怎样阅读怎样判断；竟至常人怎样从'大众'抽身，我们也就怎样抽身；常人对什么东西愤怒，我们就对什么东西'愤怒'。"❷ 这个常人不是任何确定的人，这样的常人塑造了单调乏味的日常生活的存在方式，而海德格尔认为必须打破这种状态，重建有意义的日常生活。这也是本书所思考的民族传统服饰在现代日常生活中的价值讨论。

卢卡奇是西方马克思主义的创始者，他在《历史与阶级意识》一书中提出"物化"的概念以批判资本主义社会，同时揭露过分发达的工具理性或者技术理性致使人的生存陷入困境，指出"物化"即是一种"异化"，它以日常生活为主要场所，从而提出反对"物化""异化"的斗争需要以日常生活为主线进行开展。和马克思的主张不同的是，卢卡奇在阐明异化和反对异化时并不是一种无产阶级革命的立场，而是站在日常生活实践和日常思维的角度探讨，从而提升和彰显了其在人与社会存在和发展中的重要地位。卢卡奇提出："人们的日常态度既是每个人活动的起点，也是每个人活动的终点。……如果把日常生活看作是一条长河，那么由这条长河中分流出了科学和艺术这样两种对现实更高的感受形式和再

---

❶ 倪梁康.现象学及其效应:胡塞尔与当代德国哲学 [M].北京:生活·读书·新知三联书店,1994:131.

❷ [德] 马丁·海德格尔.陈嘉映,王庆节,译.存在与时间 [M].北京:三联书店出版社,1999:147-148.

现形式。它们互相区别并相应地构成了它们特定的目标，取得了具有纯粹形式的——源于社会生活需要的——特性，通过它们对人们生活的作用和影响而重新注入日常生活的长河。"❶ 卢卡奇在日常生活实践和日常思维的思考为以日常生活批判角度进行反对异化的斗争提供了新思路，也为笔者有关传统服饰的现代日常生活实践与个体日常思维之间的关系问题思考提供了理论支持。

列斐伏尔是西方马克思主义重要的代表人物，他在《日常生活批判》《现代世界的日常生活》等著作中以马克思的异化理论作为理论基础，提出日常生活批判的主题，认为异化已经超越政治经济等社会活动领域，全面渗透到日常生活之中，日常是探索异化的主要场域。列斐伏尔主张把反对资本主义政治、经济制度的革命斗争与日常生活批判结合起来。列斐伏尔指出资本主义现代性的日常生活的本质是全面异化的，它是一种不断重复的，以数量为计算的日常物质生活过程。他将商品的逻辑融入日常生活的研究，并认为商品对日常生活的殖民化直接造成了日常生活的单调和缺乏风格。列斐伏尔总结出了异化的三个主要特点，首先，他强调在风格的时代，是以满足基本的需要为前提的消费，而消费的真正目标是真实的物或使用价值，而现代的日常生活更多地变为对宣传和广告符号的消费。随着电视进入千家万户，商品广告随之在每个家庭泛滥，人们在符号和信息的侵占中越来越疏离，从而丧失了真正的交往。资本主义消费控制的官僚社会，不断削弱人的主体性和革命性，从而资本主义社会的当代统治和奴役结构受到了维护。其次，指出传统的、风格的时代符号都有特定而明确的指涉，然而随着符号的泛滥，以及传统、风格的消失，使得表现和意指转变，能指和所指分裂，这促使人们消费的是商品的符号价值而不是使用价值。现代符号消费具有明显的区分社会层次、巩固社会差异的功能，人们受制于此而竭力劳动，成为现代资本主义生产促进和推动物质富裕社会的主要环节。再次是永恒的、全面的异化。列斐伏尔认为现代早期的异化是以经济匮乏为特征的低等异化，而现代消费社会的异化是彻底的异化。其原因主要是现代的日常生活是官僚社会主宰的被引导性消费的世界，它是一种全面的、深刻的异化。异化也是一种不断出现的过程，当摆脱了原有社会的异化之时，新的异化随即产生。

总体而言，列斐伏尔对日常生活异化的批判，也称得上是一种现代性的反思和批判。安东尼·吉登斯（Anthony Giddens）提出的"失控的世界"也有相似的反思和追问。吉登斯认为有充分而客观的理由证明人类正在经历一个重要的历史

---

❶ [匈]乔治·卢卡契. 审美特性：第一卷[M]. 徐恒醇，译. 北京：中国社会科学出版社，1986：序言 1-2.

变迁时期，因为"这个世界看起来或者感觉起来并不像前几代人预测的那样，它并没有越来越受到我们的控制，而似乎是不受我们的控制，成了一个失控的世界"，也是一个极度风险的世界和社会。但是列斐伏尔似乎并没有对现代日常生活完全地失去信心，他提出日常生活的异化可以从日常中找寻克服的方法。列斐伏尔进而指出重复性思维实践和创造性思维实践的不同之处，并且认为日常生活不仅包含重复性思维和重复性实践，同时具有自身的创造性，并提出"让日常生活变成一件艺术作品"的美好愿景。列斐伏尔还"对日常生活抱有顽强的乐观主义"❶，通过对日常生活的积极意义进行努力挖掘，发现了令他惊奇的活力，看到了它的瞬间创造力和救赎的可能性❷。列斐伏尔认识到异化虽然会不断地出现，但同时异化也会不断地被克服，社会的深层结构中是蕴含着否定与革命的因素，因而日常生活不会完全地被现代秩序所压制。进而列斐伏尔指出日常生活处于一种"由停滞、凝固、琐碎所支配的层次与戏剧、战略和激变的层次之间"❸，提出了"战术"与"战略"概念，即统治者与被压迫的群体各有各的统治战略以及应对策略，所谓上有政策下有对策，被统治者的这种策略属于一种应对和反抗，但并不至于严重到发动革命的程度。而列斐伏尔应对日常生活的策略是回到前现代文化中寻找资源，即人与人性和自然快乐交流的状态，追求节庆与狂欢，身体、感性与欲望解放❹。

赫勒是匈牙利的著名哲学家，《日常生活》是她"勾画关于日常生活的理论"的著作，并以建立"新的哲学框架"为主要目的。赫勒认为日常生活是一个自在的领域，它是个体再生产和社会再生产的一种结合，同时以此为基础界定了日常生活和非日常生活的界限。赫勒以"自在的类本质对象化"揭示日常生活的本质特征，而"自为的类本质对象化"则指代了人类精神世界和社会再生产的领域。赫勒认为日常生活是以重复性思维和重复性实践为主导地位的领域，是一种自在的类本质对象化。日常活动的主要图式即是实用主义的，是可能性、模仿性、类比性和过分一般化。因此，日常生活结构具有抵御改变的惰性，而且对创造性思维和创造性实践具有抑制性的趋势。但是赫勒认为日常生活还是可以改变的，日常生活批判的任务就是对日常生活结构的改变，这种改变要通过主体自身的改变去实现，即使个体用创造性思维和创造性实践由自发的提升向自由自觉的提升转

---

❶ 刘怀玉. 列斐伏尔与 20 世纪西方的几种日常生活批判倾向 [J]. 求是学刊, 2003(5): 44-50.

❷ 吴宁. 日常生活批判——列斐伏尔哲学思想研究 [M]. 北京: 人民出版社, 2007: 167.

❸ Lefebvre Henri, Critique of Everyday Life（vol. 2）: Foundations for a Sociology of the Everyday[M]. London, NewYork: Verso Books, 2002: 135.

❹ 周宪. 日常生活批判的两种路径 [J]. 社会科学战线, 2005(1): 114-119.

变，克服日常生活的惰性，并突破实用主义、重复性思维和重复性实践等，从而实现日常生活的人道化。最终"使所有人都把自己的日常生活变成'为他们自己的存在'，并且把地球变成所有人的真正乐园"❶。

（二）日常生活实践

米歇尔·德塞托（Michel de Certeau）是列斐伏尔的得意门生，被称为是法国当代著名的文化人类学家、社会学家、史学家和思想家之一。德塞托文化理论方面的代表作是《日常生活实践》，书中批判地继承了列斐伏尔的思想，尤其对"战略"和"战术"的阐释与其师迥然相异。德塞托的日常生活实践理论中"战略"是自上而下的宰制力，属于强者对弱者权力关系的操弄；而"战术"是自下而上的抵制，属于弱者应对强者控制的智慧和创造力。

德塞托的日常生活实践理论对大众文化研究的走向产生了影响，使得日常生活中丰富而复杂的一面呈现在后辈研究者的视野中。费斯克在其《理解大众文化》一书中将大众文化研究划分为三种主要倾向：

①重视大众文化，但没有放置在权力关系中进行考察。

②强调宰制力量，但过于严格地将大众文化放置在权力关系之中。

③将大众文化视为斗争的场所，承认宰制权力同时注重大众的抵制和战术。

费斯克本人提倡第三种倾向，并且认为德塞托日常生活实践理论中提出的抵制战术是日常生活中大众力量的充分展示，是文化研究开启的新走向。

首先，德赛托认为日常生活是丰富而具有创造性的实践的场所。德塞托在《日常生活实践》的开篇写道"献给普通人，平凡的英雄、分散的人物、不计其数的步行者……这是社会的窃窃私语。历来他都先于文本而存在，甚至不等待文本的出现"❷。在德塞托的理论视野中，日常生活并不全是通常被认为的单调和乏味，它更是一个富有丰富创造力和无限可能性的复杂世界。但是这种丰富和复杂的日常生活通常难以具体把握，因而德塞托强调从日常自身寻找和发现研究方法，并且用日常语言作为自己研究的分析工具。通过分析提出日常生活的历史真实性与普通人即主体的存在是交织在一起的。德塞托认为日常文化的研究要看使用者的具体实践活动，而不能被限定于规范性框架。日常生活这个实践场所中既存在权力——支配性力量，也存在抵制——对支配力量的应对策略。

其次，策略、战术与抵制是德赛托日常生活实践理论的核心概念。德塞托用策略与战术指称日常生活实践中两种不同的谋略。策略是一种对力量关系的计

---

❶［匈］阿格妮丝·赫勒.日常生活 [M].衣俊卿，译.重庆：重庆出版社，1990：292.
❷［法］米歇尔·德·塞托.日常生活实践 1.实践的艺术 [M].方琳琳，黄春柳，译.南京：南京大学出版社，2009：51.

算，它存在一个便于与外部建立联系的专有场所，而政治、经济和科学的合理性都在策略之上进行建立。战术不同于策略的是没有自己的场所，只能以他者的场所作为替代。"战术是对战略环境内部的各种可能性使用乔装改扮、装神弄鬼、谨小慎微、保守秘密、随机应变、运用才智、虚张声势等"**❶**，战术既处于策略之中却又是"他者"，它不会在可能面对的策略之外动作。

德塞托用抵制来界定日常生活实践的状态，也可以称为一种战术反应，是大众或弱者应对在文化生活实践中被规训、压制时的人生智慧。抵制与抵抗或反抗不同的是，抵制不进行激烈的革命行动，也并不会产生正面的冲突，而是大众逃避当下获得快感的一种创造性的日常生活实践方式。这展示了大众获得自己相对独立自由空间的一种不易察觉的计谋和运作，并且被表面对压制力量的顺从所掩盖。

对于本书的研究而言，日常生活既是一个实践概念，它意味着日常生活实践在各个具体方面的展开和进行，同时又是一个社会、文化哲学概念，在这个层面上，现代日常生活的发展成为检验以合理性为目标而展开的现代性价值的基础，而关于对日常生活中服饰的所有认识、评价基础和原则也都要在日常生活中建构，它把服饰文化导向了一个具体展开的、全面的实践语境。

上述的理论研究对本书的启发意义在于：文化变迁理论、日常生活的相关理论有助于我们深刻地认识文化的含义、属性、本质和发展规律等问题，并且对于我们在日常生活实践中如何认识和处理文化现象、理解人与文化之间的关系等问题具有启发意义。

首先，服饰文化是人类文化的重要组成部分，服饰文化变迁无疑是人类文化变迁的主要方面之一。在以往有关服饰文化变迁的研究中同样注重于内部文化的发展以及外部因素的影响两个大的方面，其中也有运用涵化理论进行分析的相关研究，而对人自身的需求及其影响因素关照较少。

本书研究的是各地卫拉特蒙古的传统服饰文化变迁，这基于他们的整体性特征，即在当地的生活方式和着装内容。需要强调的是，分散在各地的卫拉特蒙古传统服饰呈现的形态，是当地群众作为其文化的主人自主选择绝续的结果，他们自己决定了对传统服饰文化的扬弃或保留。涵化理论对本书的启示在于它分析了人们对新文化要素的复杂态度，包含拒斥、部分接受、完全接受、迅速接受、缓慢接受等，体现了文化变迁经历文化主体复杂的价值判断和选择过程。这说明了人的观念结构的变迁将引领文化客体结构的变迁，这也是日常生活中人的思维过程及其实践活动的关系体现，这正是本书分析的一个理论基础。但是涵化理论却

❶ [英]本·海默尔. 日常生活与文化理论导论 [M]. 王志宏，译. 北京：商务印书馆，2008：264.

没有阐明人在进行文化选择时所采用的实践方式，这也成为本书试图通过卫拉特蒙古传统服饰在日常生活中的实践进行具体讨论的方向。

其次，日常生活理论中有关日常生活与非日常生活、日常思维与非日常思维等的探讨以及日常生活实践理论中提出的策略、战术与抵制的概念也对本书有重要的启发意义。服饰是日常生活中衣食住行的重要内容之一，而现代的民族传统服饰是由历史时期的日常服饰和非日常服饰演变而来的，它是现代日常生活中非日常的着装内容。在现代的日常生活中，人们对民族传统服饰的选择与实践过程充满着平衡各种关系的思维活动，本书认为这些看似平常琐碎的个体的思维过程是引导整体服饰文化发展方向的根本基础和核心动因。

三、卫拉特蒙古研究

（一）国内有关卫拉特蒙古的研究

1. 卫拉特蒙古历史学方面的研究

卫拉特蒙古的研究中，历史学方面的成果可谓硕果累累。在史料的挖掘、整理研究、先世史、族源、分布、系谱、经济社会、宗教及其与中央政府、其他邻近诸族关系、与俄国间的关系、历史人物等等方面发表了大量学术论文，出版了诸多学术著作，取得了令人瞩目的成果。例如《准噶尔史略》编写组编《准噶尔史略》（1985年）、王宏钧、刘如仲著《准噶尔的历史与文物》（1984年）、马汝珩、马大正著《厄鲁特蒙古史论集》（1984年）、杜荣坤、白翠琴著《西蒙古史研究》（1986年）、苏联 H·帕里莫夫著，许淑明译《卡尔梅克族在俄国境内时期的历史概况》（1986年）、乌云毕力格著《和硕特蒙古史略》（蒙古文，1990年）、白翠琴著《瓦剌史》（1991年）、马汝珩、马大正著《飘落异域的民族——17至18世纪的土尔扈特蒙古》（1991年）、《卫拉特蒙古简史》编写组编《卫拉特蒙古简史》（上、1992年，下、1996年）、芈一之主编《青海蒙古族历史简编》（1993年）、法国伯希和著，耿昇译《卡尔梅克史评注》（1994年）、张体先著《土尔扈特部落史》（1999年）等著作。另还有王辅仁、陈庆英编著《蒙藏民族关系史略》（1985年）、哲仓·才让辑编《清代青海蒙古族档案史料辑编》（1994年）、中国社科院民族研究所民族史研究室编《满文土尔扈特档案译编》（1988年）等专题史著作及关于卫拉特蒙古民间文化、民俗、部落史、地方史等专题的蒙古文、俄文专著及论文许多其中托忒文历史文献的整理、介绍和分析研究也有不少成果，例如 M·乌兰的《卫拉特蒙古文献及史学：以托忒文历史文献研究为中心》（2012年）。这些史学研究对从其他学科角度进行卫拉特蒙古研究积累了丰富的资料和起到了先导作用。

2. 卫拉特蒙古民间文学方面的研究

主要是抢救、整理、翻译、研究和出版了英雄史诗《江格尔》。1979 年新疆与内蒙古两区成立了《江格尔》工作小组。1979—1982 年新疆与内蒙古两区分别用胡都木蒙古文和托忒蒙古文出版了托·巴德玛和宝音贺希格在新疆搜集到的《江格尔》15 章。此后，工作组先后到新疆蒙古族聚居的 24 个县，重点采访 80 多位"江格尔齐"，出版了《江格尔》资料本集。1985—1987 年以托忒蒙文出版了包括 60 章 8 万诗行的《江格尔》（第一集、第二集）1988—1989 年于呼和浩特将此《江格尔》以胡都木蒙文再版。10 章 2 万诗行的第三集也已出版。霍尔查汉译新疆版本《江格尔》（1988 年）和黑勒汉译的《江格尔》（第一卷，1988 年）相继出版。1982、1988 年相继召开了《江格尔》学术讨论会。1989 年在北京举办了《江格尔》成果展。1991 年成立了中国《江格尔》研究会。2004 年在卡尔梅克举办了《情牵一线同根一脉——卡尔梅克共和国〈江格尔〉国际学术研讨会》、2012 年在北京举办《中国〈江格尔〉研究会 2012 年年会暨蒙古史诗传统学术讨论会》等，并且全面开展英雄史诗《格斯尔》的搜集、整理、研究出版工作。随着国内外的相关研讨会、学术交流不断增加，促进了卫拉特蒙古文化研究的不断深入。相关著述有贾木查著《史诗〈江格尔〉探渊》（1996 年）、萨仁格日勒的《史诗〈江格尔〉与蒙古文化》（1998 年）等。

与此同时，卫拉特民间文学其他体裁的资料搜集与出版工作，也发展起来。例如：《西蒙古——卫拉特传说故事集》《卫拉特蒙古传说故事》《蒙古族民间故事》《德德蒙古民间文学精华集》《青海民间故事集》《海西民间故事》《海西民间谚语》《海西民间传说》《卫拉特民间故事》《卫拉特民间传说故事》《肃北蒙古民间故事》等。

3. 卫拉特蒙古语言学方面的研究

卫拉特蒙古研究中语言、文字方面的研究也占据重要的地位，以 1985 年 10 月起新疆维吾尔自治区开始推行胡都木蒙古文，放弃托忒蒙古文为一个时间节点，在其前后出现了一批语言文字方面的研究成果。例如：却精扎布、托·巴德玛的《蒙文和托忒蒙文的对照语辞典》（1979 年）、却精扎布等编《卫拉特方言话语材料》（1987 年）、孙竹主编《蒙古语族语言辞典》（1990 年）、白依斯哈力、策仁敦德布编《蒙古语青海方言辞典》（1998 年）、诺尔金、乔丹德尔等编《方言词典》（蒙古文，1992 年）等。

4. 卫拉特蒙古民俗学方面的研究

卫拉特蒙古民俗学研究也有较多的成果，如纳·巴生的《卫拉特风俗志》（1990 年）、萨仁格日勒的《上蒙古风俗志》（1992 年）、斯琴孟和的《阿拉善蒙古人》（1995 年）、郝苏民的《文化透视：蒙古口承语言民俗》（1994 年）、才仁加甫、玉孜曼的《新疆巴音郭楞土尔扈特与和硕特礼俗》（2008 年）、那木吉拉的《卫拉特蒙古民俗文化》（1-4 卷，2010 年）以及布林特古斯的《蒙古族民俗百科全书·物质卷》（上中下册，2015 年）中收录多条卫拉特蒙古服饰民俗内容等。

5. 卫拉特蒙古法学方面的研究

主要包括以道润梯步的《卫拉特法典》（蒙古文，1985 年）为主的各类相关法典的研究。还有如才仁巴力的《青海卫拉特法典》（2009 年）以及《卫拉特法典》（《汗腾格里》1981 年第 4 期）、马曼丽的《浅议〈蒙古·卫拉特法典〉的性质与宗旨》（1981 年）、白翠琴的《试论卫拉特法典》（1981 年）等论文。

6. 相关研究机构对卫拉特蒙古的研究与考察实践

在有关行政机构及大专院校的系、所中相继成立了"江格尔"研究会、"格斯尔"研究会、"卫拉特研究中心"等，并举行了相关的学术讨论会以及创办了报刊。如新疆创办的《卫拉特研究》《汗腾格里》（托忒文）刊物，青海的《柴达木报》，内蒙古阿拉善的《巴音森布尔》《阿拉善语言》《卫拉特文献与研究》（民间不定期刊物）等。同时，通过对卫拉特蒙古地区的实地考察《中国少数民族自治地方概况丛书》、新疆社科院宗教研究所编写的调查资料集、中国社会科学院民族研究所、宗教研究所、新疆社科院民族研究所、宗教研究所、经济研究所、新疆大学历史系等部门的专家学者联合考察的调查资料汇编以及针对卫拉特地区方言土语、民俗、民间文学等方面的有关研究机构和研究人员的诸多田野考察资料等，以上的研究与考察对后辈研究者提供了丰厚的前期研究基奠。

（二）国外有关卫拉特蒙古的研究

1. 蒙古国的卫拉特蒙古研究

在蒙古国有关卫拉特历史研究的成果丰硕，其中有蒙古国科学院主持的《蒙古国部族学》系列中的《卫拉特部族学 19—20 世纪》（1996 年）、阿·奥其尔著《蒙古卫拉特简史》（乌兰巴托，1993 年）等。此外，策旺编写的《蒙古人民共和国的诸部落族源与现状》是蒙古国学者撰写的首篇关于卫拉特蒙古研究的论文，文中对杜尔伯特、巴亚特、厄鲁特、明嘎特、土尔扈特、和硕特等部落的起源、历史、文化及其当时的社会状况等方面做了描写研究。还有布彦楚格兰的《蒙古厄鲁特史》（1932 年）等著作以及 20 世纪 20—30 年代整理出版的卫拉特英雄史诗《布木额尔德尼》。20 世纪 50 年代，蒙古国学术机构还连续开展大规模的全国性实地考察，搜集了大量的有关方言、民族学、文献、民间文学及考古学等方面的第一手资料。在此基础上出版了诸多民族志资料汇编和学术著作。

此外蒙古国还举办各类学术会议及其他活动，1991 年成立卫拉特学会，并创办《卫拉特文化报》，大量刊登了卫拉特历史、民俗及其他文化现象的有关研究信息、新资料、研究成果等。1993年于乌兰巴托成立了"国际卫拉特研究会"，该学会宗旨是开展卫拉特历史、文化的纯学术活动。这些活动无疑对卫拉特文化的研究起到了重要的推动作用。

2. 俄罗斯的卫拉特蒙古研究

18世纪中期到19世纪前半叶，可以说是俄国研究卫拉特蒙古的发端期。当时，一些学者或政府官吏到伏尔加河流域土尔扈特地区进行实地考察，并据此写成一批著作，就土尔扈特蒙古的社会、历史、经济、社会制度、文化等方面进行了探讨，其中以巴库宁、米勒和帕拉斯的成果最为重要。19世纪中叶以来，俄国学术界对卫拉特蒙古的研究，从总的方面看，是沿着民族学、历史学和法学研究方向而深入展开的。其中，民族学方面日捷茨基的《阿斯特拉罕省卡尔梅克人的生活概况》（莫斯科，1983年）一书占重要地位。书中详细记述了土尔扈特人的经济、社会关系、劳动方式的资料，该著作被称为"是记述卡尔梅克人生活的最详细的著作之一"。在法学研究方面，戈尔斯通斯基《1640年蒙古·卫拉特法典，附噶尔丹珲台吉的补充敕令和在卡尔梅克汗敦杜克达什时代为伏尔加河的卡尔梅克民族制定的法规》（圣彼得堡，1880年）具有代表意义。在文学研究方面，符拉基米尔佐夫先后于1908、1911、1913—1915、1925年赴蒙古考察，在卫拉特蒙古地区发现了史诗流唱的传统，搜集研究出版了《蒙古——卫拉特英雄史诗》（圣彼得堡，1923年），同时巴托尔德的《卡尔梅克人》等著作也很值得关注。1944年卡尔梅克自治共和国被废除，居民被迁到西伯利亚，卫拉特研究随之中断，直至20世纪50年代，相关研究才得以恢复和发展❶。

3. 其他国家的卫拉特蒙古研究

有关卫拉特蒙古研究在日本、法国、美国等国家的学者都有一定的关注和研究。在日本主要有如羽田明的《中央亚细亚研究》《准噶尔王国与布哈拉人》《准噶尔王国的文化》。法国开启了西欧国家对卫拉特蒙古的研究，清朝时期在北京的法国教士阿米奥（即钱德明），将乾隆所撰《土尔扈特全部归顺记》从满文译成法文，并加按语，收入在他编著的《中国人的历史、科学、艺术、伦理及习惯的备忘录》（1776年）第一卷中。莫里斯从德文翻译出版了德国旅行家伯格曼的四卷本《卡尔梅克游记》（1825年）。还有丹麦学者亨宁·哈士纶的《蒙古的人和神》（1935年）、德国学者海西希的《关于厄鲁特王噶尔丹的蒙文传略片断》

---

❶ 文化.卫拉特——西蒙古文化变迁[M].北京:民族出版社,2002:20-21.

和法国学者伯希和的《卡尔梅克史评注》等。20世纪60年代以后，美国有些学者开始研究卫拉特蒙古人，有阿拉施·波曼希诺夫编辑出版的《卡尔梅克专题丛书》之二卷《卡尔梅克专题论文集》（1966年），他还编有《研究卡尔梅克文献目录手册》和《卡尔梅克指南》等书，前者收录了俄文、英文、法文、波兰文和托忒文的有关著作和论文选目；后者从历史、宗教、文化和语言等方面做了概括性阐述。另有罗培尔撰写的《卡尔梅克蒙古人》（1967年），对生活在美国的卡尔梅克人进行了相关研究❶。

从以上的梳理可以了解到，国内外学者的有关卫拉特蒙古研究主要集中于历史学、民间文学、语言学、民俗学、法学等方面，其中历史学方面的成果尤为丰富。这些研究会或多或少地论及卫拉特蒙古的服饰内容，但对其服饰文化、艺术方面的专门研究比较有限。

四、民族服饰研究

（一）民族服饰多角度、多学科的研究

服饰对人的重要性不言而喻，"我们的衣服对于我们大多数人来说都太是我们的一部分了，我们不可能对环境完全漠不关心：穿在我们身上的那些纺织品就像是我们的身体乃至灵魂的自然延伸"❷。与人的紧密关联使得服饰这一创造物有着丰富而深刻的外延和内涵：服饰是人类物质文明和精神文明的共同载体，既是实用功能与艺术审美的双重表征，亦是技术水平与文化内涵的综合体现。鉴于此，不同学科领域的研究者采用各自的研究视角，对服饰进行多角度的审视与探析。其中根据关注与研究的重点内容，可大致归纳为以下几个方面：

1. 服饰的物质形态研究

这类研究主要以服饰的物质外在为关注点。就服饰本身而言，它是一种使用不同的材料（纺织材料以及非纺织材料），通过各种技术手段（纺织、裁剪、缝制，以及其他加工方式）制成的生活日用品。因而，其研究内容首先包括服饰的技术特点（纺织技术、制作工艺技术等），其次是它的艺术特征（服饰的形态特征、审美特点等）。对于服饰本体的关注，最早可以追述至岩画中对人物服饰造型的描绘。其次是各类史籍、历史文献之中，在记录各地风土习俗之时涉及服饰及其制作技术的描述。而对服饰的专门研究及其艺术特征的探讨起步较晚，国内的相关研究几乎都在中华人民共和国成立之后开始，20世纪80年代之后研究者

---

❶ 文化.卫拉特——西蒙古文化变迁 [M].北京:民族出版社,2002:20-21.

❷ Quentin Bell. On Human Finery. London：Hogarth Press,1976. 转引自 [英] 乔安妮·恩特维斯特尔. 时髦的身体:时尚、衣着和现代社会理论 [M]. 郜元宝,等译. 桂林:广西师范大学出版社,2005:4.

不断增多，成果颇多。就研究视角的学科分类来说，有关服饰的技术特点研究一般属于纺织工程类专业的研究内容，而有关服饰的艺术特征方面的研究属于艺术学、设计学等视觉艺术类学科以及美学的研究内容。

相关著述主要有：沈从文的《中国古代服饰研究》（1997 年），华梅的《服饰与中国文化》（2001 年），高春明的《中国历代服饰艺术》（2009 年），黄能馥、陈娟娟的《中华历代服饰艺术》（1999 年），周锡保的《中国古代服装史》（2011年）等。

考察有关服饰研究的著述，不难看出对于服饰物质形态的研究占据很大比重。自中华人民共和国成立完成 56 个民族的确认工作之后，曾一度掀起民族服饰研究的热潮。"自 20 世纪前半期以来，更多对少数民族较为细致的介绍和初步研究则作为一个组成部分，包含在民族志著作和论文、文章之中，在这些研究中尝试采用了西方舶来的古典进化论、传播论、历史特殊论和功能学派的观点来解说民族服饰，值得注意的是，中国学者的许多研究也同时表现出了中国古代的进化观和原始观的影子。"❶

2. 服饰的社会性研究

这类研究中服饰被看作是一种文化事象，受不同时代的环境、政治、经济、军事、风俗、宗教、生产力水平、科学技术等方面的影响，是社会文化的一种反映。研究的内容包括对服饰起源的探讨、对服饰文化的分析与解释以及服饰与社会秩序的联系等方面。国际上关于服饰文化的专门研究是 20 世纪 30 年代从人类学、社会学领域开始的，20 世纪 80 年代之后国内的服饰文化研究也逐渐增多。关注服饰文化的相关学科主要有人类学、民族学、社会学、历史学和考古学等学科。

相关著述主要从生活史、社会史、艺术史等角度进行的研究，例如：陈东原的《中国妇女生活史》（1937 年）；雪犁主编《中华民俗源流集成·服饰居住卷》（1994 年）；严昌洪的《中国近代社会风俗史》（1998 年）；尚秉和的《历代社会风俗事物考》（2002 年）；徐杰舜主编的《汉族风俗史》（2004 年）；张亮采的《中国风俗史》（2013 年）等。

其中硕士和博研究生课题论文、各类期刊的学术论文，都对传统服饰文化进行了一定的学术讨论，并逐渐形成体系。通过对已有民族服饰文化研究的博士论文进行分析，其选择的研究视角主要有：

民族服饰文化研究。例如：艾山江·阿不力孜《维吾尔族服饰文化研究》

---

❶ 王建民. 艺术人类学新论 [M]. 北京：民族出版社，2008：99-100.

（2004年）、曾慧《满族服饰文化变迁研究》（2008年）、沈雁《回鹘服饰文化研究》（2008年）、尹红《广西融水苗族服饰的文化生态研究》（2011年）、热米粒·阿卜力克木《现代文化视野下的新疆维吾尔族传统服饰文化研究》（2014年）等。

古代民族服饰专题。例如：马冬《唐代服饰专题研究——以胡汉服饰文化交融为中心》（2006年）、宋丙玲《北朝世俗服饰研究》（2008年）、李岩《周代服饰制度研究》（2010年）、罗祎波《汉唐时期礼仪服饰研究》（2011年）、纳春英的《隋唐服饰研究——平民日常服饰为中心的考察》（2014年）等。

对服饰单品专项的研究。例如：贾玺增《中国古代首服研究》（2002年）、金艳《中国古代戏曲服饰研究》（2002年）、崔圭顺《中国历代帝王冕服研究》（2006年）、王渊《补服形制研究》（2011年）等。

3. 服饰与人构成的着装系统研究

这类研究是针对人的着装行为进行的研究，研究内容包括考察人作为个体的着装意义与意图，对处于不同环境、场景中人的着装方式、对身体的展示方式等方向进行考察，从而对服装的穿戴心理、消费心理和行为等进行不同层次的分析和研究，一般属于服饰心理学、消费学、社会学等学科研究关注的范畴。例如，华梅的《服饰心理学》（2004年）等。

（二）卫拉特蒙古服饰的相关研究

1. 国内有关卫拉特蒙古服饰的研究

（1）以图像形式展示、介绍、收集卫拉特蒙古服饰

根据目前掌握的资料，《皇清职贡图》❶是最早含有专门对卫拉特蒙古人及其服饰进行整体展示和介绍的图册。它是乾隆年间编绘的大型民族图志，是对当时清朝境内不同民族以及藩属国、海外交往各国之人物的形貌、服饰和生活方式等进行的生动描绘。该图册中包含6名伊犁厄鲁特人着装形象、6名土尔扈特人着装形象❷。此外，在清代宫廷绘画作品中有一些卫拉特蒙古人的形象表现。如《马术图》❸《准噶尔贡马图》❹《阿玉锡持矛荡寇图》❺《万树园赐宴

---

❶ 乾隆十六年(1751年)，傅恒"奉上谕，我朝统一区宇，内外苗夷，输诚向化，其衣冠状貌，各有不同。著沿边各督抚，于所属苗、瑶、黎、僮以及外夷番众，仿其服饰，绘图送军机处，汇齐呈览，以昭王会之盛。"由丁观鹏、金廷标、姚文瀚、程梁等宫廷画家专门绘画，于乾隆二十六年(1761年)完成了彩绘四卷本《皇清职贡图》，加上此后陆续增补的部分，共九卷。嘉庆时期(1796—1820年)对《皇清职贡图》绘本和刊本都进行增补，但总体改动不多，仅刊本增加了越南5个人物。参阅黄金东. 浅析《皇清职贡图》及其史料价值 [J]. 兰台世界，2012(12) : 2.

❷ 傅恒，等. 皇清职贡图 [M]. 扬州：广陵书社，2008.

❸ 郎世宁，等绘，绢本设色，清乾隆二十年(1755年)，藏于北京故宫博物院。

❹ 郎世宁绘，绢本设色，清乾隆十三年(1748年)，藏于法国巴黎人类博物馆。

❺ 郎世宁绘，纸本设色，藏于台北故宫博物院。

图》❶《平定西域战图》❷《万法归一图》❸《紫光阁赐宴图卷》❹等。另有王弘钧、刘如仲著《准噶尔的历史与文物》（1984 年）、盖山林编著的《蒙古族文物与考古研究》（1999 年）中，较为详细地介绍了反映清代与卫拉特蒙古有关的《北征督运图》《抚远大将军西征图》《评定准噶尔图》和《万法归一图》（仅《蒙古族文物与考古研究》）以及它们背后的历史场景，这些绘画作品中均描绘了若干卫拉特蒙古人的形象。

有关现代卫拉特蒙古传统服饰的图像展现，有那仁夫、杨劲主编的《蒙古族服饰图鉴》（2008 年），其中收录了新疆、内蒙古和国外等多地卫拉特蒙古服饰的照片和绘画作品并进行了介绍说明。乔玉光《内蒙古蒙古族传统服饰典型样式》（上、下）（2014 年）中确定了 28 个蒙古部落传统服饰的基本样式，其中包含额鲁特、和硕特、土尔扈特部落的服饰典型样式。内蒙古自治区民族事务委员会编著的《蒙古民族服饰》（1991 年）对蒙古服饰的发展历史进行了梳理，内附二百余幅图片，其中有专门介绍阿拉善土尔扈特服饰的一节，也有涉及明代以来卫拉特蒙古服饰的相关内容。刘兆和主编的《蒙古民族文物图典：蒙古民族服饰文化》（2008 年）中收录了清代至民国时期内蒙古阿拉善和硕特部落的服饰图像。才仁拉吉甫主编，潘美玲著作《流动的风景：土尔扈特服饰》（2009 年）主要对新疆巴音郭楞蒙古自治州的土尔扈特蒙古服饰进行了考察和记录，并附有多幅服饰实物照片。布林特古斯主编的《蒙古族民俗百科全书·物质卷》（2015 年）中册收录了国内外有关蒙古服饰的词条 1900 余条，其中收录了阿拉善土尔扈特、德都蒙古、肃北蒙古和蒙古国卫拉特蒙古等服饰的词条共 160 余条，并附有彩色和黑白图片，大部分为手绘图，也有一些老照片，如色·娜仁其其格的《肃北蒙古族传统服饰》（蒙古文，2010 年）。

此外，傲东、豪斯《西北民族民俗剪影——当今青海和硕特蒙古人服饰》（1995 年）、王凡《新疆卫拉特蒙古族妇女传统袍服研究》（2015 年）、纳·才仁巴力《德都蒙古服饰文化》（2016 年）、萨仁高娃《论清代伏尔加河流域土尔扈特蒙古汗王、台吉宰桑服饰》（2018 年）等论文，以不同时期各地卫拉特蒙古服饰的图像为主要依据，进行了一定的分类梳理和介绍分析。

（2）以民族文化习俗等视角描写、分析卫拉特蒙古服饰的相关著述

对卫拉特蒙古服饰习俗的关注与描写，多见于清代以降各类方志、游记

---

❶ 郎世宁，等绘，绢本设色，清乾隆十九年(1754 年)，藏于北京故宫博物院。

❷ 郎世宁，等绘，铜板，清乾隆三十年至三十九年(1765—1774 年)。

❸ 佚名，绢本设色，藏于北京故宫博物院。

❹ 姚文瀚绘，绢本设色，藏于北京故宫博物院。

等中有关地方风土人情的记载。如《西域图志》❶是清代官修地方志之一，其卷 41 中有一小节专门介绍了清代准噶尔部服饰的基本情况，描述了台吉和宰桑服饰在具体细节上的差异。《西陲总统事略》❷《西陲要略》❸都是祁韵士于清嘉庆时期编撰的有关西北边疆的著作，《西陲要略》为《西陲总统事略》的节略本，其中均有"厄鲁特旧俗纪闻"一章，描写了厄鲁特服饰的帽冠、发辫、袍服、鞋履等的基本形制以及服饰体现的贵贱等级之差异。《新疆图志》❹作为新疆建省后第一部内容全面的地方志，是清朝治理新疆的最后一部地方志，在第48 卷"礼俗"之中描写了厄鲁特、察哈尔、土尔扈特、和硕特蒙古人的服饰习俗。

在部分历史文献、著述中，对卫拉特蒙古的族源、历史、分布、社会经济、宗教文化等方面进行描述和研究的过程中，或多或少地提及卫拉特蒙古的服饰习俗。如薛宗正著《中国新疆古代社会生活史》（1997 年）、张体先著《土尔扈特部落史》（1999 年）、查干扣《肃北蒙古人》（2005 年）、娜拉《清末民国时期新疆游牧社会研究》（2010 年）、马大正、成崇德《卫拉特蒙古史纲》（2012 年）、吐娜《近代新疆蒙古族社会史》（2015 年）等。另外，在中国社科院民族研究所民族史研究室等编《满文土尔扈特档案编译》（1988 年）、哲仓·才让辑编《清代青海蒙古族档案史料编辑》（1994 年）、厉声《近代新疆蒙古历史档案》（2008 年）、吐娜《民国新疆焉耆地区蒙古族档案选编》（2013 年）等档案史专题著作中也有一些涉及卫拉特蒙古服饰风俗的内容。

20 世纪末至 21 世纪初，随着我国对民族文化研究力度的加强，出现了一批有关民族文化、习俗方面的著作，其中民族服饰成为主要关注的内容之一，着重加以描写和分析。基于此，涉及卫拉特蒙古的民俗、文化等方面的研究成果逐渐增多。相关著作与研究主要有如齐·艾仁才等《卫拉特民俗》（托忒文，1995 年）、乌云巴图，格根莎日编著《蒙古族服饰文化》（2003 年）、乌·叶尔达《跨洲东归土尔扈特——和布克赛尔历史与文化》（2008 年）、才仁加甫、玉孜曼编著《新疆巴音郭楞土尔扈特与和硕特礼俗》（蒙古文，2008 年）、那木吉拉著《卫拉特蒙古民俗文化》（2010 年）、乌·叶尔达、巴·巴图巴雅尔《和布克赛尔蒙古族历史文化研究》（蒙古文，2011 年）、纳·巴生《卫

---

❶ 全名《钦定皇舆西域图志》。清乾隆二十一年(1756 年)刘统勋、何国宗奉旨承办《西域图志》，乾隆二十六年(1761 年)撰成初稿。
❷ 祁韵士. 西陲总统事略 [M]. 台北:文海出版社,1965:766-767.
❸ 祁韵士. 西陲要略(卷四)[M]. 上海:商务印书馆,1936:63.
❹ 袁大化,王树枬. 中国边疆丛书·第 1 辑 13·新疆图志 3[M]. 台北:文海出版社,1965:1718-1719.

拉特风俗》（蒙古文，2012 年）、萨仁格日勒《德都蒙古风俗》（2012 年）等著作，以及萨仁格日勒《〈卫拉特法典〉中涉及"策格德克"的条文及新娘磕头礼仪》（2008 年）和《论与新疆卫拉特传统服饰相关的一些巫术》（2009 年）、萨仁格日勒、纳·舍敦扎布《卫拉特服饰色彩研究》（2012 年）、徐犀《甘肃肃北蒙古族传统服饰制作工艺的田野调查》（2014 年）、萨仁格日勒《卫拉特蒙古传统服饰"比西米特"的名称来历及其变迁》（蒙古文，2015 年）等论文，从民俗学、艺术学、语言学等多角度出发，运用跨学科研究等方法对卫拉特蒙古的服饰文化、礼俗等进行了一定程度的研究探讨。

（3）史诗等文学作品中对卫拉特蒙古服饰的描述以及相关研究

史诗《江格尔》❶ 中有多处描述人物服饰的段落，其中有些服饰的名称、款型特点等与部分卫拉特蒙古服饰高度吻合。基于江格尔史诗对卫拉特蒙古服饰进行的相关研究，有萨仁格日勒《论史诗〈江格尔〉中的服饰文化》（2012 年）、额尔敦高娃著《蒙古英雄史诗的女性形象文化学研究》（2006 年）等。另外，在才布西格《青海蒙古族民间故事集》（1986 年）、郝苏民《西蒙古——卫拉特传说故事集》（1989 年）、乔旦德尔《肃北蒙古民间文学》（蒙古文，2014 年）等传说故事中偶有提及与卫拉特蒙古服饰相关的内容。

2. 国外有关卫拉特蒙古服饰的研究情况

在国外的研究中，涉及卫拉特蒙古服饰的专题研究颇为少见，除了以对蒙古国各部落服饰进行绘制、介绍为主的著作，如蒙古国的阿木古郎的《西蒙古文物》、乌·伊达木苏荣的《蒙古人民共和国民族服饰》、格·巴图纳森的《蒙古民间服饰》等中有对蒙古国卫拉特部落服饰的描绘和介绍之外，通常以个别章节的形式散见于游记、文化、历史等类著述之中。《内陆亚洲厄鲁特历史资料》是彼得·西蒙·帕拉斯在 1768—1774 年受俄国女皇叶卡捷琳娜委托，赴俄国的亚洲地区进行考察研究后完成的著作，也是作者第一次旅行之后写成。书中有一部分是从民族学的角度对当时生活在伏尔加河流域卡尔梅克人的研究，对他们的服饰有较多的记录和描写。自 19 世纪至 20 世纪中叶，各个国家（包括俄国、英国、法国、德国、瑞士、日本以及美国等）的探险家先后来到新疆进行各类性质的考察活动。瑞典的沃尔克·贝格曼《考古探险手记》（2000 年）中有德都蒙古人的服饰描写，并指出他们所见的德得蒙古人

---

❶ 中国三大史诗之一，产生于卫拉特蒙古之中，但是对于其产生的年代众说纷纭，大多数学者认为江格尔史诗的形成有一个漫长的过程，并经历了不同的发展阶段。

的"衣着是按西藏人的样式……到膝盖的长靴也是西藏式的。"芬兰的马达汉在其《马达汉西域考察日记 1906—1908》（2004 年）中有特克斯河谷卡尔梅克人（西方人称卫拉特蒙古为卡尔梅克）和哈喇沙尔的土尔扈特人的照片和服饰的描写。此外，丹麦马尔塔·布艾尔著，赫德·查胡尔译《蒙古饰物》（1994年）是马尔塔·布艾尔根据 20 世纪 30 年代丹麦探险家亨宁·哈士伦在中国内蒙古、新疆、青海多地及蒙古国考察搜集的服饰等材料进行编撰的，书中提及卫拉特蒙古常戴的托尔次克帽的基本形式。德国伯格曼《卡尔梅克游记》、意大利李罗著《马哥李罗游记》（1937 年）、丹麦亨宁·哈士纶《蒙古的人和神》（2013 年）、瑞典斯文·赫定《丝绸之路》《亚洲腹地探险八年》等研究，抛开这些考察家"探险""考察"背后的政治因素，他们在考察中都十分注意民族、民俗、人类学的研究，这类著作中有部分地区卫拉特蒙古人物形象的照片、图像和相关记述。此外，俄罗斯日捷茨基《阿斯特拉罕省卡尔梅克人的生活概况》（1893 年）、蒙古策旺《蒙古人民共和国诸部落族源与现状》（1924 年）、俄罗斯弗拉基米尔佐夫著、刘荣焌译《蒙古社会制度史》（1980 年）、苏联兹拉特金著、马曼丽译《准格尔汗国史》（1980 年）、蒙古诺尔布桑布等著《蒙古西部卫拉特部民生活方式》（1990 年）、俄罗斯巴托尔德《卡尔梅克人》、日本羽田明《准格尔王国的文化》等从卫拉特蒙古人历史、现状、生活、习俗、宗教、文化等方面进行的研究，这些研究积累了丰富的基础资料，对本书的研究起到先导作用。

综上所述，国内外有关卫拉特蒙古服饰的研究，有以下几点特征：

①以记录、展示为主的游记类、图典式著述居多，通常以民族文化、风俗等视角关注个案描写，缺乏整体关照，少有深入分析。

②对部族服饰的个性特点关注度不够或常被忽略。在国内服饰史研究方面涉及的蒙古人服饰，多集中于蒙元时期的蒙古服饰研究，而对现代蒙古民族服饰研究，则侧重内蒙古的蒙古族服饰研究，新疆和青海等地的蒙古族服饰常被一带而过或者完全忽略，欠缺对蒙古族服饰文化普遍性和特殊性之间的关联与层次方面的考量。

③对相关理论的探讨和运用方面较为欠缺。目前，对卫拉特蒙古服饰的研究，有个别从民俗文化角度深入探讨，也有少量从艺术审美角度进行分析，但服饰表层形式的嬗变以及变迁或保持背后的深层动因等问题，还有待更进一步的研究和探讨。

目前，还未见以卫拉特蒙古传统服饰变迁为主题的相关研究，以及从日常生活实践的角度分析服饰与人之间关系问题的相关成果。

第四节 相关概念梳理

一、卫拉特蒙古

卫拉特蒙古是蒙古族的重要组成部分，具有悠久的历史渊源和文化传统。根据《蒙古秘史》中的记载，斡亦剌惕人最早居于叶尼塞河上游，也称八河地区（今叶尼塞河上游的8条支流地区），人数众多，有若干分支，各有自己的名称，生产生活方式以森林狩猎为主，同时伴有渔猎。13世纪初归附成吉思汗，其后随蒙古大军东征西讨，生活方式逐渐有所转变，开始适应并改营游牧。当时，他们定居于阿尔泰山麓至色楞格河下游的广阔草原的西北部，畜牧之余兼营部分农业。

明初与漠北蒙古时有战事，而远居西部的卫拉特蒙古得以休养生息，使得瓦剌（明代卫拉特蒙古指称）首领猛哥帖木儿乘时而起。15世纪中叶，游牧于西部的卫拉特蒙古逐渐形成了强大的联盟，其首领历经脱欢和也先（1407—1454）父子的经营，也先汗曾一度统一了东西蒙古各部。继元朝灭亡之后，卫拉特蒙古建立的政权组织成为中国古代北方民族的最后一股强大势力，其势力范围北起贝加尔湖、南至大漠，东达兴安岭，西越葱岭，一时间无人与之抗衡。也先死后，瓦剌部落随即分散，其实力也就逐渐衰落。

16世纪以后的卫拉特蒙古，逐渐形成部落联盟，而联盟的活动重心主要围绕着今之新疆地区。明末清初，准噶尔、杜尔伯特、和硕特、土尔扈特四大部归并为卫拉特联盟，并包括附牧于杜尔伯特的辉特部。这一时期卫拉特蒙古人已经将游牧地逐步向西迁徙，额尔齐斯河中游、鄂毕河以及哈萨克草原为其西北边界，伊犁河流域为西南边界，东南部的卫拉特蒙古已经向青海挺进。此时的准噶尔部游牧于额尔齐斯河中上游至霍博克河、萨里山一带，后来又以伊犁河流域为主要的活动中心。杜尔伯特部主要游牧于额尔齐斯河沿岸一带。土尔扈特部起先游牧于塔尔巴哈台及其以北，后来因草场拥挤，申请去往伏尔加河流域驻牧。土尔扈特部西迁之后，辉特部占据其故地。而额敏河两岸至乌鲁木齐地区是和硕特部的游牧地。各个部落分牧而居，互不统属。为此，还设置了一个议事机构——丘尔干（蒙古语会盟之意）。这种丘尔干有定期举行的领主代表会议，以协调各部之间关系，互通信息，也能加强封建统治，且当时组织这种临时联盟，并举办会议的主要宗旨，就是共同抵御外侮。

17世纪20年代后，卫拉特联盟中实力最强的准噶尔部取代和硕特部获得统领各部的权力，成为实际意义上的盟主。准噶尔部还以此为基础，把其他分散的部落全部统一起来，建立了一个强大的政权，期间还创制了自己的文字——托忒文（1648年，卫拉特蒙古正式开始使用托忒文，放弃原来采用的回鹘式蒙古文字）。

明崇祯元年（1628年），鄂尔勒克首领将土尔扈特和和硕特联合，包括杜尔伯特的一部分，率其部众迁徙至伊济勒河（今之俄罗斯伏尔加河下游）。明崇祯十年前后，顾实汗也率和硕特等部向南迁移至青海一带。而此时，留居于天山南北的厄鲁特、杜尔伯特、辉特部，以及少部分土尔扈特、和硕特及其他一些蒙古突厥部落等部众逐渐联合形成了一个强大的准噶尔政权。

明崇祯十三年（1640年）卫拉特蒙古和喀尔喀蒙古各部首领会盟于塔尔巴哈台，确立了法律制度，并颁布《蒙古·卫拉特法典》，同时确定藏传佛教为卫拉特蒙古部众共同信仰的宗教，并且合议了改进放牧方法，讨论了经营农业种植和手工业的问题，同时提出利用外国的先进技术发展制绒业以及金属品制造业等若干问题。

17世纪70年代，噶尔丹在伊犁称汗，并将伊犁建设为准噶尔政治中心和各部会宗地。准噶尔政权在统治天山南北之外，塔什干、费尔干纳、撒马尔罕等地均为其势力掌控。此间，准噶尔部地方政权与中原地区政治、经济联系密切，地区经济繁荣兴盛，人口也逐渐增长。在准噶尔策妄阿拉布坦和噶尔丹策零统治的18世纪前半叶，社会经济方面畜牧业、农业、手工业均有较好发展。

乾隆十年（1745年），准噶尔统治集团中随着噶尔丹策零的病故，汗位之争异常激烈。乾隆二十年至二十二年（1755—1757年），清廷平定达瓦齐和阿睦尔撒纳割据势力，进而宣告统一西北。乾隆三十六年（1771年），土尔扈特部众在渥巴锡的率领之下，从驻牧一个多世纪的伏尔加河万里跋涉返回故土。

清廷先后对卫拉特蒙古族聚居地区实行盟旗制度，编制佐领，以札萨克领之。如今，这众多部落的卫拉特蒙古的后裔仍生活在新疆、青海、内蒙古、甘肃一带。

"纵观卫拉特蒙古人的国内外迁徙历程，我们看到，卫拉特蒙古人经历了长距离、长时间的迁徙旅程，成为政治型移民、军事型移民、生存型移民，生息于祖国西北地区并跨居国外。"❶卫拉特蒙古人通过迁徙，在不同的自然地理、生态环境中，不断认识自然和改造自然，并从中获得生存经验和实践方法，逐渐形成内化的价值观念。同时，迁徙的过程也造就了卫拉特蒙古的多元化与跨文化特征，"并推进了卫拉特蒙古人的社会进程，使其社会组织、阶级分化、社会分层、

---

❶ 文化.卫拉特——西蒙古文化变迁[M].北京:民族出版社,2002.

权力结构和国家归属等方面发生了剧烈的变迁"❶，进而对我国乃至中亚历史产生了不可忽视的影响。

历经蒙元及明、清朝代，在漫长的迁徙过程中，卫拉特蒙古人产生了不同的支系分化。根据有关学者们的研究成果，我们可以看到卫拉特蒙古的发展过程："自成吉思汗将居住在八河流域的斡亦剌惕部众分为四个千户。这是四卫拉特名称的起源。这个四千户，即早期四卫拉特。从 13 世纪成吉思汗及其继承者们的对外战争开始，经过阿里不哥和海都的 30 年战争以及北元时期的长期内讧而发生多次演变才组成了联盟。这个联盟经历了大四卫拉特、卫拉特汗国、小四卫拉特三个阶段。"❷

当今，卫拉特蒙古由于其历史上的跨国迁徙，其后裔形成了卫拉特蒙古支系的跨国异流发展。甚至可以说，早期斡亦剌惕人已经融入了各个部落和民族，所以后来的卫拉特蒙古人通过与不同族群之间的密切联系，融合了不同族群成分，早已经不是纯粹的所谓卫拉特蒙古了。不同地域的卫拉特蒙古人，积极投入生产生活，并不断调适和整合社会文化，在自身的民族性与周边族群与所属国家社会文化的交互影响下，演变成为一个极具文化整合力的群体。

本书中用卫拉特来指称所有历史上和现代的卫拉特蒙古。有关卫拉特这一称谓，不同的研究者有着不同的观点和看法。国内外学术界对卫拉特称谓的解释主要有以下几种：第一，认为卫拉特是由"卫拉"和"特"组成的。"卫拉"（蒙古语"oyira"），含有附近、邻近、亲近之意思，"特"（蒙古语中表示复数的词缀"d"），与"卫拉"结合之后，就有亲近者、邻近者、同盟者的含义了。此观点的持有者主要是 18 世纪末、19 世纪初，帕拉斯、施密特等人。第二，认为卫拉特的词根为"卫"（蒙古语"oi"），含有林木、森林之意，与"拉特"（蒙古语"arad"，"阿拉特"），即人民、百姓，两者连接之后组成林木中百姓的意思了。持这一观点的主要代表人物是俄国的布里亚特蒙古学者多尔济班扎罗夫。第三，国外的一些著作中，常用"卡尔梅克"（kalmyk、kalmuk）指称卫拉特蒙古。对于"卡尔梅克"含义的解释众说纷纭，根据伯希和引布莱特施耐德的说法，在 1398 年时即已为人知晓❸。关于这个词汇的词源，大致有以下几个主要的解释：

①帕拉斯（Palas）认为它应该是含有"留下"的意思，因为土尔扈特人

---

❶ 文化.卫拉特——西蒙古文化变迁 [M]. 北京:民族出版社,2002.

❷ 同❶.

❸ 伯希和,卡尔梅克历史评注,第一节《给卡尔梅克人起的各种名称》,载内蒙古大学蒙古史研究室编:《蒙古史研究参考资料》第 26、27 辑,1983(5).

东归时，有一部分人没能同时返回，他们被留在了伏尔加河下游，所以称之为"留下来的人"，有时也泛指西部的蒙古部众。

②弗舍尔（Fischer）则提出应该是"高帽子"的意思，应为他们有一种高尖顶的帽子。

③文森提出，"卡尔梅克"这样称呼，是源于他们造型独特的辫子。

而巴托尔德比较认同帕拉斯提出的第一种说法，即有"留下"的意思。他说："卡尔梅克这个词（大概根据民族词源学）来源于动词卡尔马克（Kalmak），即'留下'之意。它似乎是表示那些留下的异教徒卫拉特蒙古，而区别于新皈依伊斯兰教的东干人。"❶ 科特维奇在他写的《有关十七至十八世纪对卫拉特蒙古关系的俄国档案资料》中对卡尔梅克一词的使用范围提出看法，他认为："在俄国和外国文献中，常使用三个术语来表示西蒙古人：卫拉特——出自蒙古史料；卡尔梅克——出自古代俄国史料（其中包括档案资料）所遵循的伊斯兰史料；厄鲁特中国史料。这里采用了蒙古术语卫拉特，而卡尔梅克这个术语，专门用来表示那批住在伏尔加河、顿河及乌拉尔河一带的卫拉特蒙古，他们已习惯于卡尔梅克这个名称，而遗忘了古名——卫拉特。"❷ 文化也在她的研究中提出有关卡尔梅克的解释的多种版本，除上述的这些说法外，还有"16世纪初厄鲁特西迁后，中亚穆斯林文献中，对遗留在故乡的卫拉特部众的称呼，后专指留居伏尔加河的土尔扈特部众"❸，有的学者认为是突厥语，"14—16世纪伊斯兰教在新疆地区传播时，生活在这里的卫拉特人大多没有皈依伊斯兰教，因而已经皈依伊斯兰教的民族就称他们为留下的人"❹ 等解释。可见，卫拉特一词的确切含义仍然有待于更深入的研究。

此外，卫拉特在中国古代汉文史籍中的历代称呼也有所不同，一般有称为斡亦剌惕（元代）、瓦剌（明代）、额鲁特或厄鲁特（清代）等，也有称之为西蒙古的，这是相对于东部蒙古人这样称呼的。此中，厄鲁特、额鲁特是 Ogled 的汉语音译，它其实是卫拉特蒙古的古老部落之一，现居于伊犁等地的卫拉特蒙古人多为厄鲁特部落的后裔，但清代的一些文献中将厄鲁特、额鲁特与卫拉特相混淆一处，这是具体研究中需要注意的一个问题。

本书为了便于叙述，将历史上的斡亦剌惕、瓦剌、厄鲁特、额鲁特以及准噶尔、吐尔伯特、和硕特、土尔扈特、巴图特、辉特等部落以及西蒙古所指代的蒙

---

❶ 马大正，成崇德. 卫拉特蒙古史纲 [M]. 北京：人民出版社，2012：4.

❷ 同❶.

❸ 文化. 卫拉特——西蒙古文化变迁 [M]. 北京：民族出版社，2002：3.

❹ 同❸.

古全部统一称呼为卫拉特蒙古。这也同样包括以上各分支部众的后裔，现在分别归属中国、蒙古国、俄罗斯联邦三个国家并且各有称谓。在本书具体论述过程中，分别以新疆卫拉特蒙古、青海卫拉特蒙古、内蒙古卫拉特蒙古、卡尔梅克蒙古来指称。需要说明的是，这些地区的卫拉特蒙古在对各自部落的认同基础之上对卫拉特这一总体称谓也有所认同。

二、卫拉特蒙古服饰

（一）服饰

服饰包含衣服及其装饰，即人体穿着的衣服及用于人体装饰的物件，泛指各种人体装饰。包括冠巾、发式、妆饰、衣服、裤裳、鞋履、饰物等❶。本书所讲的服饰包含两个层面的含义：一是指衣服，广义指人体上所有穿着，狭义则专指上体所穿的服装，头上戴的叫头衣，鞋类叫足衣，身上穿的则叫体衣；二是衣服和装饰于人体某些部位（如头部、颈部、手部等）的首饰和衣服上佩饰。服饰本身是一个大的概念，内涵十分复杂且外延多义，涉及人类精神生活和物质生活的各个层面。服饰是人类生活的要素，也是人类文明的标志，它给予人们物质生活的满足之外，还是一定时期的文化的标志和代表者。服饰的产生和演变与经济、思想、文化、政治、地理等外部环境，以及宗教信仰、生活习俗等内部心理都有密切关系。

本书根据日常生活中服饰穿着的场合不同而将服饰分为日常服饰和非日常服饰两大类。日常服饰即日常生活中每天都会穿着的服饰类型，由于不同历史时期的日常生活有所不同，因而日常服饰也是不断变迁的内容，比如袍服在古代属于日常服饰，而在现代无民族特征的流行服饰（也称现代服饰）成为日常服饰。非日常服饰即平时不会穿着，要在一定的场合中专门穿着的服饰，比如结婚礼服等。从古至今都存在非日常服饰，而古代的日常服饰与非日常服饰合并成为现代非日常服饰的重要内容。

（二）卫拉特蒙古服饰

卫拉特蒙古服饰，其广义应指卫拉特蒙古人穿着的服装与配饰。狭义主要指卫拉特蒙古人自己认可，并区别于其他蒙古部落和民族，体现本部落独特审美特征的服装与配饰。本书主要讨论狭义的卫拉特蒙古服饰，不包含宗教服饰。当然，在历史上的一段时间（蒙元时期），卫拉特蒙古服饰与其他蒙古部落的服饰趋于一致，随着卫拉特蒙古人逐步西迁并登上世界历史舞台，以及随后卫拉特蒙古各大部落不同方向的辗转迁徙，导致其服饰不断产生变迁。直至清代中叶以降

❶ 周汛，高春明. 中国衣冠服饰大辞典 [M]. 上海：上海辞书出版社，1996.1.

各地卫拉特蒙古服饰渐趋稳定，而现代所谓卫拉特蒙古各部落的传统服饰，在款型、装饰纹样等方面多源自清代中叶及其后卫拉特蒙古人的着装。

（三）传统服饰

本书中的传统服饰是区别于现代服饰而提出的，它是对某一历史时期的着装方式进行的继承和延续。它具有对外区分，对内认同的特点，同时具有根据不同的现实情况而不断进行创新发明和建构的实践概念。本书在论述过程中将传统服饰具体分为部落传统服饰和传统特色服饰，前者是旨在保护和传承为目的的以权威和精英等表述的传统服饰为基准的着装，后者为选取传统服饰文化的部分元素，通过个体进行选择和穿着实践的服饰。

第五节　研究方法

一、查阅、搜集、整理各种文献和采集图像资料

本书主要通过查阅、搜集、整理和利用大量的历史文献和图片资料以及国内外有关卫拉特蒙古服饰的著述、文献、资料等，结合民族学的研究方法进行研究。通过历史民族志的资料阐释不同历史时期的卫拉特蒙古的日常生活以及社会文化现象，利用历史文献解释现实社会中卫拉特蒙古服饰发生发展的过程和规律。本书的历史文献研究主要体现在两个方面：一是历史文献资料。由于明代之前未见有关卫拉特蒙古服饰的文献资料，本书就首先梳理了明代末时期在《卫拉特法典》等各类法典中出现的卫拉特蒙古服饰名称与相关习俗、内涵；其次，梳理了民国以降到新疆履新的地方官员的风俗记录，以及地方志等相关文献记录中的卫拉特蒙古服饰内容。二是历史图片资料。这部分主要来源于清代传世绘画以及《皇清职贡图》中对土尔扈特和伊犁厄鲁特蒙古的描绘图像，同时利用了国内外相关著述中的照片资料，如近代出土的考古文物的图像、20世纪初到新疆探险的各国探险家所拍摄和记录的图像、各地博物馆的实物照片等。

二、民族学实地调查法

民族学实地调查法主要采用观察与参与观察、个别访谈、文物文献搜集等方法。主要包括三个方面的内容，一是笔者在2014—2017年进行的实地调研，主要考察地点为新疆塔城地区的布克赛尔蒙古自治县。同时考察了塔城地区额敏县；巴音郭楞蒙古自治州的库尔勒市、和静县、乌兰乡；伊犁哈萨克自治州的昭

苏县、特克斯县；青海省的西宁市、德令哈市、黄南洲河南蒙古族自治县；内蒙古自治区的额济纳旗。二是在所到的考察点采访各地制作卫拉特蒙古服饰的非物质文化传承人或是了解传统服饰制作工艺的服饰制作人以及当地的文化精英。同时对当地民族服饰的穿着情况进行考察、走访。三是对当地博物馆、文化馆等单位进行参观、考察。

笔者自 2014 年开始先后 7 次前往新疆和布克赛尔蒙古自治县进行田野调查，从 2016 年 5 月至 2016 年 7 月进行了近 3 个月的集中考察。期间对主要的卫拉特蒙古民族传统服饰非物质文化传承人、蒙古族服饰制作者以及当地的学者进行深度访谈和摄像，学习并记录了土尔扈特蒙古传统服饰毕希米德、托西亚特·泰尔立各等典型服装款式的裁制工艺，参加了当地举办的那达慕大会等集体活动。2016 年 8 月至 9 月赴北疆各地以及巴音郭楞蒙古自治州考察了新疆各地卫拉特蒙古的传统服饰。2017 年 8 月至 9 月赴内蒙古阿拉善盟、青海等地考察了国内各地卫拉特蒙古的传统服饰。

三、跨学科研究法

本书是集民族学、艺术学、历史学、设计学等学科的综合研究，这些学科都是以人及其文化作为主要的研究对象，用以阐释当今社会出现的各种文化事项。本书拟将历史资料以及民族学的田野调查资料相结合进行研究，将两类资料放在一起，相互对照，进行综合研究，并且尽可能地吸收考古学、民俗学等其他学科的研究成果。在实际的研究中，将以上几种研究方法交互运用、互为补充，完成本书的整体格局。

第二章
历史中的卫拉特
蒙古服饰

人类的日常生活离不开"衣食住行"，而围绕满足这些需求产生的各种活动构成了人类日常生活的图景。马克思曾说："人们为了能够'创造历史'，必须能够生活。但是为了生活，首先就需要衣、食、住以及其他东西。因此，第一个历史活动就是生产满足这些需要的资料，即生产物质生活本身"❶。其中，衣即衣服，通常与配饰组合称为服饰。几乎在所有的社会情境中，人们都需要穿戴上合适的服饰，人与服饰密不可分的关系使其在日常生活中始终占据着极为重要的地位。

第一节　早期卫拉特蒙古的日常生活与服饰

由于古代服饰尤其服装的面料材质多取自自然（如动物毛皮、棉、麻等类），有不耐腐蚀、虫蛀等问题，极少有古代服饰能完整留存至今，因而早期人类服饰的具体形制很难确切分辨。这虽然令人遗憾，但通过分析流传至今的神话传说、零散的文献记载和有限的考古资料，可以对早期卫拉特蒙古的日常生活的基本轮廓进行一个大致的勾勒，并通过一定合理推断，对其不同阶段的服饰力求窥见一斑。

一、早期卫拉特蒙古的日常生活

本书中的"早期"，是指成吉思汗收服卫拉特蒙古的祖先——斡亦剌惕之前的时期。卫拉特是对蒙古语 Oyirad 的汉语音译，在元代文献中译为"斡亦剌惕""斡亦剌""外剌""外剌歹"等，明代文献中译为"瓦剌"，清代至今的文献常译为"卫拉特"，其含义一般认为是"林木中百姓"之意❷。追溯卫拉特蒙古早期的日常生活，需要考察卫拉特蒙古的起源及其文化的形成过程。

斡亦剌惕人属于原蒙古人，"……就地域而言，原蒙古人是从东胡后裔历史民族区（主要是内蒙古的东部）向整个蒙古高原扩散，同突厥铁勒人和其他各民族结合，固定在蒙古高原的。就人类学因素而言，蒙古民族在形成过程中吸收各种外族人口，其中包括一部分非蒙古人种居民。"❸东胡是生活在东北草原森林地区各游牧狩猎民族的概称。《史记·匈奴列传》记载"在匈奴东，故曰东胡"公

❶ [德]卡尔·马克思,弗里德里希·恩格斯.马克思恩格斯全集 [M].第三卷,北京:人民出版社,1960:32.
❷ 也有认为 Oyira 意为"近亲""邻近",即"近亲者""邻近者""同盟者"的汉译.参阅杜荣坤,白翠琴.西蒙古史研究 [M].乌鲁木齐:新疆人民出版社,1986:11-12.
❸ 亦邻真.中国北方民族与蒙古族族源 [A].亦邻真蒙古学文集 [C].呼和浩特:内蒙古人民出版社,2001:580-581.

元前 5 到 3 世纪，东胡各部处于原始氏族社会发展阶段，过着"俗随水草，居无常处"的生活。鲜卑是东胡人的后裔，公元前 209 年匈奴冒顿单于东袭东胡之后，一部分东胡人居于潢水流域的鲜卑山，故称鲜卑人。汉和帝永元年间（89—104 年），汉朝击破匈奴，鲜卑人徙居该地。《后汉书·乌桓鲜卑列传》载匈奴余者十余万落，皆自称鲜卑。鲜卑自此强盛一时，在 2 世纪中叶"尽据匈奴故地"，建立了一个空前强大的鲜卑部落军事联盟❶。

一般认为蒙古人原称为蒙兀室韦，蒙兀室韦是室韦人的一支，而室韦人则是 4 世纪居于兴安岭以西（今呼伦贝尔地区）山林地带的鲜卑人的一支。根据相关史料证实，自 5、6 世纪室韦人已经过着夏季定居，冬季逐水草的半定居生活。狩猎在室韦人的经济生活中，占有重要的地位，弓箭是当时主要的生产工具，其箭尤长，主要捕猎貂及青鼠。牧业尚未居主要地位，只能饲养马、牛、猪，没有羊。农业仅能种植粟、麦、黍，收获很少，一直到隋、唐时期，室韦的农业仍处在"剡木为犁，人挽以耕，田获甚褊"的原始状态，没有使用牲畜❷。室韦人的手工业历史悠久，在呼伦湖一带的室韦人，冬季逐水草迁徙之时，以牛车为交通工具，在车上搭起用柳条编制成的固定房屋。这种车蒙古语称"古列延"，它一直保留到 13 世纪，甚至更晚。室韦人能对皮毛进行加工，用白鹿皮制作襦袴，用猪皮做席，用皮制舟，用角、骨制作弓箭。乳制品和酿酒业在当时也有一定发展。此外，冶炼业也有发展，《辽史·食货志》记载："坑冶，则自太祖始并室韦，其地产铜、铁、金、银，其人善作铜、铁器。"❸

7 世纪，蒙兀室韦离开密林，渡过今呼伦湖西迁至肯特山游牧，后逐渐迁徙到漠北，受突厥和唐朝管辖。8 世纪中叶，今维吾尔祖先铁勒的一支——回纥（后称回鹘），推翻突厥的统治，建立回纥汗国，统辖达怛（突厥文史资料中称室韦为达怛，即鞑靼，后成为蒙古诸部的总称）等部。

9 世纪中叶（840 年），今柯尔克孜族祖先黠戛斯，又推翻回鹘统治，建立黠戛斯汗国，并迫使回鹘分三支西迁至今新疆、河西走廊和中亚地区。在这期间原生活在东部地区的蒙古系各部乘机大举向西迁移，填补回鹘在漠北漠南的故地，使他们和叶尼塞河上游及其周围的突厥语族越来越近❹。此后由于有利的自然条件以及受突厥畜牧业生产技术的影响，蒙古人逐渐从狩猎的生活方式过渡到游牧的生活方式。

❶ 蒙古族通史编写组. 蒙古族通史：上 [M]. 北京：民族出版社，1991：2.
❷ 同❶18.
❸ 同❶18-19.
❹ 杜荣坤，白翠琴. 西蒙古史研究 [M]. 乌鲁木齐：新疆人民出版社，1986：3.

至辽金时期，蒙古系各族已基本上分布在大漠南北，一些蒙古语族的林木中百姓也进入了叶尼塞河上游一带，与原来住在那里的突厥语族部落互相杂处。而游牧的生产经营方式，使当时牧民的生活条件有所提升，日常饲养的牲畜有马、牛、羊和骆驼，乳制品和肉制品充足，而且有兽皮、羊皮和一些交换所得纺织物。《契丹国志》记载，蒙古人"不与契丹战争，惟以牛、羊、驼、马、皮毳之物与契丹进行交换。"这说明，从 10 世纪以来，蒙古人已有了相当数量的剩余牲畜和畜产品，主要用于交换中原地区和中亚的丝绸、布匹和金银饰品❶。

蒙古人向游牧生活方式转化之后，随着游牧经济的发展需要，有一部分牧民逐渐分离出来专门从事农业生产，这些人们放弃游牧转入定居生活。土拉河和克鲁伦河流域是人们定居下来比较早的地区，早在 10 世纪，契丹人就在这一带进行屯垦，建立了许多村落和城郭，如哈鲁哈因·八剌合思、青托罗盖、祖翁赫勒姆、巴尔思浩特等❷。

辽金之际，一些蒙古系部落的"林木中百姓"也进入叶尼塞河上游一带，和原来在那里的突厥族互相杂处。卫拉特蒙古的祖先——斡亦剌惕也就是在这期间，由原先较远的东部迁到色楞格河流域，后向北经由今锡什锡德河流域，再折西进入叶尼塞河上游地区及其支流沿岸的。

有关斡亦剌惕人最早的记载文献是《蒙古秘史》，在此之前的生产生活情况似乎无从考察。如帕拉斯所说："对于蒙古王朝第一个皇帝成吉思汗以前的时代，卡尔梅克人除了一些神话般的传说外几乎一无所知，这或许是因为当时的原蒙古人诸部既没有文字也没有史书，又没有英雄事迹以及重大事件发生的缘故。"❸

在一些托忒文文献中，记录着关于卫拉特蒙古几个部落起源的神话传说。其实神话传说本身就是一种历史记忆，它不是凭空生成，而是包含着很多的历史知识。神话传说在一定程度上反映着历史时期人类的生存状态，包括当时的自然环境与人文环境，从而也在一定程度上展露出当时日常生活的部分事实。如巴图尔·乌巴什·图们的《四卫拉特史》中有准噶尔的起源神话：

据说，古时候有两个叫伊米纳与图木纳的人在荒野上居住。伊米纳的十个儿子是准噶尔汗的属民，图木纳的四个儿子是杜尔伯特的属民。他们各有十来个儿子，逐渐繁衍增多。其中有一猎人去原始森林里打猎，发现在一殊树下躺着一个

❶ 蒙古族通史编写组. 蒙古族通史：上 [M]. 北京：民族出版社，1991：19-20.
❷ 同❶20.
❸ [德] P. S. 帕拉斯. 内陆亚洲厄鲁特历史资料 [M]. 邵健东，刘迎胜，译. 昆明：云南人民出版社，2002：15.

婴儿，便抱回去抚养。婴儿旁边的那棵树形状像个漏管（čoryo），于是取名叫绰罗斯。树的汁液滴入婴儿口，成为婴儿的养料，又有鸱鸮在侧，野兽不敢近前，遂以瘤树为母，鸮鸟为父。因其缘分如此，便把他当作天的外甥，众人把他抚养成人，尊之为诺颜。于是，婴儿的后代成为诺颜贵族，抚养者的后代成为属民，居住在准噶尔地方。在准噶尔部的史书中，记载着准噶尔诺颜贵族的祖先绰罗斯的二十代子孙的历史[1]。

噶班莎拉布的《四卫拉特史》中也有类似的神话：

据说，杜尔伯特与准噶尔是从天上来的。有一个猎民在一棵歪脖树下拾到一个婴儿。因为那棵树长得像一支漏管（čoryo），所以给他取名叫绰罗斯（管氏）。树的汁液顺着漏管滴在婴儿口中，因此说他是瘤树和鸮鸟之子。伊木纳是图木纳的儿子。他的侧室生了十个儿子。因为这个婴儿是从树底下拾到的，所以说杜尔伯特与准噶尔是从天上来的，那个婴儿是天的外甥。果莽扎仓的温扎特阿勒达尔噶布楚说，那个婴儿是一大金刚。在准噶尔的史书中，记载着杜尔伯特与准噶尔的二十一代执政者的历史[2]。

以上两个神话传说都提到准噶尔和杜尔伯特的祖先得到树木、鸮鸟的庇护和树汁的滋养，体现了早期卫拉特蒙古是在森林里生活的。人类早期生活方式总有相近似之处，狩猎民族的日常生活离不开森林和猎物，以及围绕这一生存方式形成的衣食住行。至今仍有生活在森林地带的人们日常以喝树汁为习惯。

另有一则有关卫拉特辉特部的起源神话：

辉特名叫伊和明干（yeke mingyan）的人正在钓鱼时，看见在浪中飘着一个婴儿，伊和明干就用鱼钩钩住拉了上来，鱼钩嵌入了孩子的耳垂并永久留在了那里，卫拉特蒙古戴耳环的习俗就起源于此。那个孩子的后代被称为伊和明干氏。给那个孩子起名为"篾尔根（mergen）"。（这个孩子）长大乘骑都无力驭动他，并具有了过人的胆识，拥有了摔跤手的力量，遂成为辉特诺颜[3]。

这个神话传说中描述了辉特的祖先的日常渔猎活动，并提到卫拉特蒙古戴耳环习俗的起源。清代文献《西域同文志》中有关厄鲁特人服饰的描述中也提到："厄鲁特部落……其头目谓之台吉，戴红缨高顶平边毡帽，左耳饰以珠环。……伊犁等处台吉之下各置宰桑……左耳亦饰珠环，……伊犁民人……男人戴黄顶白羊皮帽，左耳饰以铜环。"

早期斡亦剌惕等林木中百姓过着猎牧兼营的生活，生产力发展水平低下。根

---

❶ 巴图尔·乌巴什·图们. 四卫拉特史 [J]. 蒙古学资料与情报，1990(3)：25-33.

❷ 噶班莎拉布. 四卫拉特史 [J]. 蒙古学资料与情报，1987(4)：7-15.

❸ M·乌兰. 卫拉特蒙古文献及史学：以托忒文历史文献研究为中心 [M]. 北京：社会科学文献出版社，2012：155-156.

据《元史·地理志》记载，包括斡亦剌惕部落在内的生活于今唐努乌梁海地区乌斯、撼合纳、益兰州和谦州等数个部落，其俗"以杞柳为杯皿，刳木为槽以济水"，贫民"皆以桦皮作庐帐"。他们不会制作杯皿和铸作农器，也不会制造舟楫和渔具，而是经常依靠林中狩猎，捕捉青鼠、黑貂鼠等各种动物，用其皮毛作交换或贡赋。他们驯养野生鹿类"取鹿乳，采松实及剧山丹、芍药等根为食。"用兽皮制作衣服和鞋。游猎和转移时，"以白鹿负其行装""冬月亦乘木马（雪橇）出猎"，或作为主要交通工具。

符拉基米尔佐夫在《蒙古社会制度史》中描述了斡亦剌惕等森林部落的日常生活方式："'森林'居民主要从事狩猎，但也没有放弃渔捞。他们住在用桦树皮和其他木料搭成的简便的棚子里，从来没有离开过自己的森林；草原游牧民有时自称为'有毛毡帐群的百姓'。'森林'居民驯养野生动物特别是西伯利亚鹿和小鹿，吃它们的肉和乳。虽然他们在森林里游动时是用西伯利亚鹿来驮载日用器具，但他们也知道使用马，马似乎曾被'森林'居民用于狩猎，而酋长、富裕者和贵族更可能是使用马的。值得指出，克列门茨和罕加洛夫就曾确信，从事围猎的古代布里雅特狩猎民，也知道使用马。'森林'的蒙古部落缝兽皮做衣服，使用滑雪板，喝树汁 [1]。"

在 13 世纪初，斡亦剌惕归附成吉思汗之前，还处于氏族社会末期，以"斡孛黑"即姓氏为社会的基本组织，并保留着族外婚、血亲复仇、氏族会议和祭祀等旧俗。"斡孛黑"下有很多分支，这些分支由若干阿寅勒组成，"阿寅勒乃是若干个帐幕或幌车组成的牧猎营或牧猎户。……通常以阿寅勒为经营单位，有共同的牧地和狩猎场所。战时或情况紧急时，往往结成游牧集团，列队移动并结环营驻屯，有时达数百个帐幕，蒙古语称为'古列延'（küriyen-güriyen），环营、圈子之意。" [2] 在这一时期，斡亦剌惕蒙古地区氏族内部已经出现了阶级分化和贫富差异，生产资料的私有制已经占主导地位。由氏族成员组成的每个阿寅勒都拥有自己的牲畜和生产工具等私有财产。

在习俗方面，斡亦剌惕地区的氏族长老称为别乞，在部落内部威信很高，《史集》中也指出：别乞"在汗帐（斡耳朵）中位于一切人之上，跟诸王一样，他列坐于（汗的）右手，他的马与成吉思汗的马系在一起" [3]。在日常生活中，萨满教仍起着很大作用，氏族长老往往也是萨满教的"大祭司"。忽都合别乞就是具有这种双重身份的人，他是斡亦剌锡中比较著名的长老、首领，同时也是萨满教的

---

❶ [苏]Б·Я·符拉基米尔佐夫.蒙古社会制度史[M].刘荣焌，译.北京:中国社会科学出版社,1980:56.

❷ 白翠琴.瓦剌史[M].长春:吉林教育出版社,1991:15.

❸ [波斯]拉施特.史集:第1卷第1分册[M].余大钧,周建奇,译.北京:商务印书馆,1983:309.

大祭司，善于下"鲊答"术。此外，斡亦剌惕部落与其他蒙古部落一样称幼子为"斡惕赤斤"，意为"灶火和禹儿惕之主"❶，有着幼子继承家产的习俗，因而结婚后仍要留在父母家中共同生活。

拉施特在 14 世纪完成的《史集》堪称是最早较为系统地记载卫拉特蒙古历史的文献，为我们呈现了作者对当时卫拉特蒙古相关历史的认知。在介绍斡亦剌惕部落的内容时提道："这些斡亦剌惕部落的禹儿惕和驻地为八河地区。在古代，秃马惕部住在这些河流沿岸。……这些部落自古以来就人数众多，分为许多分支，各支各有某个名称，……一直都有君长。"❷ 在介绍巴儿忽惕、豁里和秃剌斯部落时提道："秃马惕部也是从他们中间分出来的。这些部落彼此接近。他们被称为巴儿忽惕，是由于他们的营地和住所位于薛灵哥河彼岸，在住有蒙古人并被称为巴尔忽真－脱窟木地区的极边。在那个地区内住有许多（其他）部落：斡亦剌惕、布剌合臣、客列木臣和另外一个也在这一带附近、被他们称作槐因－兀良哈的部落。"❸

《蒙古秘史》中，称斡亦剌惕为"森林部落"，居住在贝加尔湖畔、叶尼塞河上游和额尔齐斯河沿岸。《蒙古秘史》第 141 至 144 节中提到，鸡年（1201 年），斡亦剌惕的忽都合别乞联合其他众多部落拥立扎木合为王，其后决意征讨成吉思汗和王罕，结果被成吉思汗和王罕的联军打败，"……迁往失黑失惕❹"。第 239 节中提到，兔年（1207 年），拙赤率右手军去征服林中百姓，"斡亦剌惕的忽都合别乞带领土绵斡亦剌惕归附，并引拙赤走进土绵斡亦剌惕的失黑失惕地方。"可见，在成吉思汗征服斡亦剌惕时，他们正是居住在失黑失惕。关于失黑失惕的具体位置，有的学者认为在今色楞格河北的叶尼塞河上源之一的锡什锡德河，有的学者认为在乌鲁克姆河上游或华克穆河上游（大致方向一致）❺。

此后斡亦剌惕继续向西迁徙，这与征战秃马惕部有关。原来当年铁木真和札木合分道扬镳之时豁尔赤率领巴林部众来归附，并预言铁木真将成为国之君主。当时铁木真表示，如果豁尔赤的预言成真，许诺他万户长并可以在国内挑选 30 位美女为妻❻。当虎年（1206 年）铁木真被拥立为成吉思汗之后，他按承诺准许豁尔赤挑选 30 位美女、封为万户长，并下令其"封地到达额尔齐斯

❶ [波斯]拉施特. 史集：第 1 卷第 2 分册 [M]. 余大钧，周建奇，译. 北京：商务印书馆，1983：71.
❷ [波斯]拉施特. 史集：第 1 卷第 1 分册 [M]. 余大钧，周建奇，译. 北京：商务印书馆，1983：192-193.
❸ 同 ❷198-199.
❹ ц·达木丁苏荣. 蒙古秘史（蒙古文）[M]. 呼和浩特：内蒙古人民出版社，1957：127-129.
❺ 马大正，成崇德. 卫拉特蒙古史纲 [M]. 北京：人民出版社，2012：10.
❻ 同 ❹1957：104-105.

河沿岸森林中百姓的驻地，还有统领森林中的百姓"❶。得到恩典的豁尔赤到秃马惕部准备挑选 30 名美女，结果原已归附的秃马惕部众转起反抗，抓住了豁尔赤。成吉思汗听说之后派忽都合别乞去救援，又被扣留。再命博尔忽（"四杰"之一）前去征讨，竟被伏击杀害。成吉思汗得知后非常愤怒决定亲征，被手下劝阻之后再派朵儿伯·多黑申率军征讨，最终攻占了秃马惕地区。当时，秃马惕部的首领已死，其妻塔儿浑·孛脱灰管理，征服其地之后成吉思汗将塔儿浑·孛脱灰赐给了忽都合别乞。这样，忽都合别乞带领斡亦剌惕部众就进驻了"秃马惕故地"八河地区。1953 年，在蒙古人民共和国库苏古尔省阿尔布拉格县境内的德勒格尔河北岸发现了丁巳年（蒙古宪宗七年，1257 年）所立的《释迦院碑》，是斡亦剌惕驸马八立托和公主为宪宗蒙哥祝寿、为自身祈福而建的。这块碑的发现就在早期斡亦剌惕所辖范围的南境，应为外剌驸马八立托的夏营地❷。

根据上述内容可以了解到，斡亦剌惕人在成吉思汗收服之前已经居住于森林地区的南沿，因此"一部分'森林'居民受邻近游牧民的影响，其经济结构开始发生了变化，即朝游牧生活演变"❸。20 世纪中叶，苏联考古学家 Г·П·索斯诺夫斯基、Б·Э·彼特里、А·П·奥克拉德尼科夫、П·П·霍罗什等人对拉施特和《蒙古秘史》中所说"森林部落"的生活区域即东西伯利亚和外贝加尔地区进行了发掘。此次考察发掘出土的大量珍贵实物材料，展示出了 10—11 世纪"森林"部落复杂的社会和经济结构。通过研究这些考古资料，学者 Г·鲁缅采夫提出："'森林部落'（hoyin irgen）这个术语是拉施特和他的同时代人主要用来说明某些部落的居住地区的，而不是指它们的经济特征的。换句话说，'森林居民'远远不是专指狩猎人和打渔人的。"❹ 同时还提出："'森林'部落按其生活方式和经济状况可以划分为两支：一支为狩猎——渔捞部落，即地道的'森林'部落。另一支为畜牧——农业部落，在他们的经济中狩猎占有重要的地位，但决不是主导地位。……斡亦剌惕、巴尔浑（巴尔古惕）和豁里——秃马惕部的社会经济水平较高，他们应属于'森林'部落的第二支。"❺

苏联考古学家们进行发掘的勒拿河上游、通克、贝加尔湖域的某些地区以及外贝加尔地区，正是 12—13 世纪被当时蒙古人称为巴儿忽真——脱古木的地方。

❶ Ц·达木丁苏荣. 蒙古秘史(蒙古文)[M]. 呼和浩特:内蒙古人民出版社,1957:276.
❷ 胡斯振,白翠琴. 1257 释迦院碑考释[J]. 蒙古史研究,1985(0):11-20.
❸ 【苏】Б·Я·符拉基米尔佐夫. 蒙古社会制度史[M]. 刘荣焌,译. 北京:中国社会科学出版社,1980:57.
❹ 【苏】Г·鲁缅采夫,姜世平. 十二—十七世纪蒙古文化史上的几个问题[J]. 蒙古学资料与情报,1985(2):20-21.
❺ 同❹21.

其发掘的 12—13 世纪墓葬，呈现出了当地两个社会阶层即普通居民和富裕牧主鲜明的日常生活画卷："大部分经济比较贫困的居民从事农业、畜牧业，间或从事手工业（纺织、冶铁和畜产品加工）。在这一时期穷人的墓葬中常常可以找到黍类的种子，粗糙的毛织物和靴子的残片、纺车、桦树皮箱子、箭簇等物。在色楞格河流域类似的墓葬中发现了荞麦的种子。而富人的墓葬里则完全是另一种样子。墓葬里有绵羊骨骼、带华丽的铜镶嵌的马鞍马蹬和嚼环残断，复杂的蒙古响弓碎断、青铜镜、珍珠、金银饰品和丝绸织物等。"❶ 可见，普通居民一般从事农业、畜牧业和家庭手工业，而社会上层人士一般是富裕的牧主，日常生活中离不开骑马、狩猎活动。

综上所述，斡亦剌惕在归附成吉思汗之前，是从较远的东部地区迁徙到色楞格河流域，后来迁徙到失黑失惕地方。相关史料和考古资料证明，斡亦剌惕居住的地方是森林百姓居住地的南沿地带，这里与草原的北部边沿相接，从而逐渐发展为综合性的经济，即原始农业、较发达的畜牧业以及狩猎捕鱼相结合的经济，其社会发展水平较其他"森林部落"相对较高，并形成了与此相适应的物质生活。这个时期，斡亦剌惕社会仍处于氏族制度开始解体的阶段，主要生产资料归氏族部落所有，生活资料则属于个人。在精神生活方面，萨满教仍起着很大作用，氏族、部落的长老威信极高。同时，氏族内部开始出现贫富和阶级分化，生产资料的私有制逐渐占据主要地位。考古资料显示当时相当一部分经济比较贫困的居民在日常生活中从事一定自给自足的农业生产以及传统的畜牧、渔猎业生产，间或从事纺织、冶铁和畜产品加工等手工业。而富裕牧主等上层人士的生活以骑马、狩猎活动居多，日常用品包括马具都有华丽的镶嵌，服饰方面有丝绸织物作为面料，还有金银饰品等装饰之物。居住生活方面，有记载平民"皆以桦皮作庐帐"，而在卫拉特叙事诗和英雄史诗中，提到他们当时所住的小屋，支架是用兽骨做的，然后上面覆盖兽皮。这与游牧民用木料和毛毡搭成的帐篷区别明显。

二、早期卫拉特蒙古日常生活中的服饰

早期卫拉特蒙古日常生活中的服饰，几乎没有直接涉及的相关资料，只能通过了解同一时期与其有着相似的自然环境、经济生活并有相关考古资料与文献记载的相近或有亲缘关系的部落情况进行一个大致的推测。

根据前文所述，蒙古属于东胡的后裔，而东胡的一支可以上溯到旧石器时代

---

❶ Г·鲁缅采夫,姜世平. 十二—十七世纪蒙古文化史上的几个问题 [J]. 蒙古学资料与情报,1985(2):21-22.

晚期的扎赉诺尔人。在两万多年以前，扎赉诺尔人已经在今呼伦贝尔地区生息，他们当时可能已经创制了最原始的服饰❶。因为人类只有掌握了缝制衣服和人工取火之后，才可能在严寒的森林草原地区，如呼伦贝尔这类地区生存。相关考古资料证明，战国或更早的时期东胡已有纺织手工业萌芽。辽宁省朝阳县十二台营子青铜短剑墓曾出土了陶纺轮❷。

属东胡族系的乌桓和鲜卑服饰，在《后汉书·乌桓鲜卑列传》和《三国志·乌丸鲜卑东夷传》中引《魏书》记载乌桓"以毛毳为衣……妇人能刺韦作文绣，织氍毹"。《广雅》记载"氍毹，罽也"。罽为毛织物，属用兽毛织地毯之类。鲜卑，"其语言习俗与乌桓同"。又提到鲜卑"有貂、豽、鼠子、皮毛柔蠕，故天下以为名裘。"同时，乌桓和鲜卑与中原王朝的频繁交往，通过赏赐和贸易渠道获得汉地布帛等面料。

鲜卑的支系之一拓跋鲜卑由大兴安岭的大鲜卑山南迁至河套和大青山一带，并入住中原建立了北魏政权，其后出现东、西魏和北齐、北周政权。当时鲜卑与北朝人的服饰特点为：不束发则戴帽，身穿小袖紧袍或只穿上褶而下着小口裤，腰束草带（鲜卑人称"郭落带"，革带上饰以铜钩、铜牌或金牌）❸。《旧唐书·舆服志》载："北朝则杂以戎夷之制，爰止北齐有长帽短靴。合胯袄子，朱紫玄黄，各任所好。"北朝袍服的颜色多样，领子开在颈旁，以左衽居多。《魏书·咸阳王禧传》载："魏主责，妇女之服仍为夹领小袖。"北周的服饰在《周书·宣帝纪》中记载"侍卫之官，皆着五色及红紫绿衣，以杂色为缘。名曰'品色衣'，有大事与公服间服之。"

关于室韦的服饰，《魏书·失韦传》记载"男女悉衣白鹿皮襦袴"，《旧唐书·室韦传》载："畜宜犬豕，豢养而啖之，其皮用以为韦，男子女人通以为服。"《新唐书·室韦传》载："其畜无羊少马，有牛不用，有巨豕食之，韦其皮为服若席。"《隋书·室韦传》载北室韦和钵室韦也是"饶獐鹿，射猎为务，食肉衣皮。……冠以狐貉，衣以鱼皮"。《新唐书·回鹘传》记载鞠室韦，"又以鹿皮为衣"。乌洛侯为室韦一部落，《魏书·乌洛侯传》载"皮服"。《魏书·失韦传》记录了失韦各部落妇女"俗爱赤珠，为妇人饰，穿挂于颈，以多为贵，女不得此，乃至不嫁"。《旧唐书·室韦传》中有室韦富人"项蓄五色杂珠"，《新唐书·室韦传》中有"以五色珠垂领"。

以上部落早期发式和头饰的内容，在相关文献中也有零散的记载。《后汉

---

❶ 扎赉诺尔考察小组. 扎赉诺尔第四纪地质新知 [J]. 东北地质科技情报, 1976(1).
❷ 朱贵. 辽宁朝阳十二台营子青铜短剑墓 [J]. 考古学报, 1960(1): 63-71.
❸ 张碧波, 董国尧. 中国古代北方民族文化: 上 [M]. 哈尔滨: 黑龙江人民出版社, 2001: 505-506.

书·乌桓鲜卑列传》中记载乌桓人："父子男女相对踞蹲。以髡头为轻便。妇人至嫁时乃养发，分为髻，著句决，饰以金碧，犹中国有帼步摇。"同时记载鲜卑人："其言语习俗与乌桓同。唯婚姻先髡头，以春月大会于饶乐水上，饮宴毕，然后配合。"《魏书·失韦传》《北史·室韦传》载："丈夫索发。""妇女束发，作叉手髻。"《隋书·失韦传》载："丈夫皆被发，妇人槃发。"《旧唐书·室韦传》载："被发左衽。"束发即将头发束缚于后成髻，"槃发"即盘发，就是结发为髻。

有关斡亦剌惕人早期的服饰，一般认为"……缝兽皮做衣服……"[1]，这符合"森林"部落的衣着传统，同时适用于他们的生存环境以及生产生活方式。根据相关考古资料显示，12—13世纪斡亦剌惕人曾经居住的巴尔忽真地区普通居民的墓葬出土了"……粗糙的毛织物和靴子的残片、纺车……"[2]，另一上层富裕人士的墓葬出土了"……珍珠、金银饰品和丝绸织物等"[3]。这说明，当地普通居民日常生活中可以用纺车制作粗糙的毛织物，还能够自制靴子等，足见手工业发展达到一定水平。而上层富裕人士则拥有珍珠、金银饰品以及丝绸织物等相对奢侈的服饰用品，这些应该不是当地自产，而是通过商业贸易渠道所得。

第二节　蒙元时期卫拉特蒙古的日常生活与服饰

12世纪末期，蒙古社会内部出现了巨大的转变，正如《蒙古秘史》中的描述："星空轮转，诸国乱战，寝不安席，征战不息。大地翻转，举国混乱，卧难安衽，攻伐不止。"[4]当时整个蒙古地区部落间的抢夺、征战不断上演。此前，斡亦剌惕和其他的林木中百姓相邻而居，彼此互不相属、各自生息，并未形成联盟。随着各部落势力的消长，面对生存竞争的各大部落开始建立联盟以壮大势力，而弱势部落则为安身立命依附于强势的一方。

一、蒙元时期卫拉特蒙古的日常生活

13世纪初成吉思汗征服"林木中百姓"之时，斡亦剌惕首领忽都合别乞率部众主动归附，因而成吉思汗赐予了他们诸多的特权。首先，赐予斡亦剌惕亦乞

---

❶ [苏]Б·Я·符拉基米尔佐夫.蒙古社会制度史[M].刘荣焌,译.北京:中国社会科学出版社,1980:56.
❷ Г·鲁缅采夫,姜世平.十二一十七世纪蒙古文化史上的几个问题[J].蒙古学资料与情报,1985(2):21-22.
❸ 同❷.
❹ Ц·达木丁苏荣.蒙古秘史(蒙古文)[M].呼和浩特:内蒙古人民出版社,1957:335-336.

列思、弘吉剌、汪古等部与蒙古部世代通婚的权力。拉施特在《史集》中曾提到：“成吉思汗与他们（斡亦剌惕）保持有关系，互相嫁娶姑娘，有着义兄弟姻亲关系。”❶ 同时，在分封千户时，这些部落由同族统一地安置在了原处，也没有像其他的部落被分到别部。《史集》中又说：“当他归顺[成吉思汗]时，全部斡亦剌惕军队都照旧归他（忽秃合别乞）统辖，并由他指定千夫长。”❷ 因此，斡亦剌惕部落的整体性得以保留，而由此开始与“黄金家族”的联姻，也使其在蒙古内部地位显赫。随着部众繁衍，势力渐强，逐步由四千户发展成为四万户。

根据白翠琴研究：“蒙元时期，斡亦剌惕人由于战争及政治原因，曾经离散成好几部分，一部分由忽都合别乞孙子不花帖木儿带领跟随旭烈兀西征波斯；一部分在元廷供职或属于元朝政府军；一部分属于阿里不哥和海都军队；而在叶尼塞河上游斡亦剌惕本土，又属于托雷系的领地，后成为岭北行省一部分，直辖于元廷。”❸

随旭烈兀西征的斡亦剌惕军，至合赞汗时期，由于发生塔儿海叛乱事件，斡亦剌惕举部（约18000人）往投叙利亚。但由于生活习惯和宗教信仰的差异，引起双方矛盾，最终首领塔儿海被杀害，部众被徙至叙利亚沿海。此后，叙利亚将卒人民收养其子，娶其女，战士分配于诸军，后皆成为穆斯林 ❹。在元廷供职或属于元朝政府军的斡亦剌惕人，“如脱劣勒赤次子不儿脱阿（巴立托），不儿脱阿子兀鲁黑和辛、脱劣勒赤第三子巴儿思不花的两个儿子失剌卜和别乞里迷失以及延安王也不干，等等”❺ 均受到重用和赏识。“尤其是别乞里迷失，跟随伯颜征伐南宋，平定宗王叛乱，冲锋陷阵，屡建奇功，官至同知枢密院事。”❻ 这些斡亦剌贵族子弟对蒙古的统一和治理全国立下汗马功劳，同时在文化生活方面更加贴近了蒙元时期的主流文化。

阿里不哥和海都的军队里有很多斡亦剌惕人，《元史·术赤台传》中记载阿里不哥就在军队里建有“外剌”（即卫拉特）之军。蒙哥汗去世之后，由于阿里不哥不满忽必烈“擅自在汉地召开忽里勒台登上汗位，并不符合传统”❼，遂发生了阿里不哥与忽必烈之争。有学者认为这与阿里不哥的斡亦剌惕合敦（忽都合别乞的孙女，巴儿思不花之女亦勒赤黑迷失）和蒙哥汗的斡亦剌惕合敦（忽都合别

❶ [波斯]拉施特.史集：第1卷第1分册[M].余大钧,周建奇,译.北京:商务印书馆,2017:196.

❷ 同❶403.

❸ 白翠琴.瓦剌史[M].长春:吉林教育出版社,1991:17-18.

❹ 同❸30-31.

❺ 同❸13.

❻ 同❺.

❼ 泰亦赤兀惕·满昌.蒙古族通史[M].沈阳:辽宁民族出版社,2004:257.

乞之女）的支持不无关系 ❶。1264 年，阿里不哥投降忽必烈之后斡亦剌惕部继续跟随阿里不哥的儿子以及后来的海都（窝阔台之子）。《史集》载阿里不哥的儿子宗王灭里－帖木儿的大异密，现在与海都的儿子们在一起者，如："札剌亦儿部人章吉古列坚，也是个千夫长……他奉旨率领一千斡亦剌惕人守卫藏有宗王们之骨的大禁地不答不劣温都儿。当宗王们即那木罕的同行者们抗命和军队瓦解时，此千人队大部分并入了海都的军队，有一些人留在该处，现今此千人队则属于兀海的后裔。"❷ 随着阿里不哥和海都的败退，从军的斡亦剌惕部众，逐渐散居到伊儿汗国及察合台汗国乃至钦察汗国、帖木儿汗国，并随着这些汗国的伊斯兰化大都也变成了穆斯林 ❸。

在叶尼塞河上游的斡亦剌惕，当时属于托雷系的领地，后成为岭北行省一部分，《元史·地理志》记载，"谦州……唐麓岭之北。居民数千家，悉蒙古、回纥人"，这里的蒙古就是斡亦剌惕蒙古了。他们与迁到叶尼塞河上游的汉、畏兀儿等部族相邻而居。据《元史·刘好礼传》记载，早期大部分"林木中百姓""民俗不知陶冶，水无舟航，好礼请工匠于朝，以教其民，迄今称便""教为陶冶舟楫，土人便之"。刘好礼是至元七年（1270 年）派出的叶尼塞河上游吉利吉思、撼合纳、谦州、益兰州、乌斯五部断事官 ❹。他还在叶尼塞河上游建库廪，置传舍，开盐矿，辟驿道，派南人前往协助发展灌溉事业，等等 ❺。早在成吉思汗统一斡亦剌惕等部后，除了让其首领管辖自己的属民和领地外，还在谦河一带屯兵驻守，同时从外地引进工匠，发展手工业。《长春真人西游记》中就提到：成吉思汗西征时，俭俭州（谦州）已有"汉匠千百人居之，织绫罗锦绮"。后来元世祖为了巩固其西北的统治，在谦河地区设置了万户府，派遣蒙古万户率军进行民屯和军屯。大德十一年（1307 年），设立岭北行省，这里成为岭北行省的一部分，处于元廷直接控制之下。当时，元廷从中原地区迁来大量的农民和手工业者到谦州等地区，并设立工匠局来管理组织生产，解决当地日常生活和生产上的需要。《元史·地理志》记载："谦州'有工匠数局，盖国初所徙汉人也'。"

斡亦剌惕人是太祖十二年（1217 年）后迁入叶尼塞河上游八河口的，而此地与吉利吉思住地交错。《经世大典·站赤》记载至元二十八年（1291 年），元廷决意开辟从吉利吉思至外剌（斡亦剌惕）的驿道，"起立设六站，数内乞儿吉

❶ 那木斯来. 准噶尔汗国史(蒙古文)[M]. 呼和浩特:内蒙古人民出版社,2011:5.
❷ [波斯] 拉施特. 史集:第二卷 [M]. 余大钧,周建奇,译. 北京:商务印书馆,1985:371.
❸ 文化. 卫拉特——西蒙古文化变迁 [M]. 北京:民族出版社,2002:74.
❹ 白翠琴. 瓦剌史 [M]. 长春:吉林教育出版社,1991:21.
❺ 同 ❹22-23.

思、帖烈因秃、憨哈纳思、外剌四处各设一站，兀儿速设二站，每站各置骟马三十匹，牝马一十匹，羊五十只，令该价钱与之。"这个驿道成为沟通蒙古和西伯利亚至北冰洋的交通要道，由于当时吉利吉思的经济发展水平较高，斡亦剌惕至吉利吉思的往来逐渐增多，这对斡亦剌惕的影响颇大，尤其在语言方面受吉利吉思等突厥语族的影响表现明显。《史集》记载斡亦剌惕的语言时提道："虽然他们的语言为蒙古语，它同其他蒙古部落的语言（毕竟）稍有差异，例如：其他（蒙古人）称刀子为'乞秃合'，而他们（称作）'木答合'，诸如此类的词语还有许多。"

综上所述，蒙元时期的斡亦剌惕蒙古人已经分散多处，其中随蒙古军队西征、南进的军人多散落于中亚和中原内地，从而在生活习俗、文化信仰等方面都发生变迁以至于大多融入当地部族。而被成吉思汗征服时就集中居住于叶尼塞河上游的斡亦剌惕人则未有分散仍相对集中，并相对完整地保留了自身的文化。然而，在长期与吉利吉思（今之柯尔克孜）、畏吾尔（今之维吾尔）、汉等民族交错而居，不断与这些周边民族互动的过程中受到影响，出现了不同程度的文化变迁，在生活习俗方面保有一定的早期文化基因的基础上逐渐形成多元融合的特征。

在这样的社会背景之下，斡亦剌惕人的日常生活是怎样的呢？笔者认为难以一概而论。如前所述，13—14世纪一部分斡亦剌惕人已逐渐由森林地区迁徙到草原地带居住，驻牧于阿尔泰山附近。原来以"古列延"为单位的牧猎方式，逐渐被以个体活动为主的阿寅勒生产所代替。在此之前，斡亦剌惕社会内部已经有了封建制度的萌芽，显示出上层阶级（酋长、首领等）和普通平民的日常生活已经截然不同。而氏族制度逐步瓦解，正在走进封建制度社会的蒙元时期斡亦剌惕人，其日常生活也因社会阶级差异而天形成壤之别。这一时期斡亦剌惕蒙古的阶级结构主要有三个阶层：上层阶级（包括皇室贵族、诺颜、千百户长等各级封建领主）、平民（即阿拉特，包括木林中的百姓、牧民、农民等，有一定财产和人身自由，但受上层阶级支配、奴役）、奴隶（没有私有财产和人身自由的群体）。

对于上层阶级而言，整个蒙古地区，包括斡亦剌惕在内，土地、林牧场已成为他们的"封地""领地"。彭大雅《黑鞑事略》中记载窝阔台时期漠北"其地自鞑主、伪后、太子、公主、亲族而下，各有疆界"。他们支配和指挥其封地上的阿拉特，并将编籍在各千户、百户之下。斡亦剌惕贵族与"黄金家族"世联婚姻，被蒙古汗廷以及元室封官赐爵、权势显赫，因而在日常生活方面也应受其影响，多有相近。

对于平民而言，他们被编籍在各封建领主、千户、百户之下"著籍应役"，严禁"擅离所部"。《元史》载因天灾、战乱而逃散的，要被"遣还本部"。平民还须向封建主缴纳各种贡赋，包括羊马抽分（qubčir）、打猎所得的各种珍贵野生动物等。《黑鞑事略》中有太宗窝阔台时期漠北普通牧民"皆出牛马、车仗、人夫、羊肉、马奶为差发"。《大元马政记》记载了窝阔台五年（1233年）规定的制度，"其家有马、牛、羊及一百者，取牝马、牝牛、牝羊一头入官；牝马、牝牛、牝羊及十头，则亦取牝马、牝牛、牝羊一头入官。若有隐漏者，尽行没官。"定宗贵由时规定："马、牛、羊群十取其一。"后来，抽分之制定为"马之在民间者，……数及百者取一，及三十者亦取一，杀于此则免。牛、羊亦然"。另外，平民还须要服兵役或站役。蒙元时期都是从各千户签发兵员，如有战事由所属诸王和千户统领出征，而马匹、兵械、衣服、杂器等皆须自备[1]。千户是岭北斡亦剌地区的基本行政单位，如宪宗蒙哥汗三年（1253年），不花帖木儿随旭烈兀西征时军中就有斡亦剌惕部众。至元二十八年（1291年）设立的吉利吉思至外剌（斡亦剌惕）驿道，成为斡亦剌惕部众另一重负担。《经世大典·站赤》中有站户一般是从中等户中签取，规定"其有马、驼及二十，羊及五十者，是为有力"，政府不再赈济。站户除出人夫外，还要自备站马、祇应（对官员、使臣供应饮食）、帐房、什物。黄溍《宣微使太保定国忠亮公神道碑》中记载，由于朝廷各衙门和诸王贵戚等遣使频繁，站户不堪重负，往往破产，以致不得不"鬻其妻子以应役"。而对于奴隶而言，他们既没有私有财产也没有人身自由，完全依附于主家生活。

社会阶级的不同使得社会分工也区别明显，导致日常生活的巨大差距。

首先在饮食方面，斡亦剌惕作为林木中的百姓，其食来源主要通过狩猎活动获得，即捕猎林中各种大小动物以食其肉，《元史·地理志》载其地"野兽多而畜少。贫民无恒产者……取鹿乳，采松实，及剧山丹、芍药等根为食。冬月亦乘木马出猎"。《史集》载："森林狩猎穿着'察纳'在雪面上滑行，有如水上行舟，其速如飞，来往驰逐于林海雪原之中，追杀捕杀野兽。"[2]

早期蒙古地区饮食品种有限，肉的种类虽多，但制作方式简单，粮食、蔬菜所占比重较小。宋人彭大雅在《黑鞑事略》中记述："其食，肉而不粒。猎而得者，曰兔，曰鹿，曰野彘，曰黄鼠，曰顽羊，其脊骨可为杓。曰黄羊，其背黄，尾如扇大。曰野马，如驴之状。曰河源之鱼，地冷可致。牧而庖者，以羊为常，牛次之。非大宴会不刑马。火燎者十九，鼎煮者十二三。"[3]在一些邻近农耕区域的部族，可以通过交换等方式获得一些谷物，"亦有一二处出黑黍米，彼亦煮为

❶ 白翠琴. 瓦剌史 [M]. 长春：吉林教育出版社，1991：24-26.
❷ [波斯] 拉施特. 史集：第一卷第一分册 [M]. 余大钧，周建奇，译. 北京：商务印书馆，1985：371.
❸ [英] 道森. 出使蒙古记 [M]. 吕浦，译. 北京：中国社会科学出版社，1983：17-18.

解粥"❶。对米的处理显得不太娴熟，普兰迦尔宾也提到："他们还用水煮小米饭，但由于煮得稀薄，只能喝而不能吃"。当时，斡亦刺惕人狩猎同时并未放弃渔捞，至蒙元时期还从中原汉地迁来专门制造渔具的工人，这样提高了他们的捕鱼技术，同时也丰富了他们的饮食结构。随着斡亦刺惕人逐渐走出密林、走向草原，开始经营畜牧业之时，饮食也得到了一定的发展。虽开始以家畜（主要是羊，其次是牛、马等）肉和奶制品为主，但仍以狩猎所得的野生动物肉作为补充，饮料有了各种家畜奶和马奶酒等。同时，驿道的建成通行，使元廷往来通行更加便捷，在饮食以及其他生活用品方面的交流愈加频繁，影响也逐渐深刻。

蒙元时期蒙古人的远征欧亚、入主中原，使各地人民陷入战乱，但也客观上促进了不同地域文化的交流。这也影响到了蒙古人的饮食，从简单到复杂、从单一到丰富，并已经有专门研究饮食的合理搭配及其药用价值的著述。忽思慧于元朝文宗时期天历三年（1330年）完成了《饮膳正要》，全书不仅包含各种饮食品类包括米谷品、兽品、禽品、鱼品、果菜品和料物等还有各色餐食的制作方法、饮食养生的禁忌等内容。其中兽品中列有各种动物35种、禽品18种，并有"聚珍异馔"一类，如"熊汤""鹿头汤""烧雁""鹿奶肪馒头"等，当属皇室专享食品。在这些宫廷食谱中，除以汉式和蒙式餐饮居多之外，还可以看到带有不同地域、民族特色的食品名称，如"河西米汤粥""秃秃麻食"等。据此可以了解到，元代以降蒙古族饮食结构发生重大变迁，皇室宫廷的饮食种类品目繁多，除仍保持着对肉食的偏爱，粮食、蔬菜和水果等食物的摄入量有显著增加。

除日常饮食之外，蒙元时期会举办各种宴席。元人王恽在《秋涧集》中提到："国朝大事，曰征伐，曰搜狩，曰宴飨，三者而已。"此说虽显偏激，但宴飨的确占据特殊的位置。马可·波罗在其行纪中曾提到，大汗每年举行节庆大宴13次，但实际似并无严格限定。《经世大典序录》记载元朝制度："国有朝会、庆典，宗王、大臣来朝，岁时行幸，皆有燕飨之礼。"凡新皇帝即位，群臣上尊号，册立皇后、太子，以及每年元旦，皇帝过生日，祭祀，春搜、秋狝，诸王朝会等活动，都要在宫殿里大摆筵席，招待宗室、贵戚、大臣、近侍人等。而这种宴飨，除了是上层阶级的奢侈享乐之宴，同时也是进行各种政治活动的一个场合，也如王恽所说的"虽矢庙谟，定国论，亦在于樽俎餍饮之际"。这种宴席通常称为"诈马宴"或"质孙宴"，参加宴席的上层阶级人士还必须要盛装出席。

在居住方面，马可·波罗曾在他的行纪中描述了大汗游猎时的居所。"大帐之后有一小室，乃大汗寝所。此外尚有别帐、别室，然不与大帐相接。此二帐及

---

❶ [英]道森. 出使蒙古记[M]. 吕浦,译. 北京:中国社会科学出版社,1983:17-18.

寝所布置之法如下：每帐以三木柱承之，辅以梁木，饰以美丽狮皮。皮有黑白朱色斑纹，风雨不足毁之。此二大帐及寝所外，亦覆以斑纹狮皮。帐内则满布银鼠皮及貂皮，是为价值最贵最美丽之两种皮革。盖貂袍一袭值金钱二千，至少亦值金钱一千，鞑靼人名之曰'毛皮之王'。帐中皆以此两种毛皮覆之，布置之巧，颇悦心目。凡系帐之绳，皆是丝绳。总之，此二帐及寝所价值之巨，非一国王所能购置者也。此种帐幕之周围，别有他帐亦美，或储大汗之兵器，或居扈从之人员。此外尚有他帐，鹰隼及主其事者居焉。由是此地帐幕之多，竟至不可思议。人员之众，及逐日由各地来此者之多，竟似大城一所。盖其地有医师、星者、打捕鹰人，及其他有裨于此周密人口之营业，而依俗各人皆携其家属俱往也。"❶

生活在鄂尔浑河流域的蒙古人最迟在 13 世纪初已经修建了城市、村镇和农庄。而根据苏联考古学家 20 世纪中期的发掘"德尧－捷列克古城是 1207 年蒙古人征服叶尼塞河流域之后，作为军事行政中心建造起来的。该城位于唐女乌拉山脉北山脚下艾列格斯塔河岸边的德尧－捷列克"❷。"这一地区不仅生活着蒙古征服者，还有当地的土著维吾尔人、柯尔克孜人和哈卡斯人。"❸ 而这里所说的蒙古征服者也就是斡亦剌惕蒙古人了。从这一系列的发掘来看蒙古帝国在其早期阶段就形成了城市文明。因此，应有一部分斡亦剌惕人成为城市居民，住进土石结构的固定式房屋。

"德尧－杰列克"❹ 城内的建筑遗址包括住宅、行政机构建筑、宗庙建筑和佛塔等。建筑材料用石膏、石块以外，工匠们还到当地的黏土。"他们用这种含铁的黏土制造出了各种各样工艺精良的器皿、青色的响瓦、大砖块、镶板以及雕塑。"❺ 有些住宅中还有取暖的暖炕，用当地煤矿自产的煤炭。此外，城市附近还有磁铁矿、褐铁矿以及盐地。

"德尧－杰列克城中居民的一部分，这些人就是自九世纪中期起就生活在这里的哈卡斯人。哈卡斯人（即吉尔吉斯人），这些人经营农业并生活在具有军屯性质的居民点中。"❻ 这里出土了具有当地哈卡斯风格的手工制作器物"……桦皮器、羊矩骨、突厥式的用于儿童摇篮中的导尿管"❼。

大量的考古材料证实，德尧－杰列克是一个手工业中心，工匠们能够冶炼

❶ [意] 马可·波罗. 马可波罗行纪 [M]. 冯承钧，译. 上海：上海书店出版社，2001：234.
❷ [苏] C. B. 吉谢列夫，等. 古代蒙古城市 [M]. 孙危，译. 北京：商务印书馆，2016：引言 7.
❸ 同 ❷247.
❹ 同 ❷88.
❺ 同 ❷89.
❻ 同 ❷88.
❼ 同 ❷88.

铁和熔炼金银，"他们制造的铁器种类繁多，从铁钉、铁刀到武器、农具，可以说应有尽有。当时的制陶业也达到了很高的水平。工匠们制造出了大量的做工精良且器形多样的灰陶器，从大瓮到小餐具不一而足。当时的石匠们还制造了目前的石雕像，石磨盘以及磨刀石等。另外，当时的纺织业也取得了很大的发展，居住在图瓦地区的很多移民都在从事与丝织业相关的行业。还有一些人从事骨器制造业。"❶ 这些都证明了斡亦剌惕人聚居的叶尼塞河流域已经有了一定规模的城市。

总而言之，蒙古汗国初期斡亦剌惕人所聚居的叶尼塞河流域已经出现了一个狩猎、畜牧、渔猎和农业多种经济类型兼营，采矿业、盐业、手工业和建筑业较完备的多民族聚居城市。城市居民居住在土石结构的建筑当中，普通居民的房屋较小，内有冬季取暖的暖炕，碗碟餐具一应俱全。而上层阶级的房屋面积较大，建筑物上还有石刻、雕塑等装饰。

二、蒙元时期的卫拉特蒙古服饰

蒙元时期斡亦剌惕蒙古的服饰，至今还没有见到专门的记载。元代的服饰在其建国初期比较混乱，各部仍按原来的习俗穿着，并无统一之制，《元史·舆服志》载："庶事草创，冠服车舆，并从旧俗。"整个蒙元时期，服饰呈现多样化的状态，各从其俗，元廷对各部族民间服饰采取比较包容的态度。直到至元八年（1271 年），忽必烈采纳刘秉忠、王磐、徒单公履等人的建议"元正、朝会、圣节、诏赦及百官宣敕，具公服迎拜行礼"。并规定了"文资官定例三等服色"，即一至五品官为紫罗服，六、七品官为绯罗服，八、九品官为绿罗服。至元二十四年（1287 年）批准武官服饰"拟合衣随朝官员一体制造"，使文官和武官的服色一致。在形制方面，公服右衽，"上得兼下，下不得僭上"。元代的服饰制中度还制定了冕服、皇太子冠服、皇帝质孙服、百官祭服、朝服、百官质孙服以及士庶的服饰。

斡亦剌惕蒙古自从归附成吉思汗之后，就与"黄金家族"世代联姻，其地位和待遇不同寻常。在斡亦剌惕地区，氏族长老称为别乞（beki，又作别克）。成吉思汗曾经说："被封为别乞的，着白衣，骑白马，坐于上座……"❷《蒙兀儿史记》载："蒙兀驸马之亲，等于宗王。"《元史》称："元兴，宗室驸马，通称诸王，岁赐之颁，分地之入，所以尽夫展亲之义者，亦优且渥。"斡亦剌惕贵族作为成吉

---

❶ ［苏］C. B. 吉谢列夫，等. 古代蒙古城市 [M]. 孙危，译. 北京：商务印书馆，2016：89.

❷ ЦЧ·达木丁苏荣. 蒙古秘史（蒙古文）[M]. 呼和浩特：内蒙古出版社，291.

思汗系驸马，其位如同亲王，与宗王同样受到岁赐和份地。如亦纳勒赤与火雷公主后裔也不干，袭火雷公主延安府食采分地，尚延安公主，被封为延安王，每年收取钱粮布帛。

元朝制定"国有朝会庆典，宗王大臣来朝，岁时行幸，皆有燕飨之礼。亲疏定位，贵贱殊列，其礼乐之盛，恩泽之普，法令之严，有以见祖宗之意深远矣。与燕之服，衣冠同制，谓之质孙，必上赐而后服焉"❶。

"质孙"或译"只孙""济孙"，蒙古语 jisun，意为"颜色"。质孙服是蒙古贵族穿的礼服，最早在《史集》中记载了太宗窝阔台继承汗位之时穿上了"一色衣服"。穿着质孙服参加的"内廷大宴"，称为"质孙宴"或"诈马宴"。预宴者的质孙服从皇帝到卫士、乐工都是同样的颜色，但精粗、形制仍有等级之别。《元史·太宗纪》记载窝阔台还订立了关于穿着质孙服制度，要求诸王、百僚等必须按时参加重要的礼祭、宴飨等活动，并且必须穿着特定的质孙服出席，"凡当会不赴而私宴者，斩。……诸妇人制质孙燕服不如法者，及妒者乘以骒牛徇部中，论罪，即聚财为更娶"。因此，斡亦剌惕贵族以及在朝中任职者参加朝廷举办的这些活动之时也应是按要求穿上统一服装质孙服的。

《马可波罗行纪》中记载了庆贺大汗诞辰之日的着装盛况："大汗于其庆寿之日，衣其最美之金锦衣。同日至少有男爵骑尉一万二千人，衣同色之衣，与大汗同。所同者盖为颜色，非言其所衣之金锦与大汗衣价相等也。各人并系一金带，此种衣服皆出汗赐，上缀珍珠宝石甚多……此衣不止一袭，盖大汗以上述之衣颁给其一万二千男爵骑尉，每年有十三次也。每次大汗与彼等服同色之衣，每次各易其色……"❷此处的同色之衣即指质孙服。另外，马可·波罗还记录了当时过年时的情景："是日依俗大汗及其一切臣民皆衣白袍，至使男女老少皆白色，盖其似以白衣为吉服，所以元旦服之，俾此新年全年获福。"❸

根据《元史》记载，天子冬季的质孙服有十一等、夏天的质孙服有五等，并都搭配不同的冠饰。百官冬季的质孙服有九等，"大红纳石失一，大红怯绵里一，大红冠素一，桃红、蓝、绿冠素各一，紫、黄、鸦青各一。"百官夏季的质孙服有四等，"素纳石失一，聚线宝里纳石失一，枣褐浑金间丝蛤珠一，大红冠素带宝里一，大红明珠褡子一，桃红、蓝、绿、银褐各一，高丽鸦青云袖罗一，驼褐、茜红、白毛子各一，鸦青冠素带宝里一。"

质孙服的款型，在蒙古汗国时期为左衽长袍，元代逐渐演变为右衽交领长

❶ 任继愈. 中华传世文选 [M]. 长春:吉林人民出版社,1998:704.

❷ [意]马可·波罗. 马可波罗行纪 [M]. 冯承钧,译. 上海:上海书店出版社,2001:222.

❸ 同❷224.

袍。质孙服一般为直身放摆的长袍造型，腰间再系抱肚或腰带。另一款式为有腰线的长袍，但腰线处并不做褶皱以区别于辫线袍（亦称辫线袄，一般为乐工、仆人等阶层的人穿着）。后者在腰际打很多细密的褶子，用丝或绉编织腰带。穿质孙服时要戴帽子、穿靴子，而且在颜色和面料等方面进行搭配设计。一般所戴的帽子以大檐帽或宝顶钹笠帽居多。此外，穿质孙服时还经常会搭配一件答忽，罩在质孙服外面。

质孙服由御用的工匠专门制作，民间不允许制造，蒙元时期还有相关法令，要求官府制作的质孙服不能买卖，不得流入民间。

除上述服饰之外，蒙元时期贵族男子的服饰还有袍服、袄、上盖、搀察、裤、鞋靴等。而蒙元时期贵族妇女的服饰，除最具有代表性的罟罟冠之外还有袍服、袄、团衫、答忽（褙子）、裙、裤、绣花鞋靴等。男女服装的款型基本一致，只在大小尺寸、材质、纹样等方面有所区分。民间士庶人等多服用袍、袄、裙、裤、鞋靴等类，同样在款型上与上层阶级的服饰并无大的区别，主要在色彩、材质、纹饰等方面有所差异。蒙元时期，由于卫拉特蒙古远离东部核心蒙古的主流文化，而且有关日常生活的记述凤毛麟角，对其服饰的具体情况难以具体把握。由于当时上层人士出席重大活动需要统一着装，从而对统一的礼服进行了一定描述，并认为上层人士的服饰会通过"涓滴效应"而在一定程度上影响渗透于底层人士的服饰。

另外，蒙元时期斡亦剌惕人多数集中居住于叶尼塞河流域，与吉利吉斯（乞儿吉思）、畏吾尔等部族的交错而居，对斡亦剌惕服饰文化一定有所影响，但相关资料的缺乏，也难以具体分析。《玛纳斯》中有与卡拉马克交战的内容，其中有一些描述柯尔克孜人服饰的内容。其中提到柯尔克孜妇女的服饰在前胸和袖口的位置都有精美装饰的内容，而当时的斡亦剌惕蒙古的服饰中却未见提到此类内容。而现今的和丰地区蒙古服饰毕希米德，其前襟袖口均有很多刺绣的装饰纹样。

第三节　明清时期卫拉特蒙古的日常生活与服饰

一、明清时期卫拉特蒙古的日常生活

1368 年元顺帝妥欢帖木儿退回漠北宣告元朝衰亡，此后分布在大漠东西的蒙古分裂为鞑靼（又称漠北蒙古、东蒙古）、瓦剌（又称漠西蒙古、卫拉特，清代称厄鲁特）及兀良哈诸卫 **❶**。

瓦剌的先祖即是蒙元时期的斡亦剌惕蒙古部，他们原分布在叶尼塞河上游一带。元末明初，斡亦剌惕大规模迁徙，"后逐渐伸展到扎布汗河、科布多河以及哈喇额尔齐斯河流域。北与乞儿吉思为邻，西南与别失八里、哈密毗连，东与鞑靼相接。"**❷** 瓦剌在这广袤地区以畜牧业为主，兼营狩猎。

明初与漠北蒙古时有战事，而远居西部的瓦剌蒙古乘势而起。《明史·瓦剌传》载："瓦剌，蒙古部落也，在鞑靼西。"在此一时期，瓦剌蒙古已脱离东部蒙古的统辖，远居西部，自成一体。15 世纪中叶，这些游牧于西部的蒙古各部逐渐形成了强大的联盟，《明英宗实录》载其首领历经脱欢和也先（1407—1454）父子的经营，至也先汗时期一度统一了东西蒙古各部，其势力范围北起贝加尔湖，南至大漠，东达兴安岭，西越葱岭，致使"漠北东西万里，无敢与之抗衡"。也先死后，瓦剌部众随即分散，其实力也就逐渐衰落，而东西蒙古各部首领开始各自为政。

15 世纪末期，"鞑靼复炽"，东蒙古"黄金家族"的后裔又开始征讨卫拉特，经历几次战事后使卫拉特蒙古失去了东部的大片牧地，逐步向西北方向迁移。16 世纪中期，受到东部蒙古和吐鲁番速檀的夹击，卫拉特诸部逐渐形成联盟。明末清初，卫拉特联盟各部归并为准噶尔、杜尔伯特、和硕特、土尔扈特四大部，并包括驻牧于杜尔伯特的辉特部。这一时期卫拉特蒙古的游牧地已经逐步向西，其疆域在西北已达额尔齐斯河中游、鄂毕河以及哈萨克草原，西南向伊犁河流域推进，东南向青海挺进。此时的准噶尔部游牧于额尔齐斯河中上游至霍博克河、萨里山一带，后来又以伊犁河流域为主要的活动中心。杜尔伯特部主要游牧于额尔齐斯河沿岸一带。土尔扈特部起先游牧于塔尔巴哈台及其以北，后来因草场拥挤，申请去往伏尔加河流域驻牧。土尔扈特部西迁之后，辉特部占据其故地。而和硕特部则游牧于额敏河两岸至乌鲁木齐地区。各个部落驻牧而居，互不统属。为此，还设置了一个议事机构——"丘尔干"（蒙古语会盟之意）。这种丘尔干有定期举行的领主代表会议，以协调各部关之间系，互通信息，也能加强封建统治，且当时组织这种临时联盟并举办会议的主要宗旨，就是共同抵御强敌和处理内部事务的。

明崇祯元年（1628 年），土尔扈特首领和鄂尔勒克联合和硕特、杜尔伯特的一部分，率其部众迁徙至伊济勒河（今之俄罗斯伏尔加河下游），建立了土尔扈

---

❶ 杜荣坤,白翠琴. 西蒙古史研究 [M]. 乌鲁木齐:新疆人民出版社,1986:147.

❷ 同❶.

特汗国。汗国在和鄂尔勒克祖孙三代创业，阿玉奇汗时兴盛发展到鼎盛时期，人丁兴旺。

明崇祯十年前后，和硕特部顾实汗等也率所部向南迁移到青海一带。顾实汗率领和硕特部众迁居青海后，统一了青藏高原，建立了和硕特汗廷。据雍正三年（1725年）的统计，青海和硕特有21旗，其他部落8旗，共29旗"按户口之多寡，以百五十户为一佐领，共佐领一百 [十] 四个半"❶。

而此时，留居于天山南北的厄鲁特、杜尔伯特、辉特部，以及少部分土尔扈特、和硕特及其他一些蒙古突厥部落等部众逐渐联合形成了一个强大的准噶尔集中政权。17世纪20年代后，卫拉特联盟中实力最强的准噶尔部取代和硕特部获得统领各部的权力，成为实际意义上的盟主。准噶尔部还以此为基础，把其他分散的部落全部统一起来，建立了强大的政权，期间创制了自己的文字——托忒文（1648年，卫拉特蒙古正是开始使用托忒文，放弃原来采用的回鹘式蒙古文字）。明崇祯十三年（1640年）卫拉特蒙古和喀尔喀蒙古各部首领会盟于塔尔巴哈台，确立了法律制度，并颁布《蒙古·卫拉特法典》，同时和议了改进放牧方法，讨论经营农业种植和手工业，并且提出利用外国先进技术发展制绒业以及金属品制造业等问题。17世纪70年代，噶尔丹称汗并将伊犁建设为准噶尔政治中心和各部会宗地。准噶尔政权在统治天山南北之外，塔什干、费尔干纳、撒马尔罕等地均为其势力掌控。此间，准噶尔部地方政权与中原地区政治、经济联系密切，地区经济繁荣兴盛，人口也逐渐增长。在18世纪前半叶准噶尔策妄阿拉布坦和噶尔丹策零统治的时期，居民人口增长并拥有了辽阔的牧场，整个社会发展进入了全盛时期。对此史载：策妄阿拉布坦时期"历十余年，部落繁滋"，噶尔丹策零时期则"且耕且牧，号强富"❷，其政治经济中心伊犁"人民殷庶，物产饶裕，西垂一大都会也"❸。这一时期社会经济方面畜牧业、农业、手工业均有较好发展。

乾隆十年（1745年），准噶尔统治集团中随着噶尔丹策零的病故，汗位之争异常激烈。乾隆二十年至二十二年（1755—1757年），清廷平定达瓦齐和阿睦尔撒纳割据势力，进而宣告统一西北。此后，清廷对卫拉特蒙古族聚居地区先后实行盟旗制度，编置佐领，以札萨克领之。1771年，远徙伏尔加河流域的土尔扈特部众和少数和硕特部众，在渥巴锡和策伯克多尔济等人的带领下千里迢迢回归故里。"方其渡额济勒而来也，户凡三万三千有奇，日十六万九千有奇，其至伊

❶ 杨应琚.西宁府新志：卷20：武备 [M].西宁：青海人民出版社，1988.
❷ 松筠，汪廷楷，祁韵士.西陲总统事略：卷一：初定伊犁纪事四 [M].北京：中国书店，2010：9.
❸ 钟兴麒，王豪，韩慧.西域图志校注 [M].乌鲁木齐：新疆人民出版社，2014：267.

犁者，仅以半计。"❶留在伏尔加河畔的部分土尔扈特及杜尔伯特部众就成为如今跨居俄罗斯的"卡尔梅克人"。清朝对回来的土尔扈特部众"指地安置，务以间隔而往之"。清中叶以后，卫拉特蒙古在盟旗制度的统治下继续发展，但作为与清廷抗衡的政治力量的卫拉特蒙古已经不存在了。

明末清初，佛教在卫拉特部众之中逐渐兴盛。西北地区的卫拉特蒙古社会阶层中，除封建领主、普通牧民阿拉特阶层之外，出现了佛教阶层人士以及沙比纳尔（僧徒），藏传佛教喇嘛还会被封为国师。上层喇嘛逐渐形成为僧侣封建主，下层喇嘛成为披着袈裟的阿拉特牧民。随着藏传佛教在蒙古地区广泛传播，封建领主们为了表示自己对宗教的虔诚，常把土地、牲畜、属民奉献给寺庙。贫困的阿勒巴图为了摆脱世俗封建主的压榨，也被迫投到庙里当喇嘛，寺庙逐渐形成一种特殊的封建领地。那些上层喇嘛呼图克图等，就形成了僧侣封建主成为封建统治阶级的一个组成郊分。而喇嘛中的下层与沙比那尔，按其财产和法律地位来讲，都是属于阿勒巴图阶级的下层，与普通牧民一样❷。封建领主依然占有牧场、畜群等主要生产资料，普通牧民则有少量牲畜和生产资料，还要备受各种徭役如军役、站役之苦。而佛教人士则免于徭役，还能获得领主们的丰厚赏赐，佛寺独立拥有大量畜群，由沙比纳尔代为放牧。此外，奴隶阶层依然存在，仍属于最底层人士，没有人身自由，常被进行买卖交易。

明清时期卫拉特蒙古社会的封建制度继续深化，而各阶层的日常生活，由于游牧经济的发展缓慢，并没有太大的发展变化。卫拉特蒙古已经走出森林进入平原，畜牧业占据主要经济地位，狩猎、渔猎以及农业均作为辅助。生产方式的逐步转型使其日常生活也随之有所变化。

在饮食方面，变化不是很大，仍以肉食、奶食为主，均来自家养牲畜以及狩猎所获野物。明人《明英宗实录》及《明史纪事本末》卷33记载："饥食其肉，渴饮其酪，寒衣其皮，马湩待客，尤视马肉为珍肴。"也先经常宰马宴请明英宗即是一例。但《俄国·蒙古·中国》中记载，一些信仰藏传佛教的台吉及其妻子逐渐忌食马肉和马奶，也有记录（喀尔喀）阿拉坦汗在宴请俄罗斯使臣时自己并不吃马肉。俄罗斯使臣记录了阿拉坦汗请沙皇使臣的宴席："当呼图克图诵经后，汗端起一只内盛红酒、部分镀金的高脚银杯，为沙皇的健康干了一杯。饮毕，便将杯子递给坐在旁边的主要亲信，让他们也为陛下健康干杯。在四

---

❶《优恤土尔扈特部众记》碑文。

❷ 白翠琴. 瓦剌史 [M]. 长春：吉林教育出版社，1991：208.

名宠臣饮完后，汗也请他们（哥萨克）干杯，然后才请他们进餐。……汗独自坐在一张红漆小桌旁。人们用白盘子将食品端上来，计有鸭、松鸡、野兔、羊肉、牛肉等十道菜。每种菜都在他（汗）面前摆了一点，还将肉和骨头拆开，连骨带肉放一些在他面前，由他按照臣子的品级分给他们。端上来的饮料是加黄油的热牛奶，里面放着一种不知叫什么的叶子（茶叶）。另一种饮料呈红色，也是他们（哥萨克）从未见过的。汗本人（不吃）马肉，也不饮马奶或酸马奶。"❶奶茶是卫拉特蒙古不可或缺的饮品。俄罗斯使臣还提到："……从喀奈台吉处到巴图尔台吉部众的地方，行走了两个礼拜，沿途处处受到喀尔木克人的礼遇，供给他食物和马匹；旅途所需食品羊肉、酸马奶、马奶酒等供应很充足，任何品种都不缺。"❷

在居住方面，由于从半牧半猎的林木百姓逐渐向草原游牧民过渡，卫拉特部众的生活习俗是"逐水草游牧，无恒所，夏择丰草绿褥处驻扎毡篷和放牧，冬居暖谷，结队狩猎"。清人提到："（蒙古）风俗随水草畜牧而转移，无城郭。"❸住房逐渐由白桦树皮覆盖的棚屋向以毛毡为壁的帐幕过渡。迁徙时只要把帐篷拆卸，驮在骆驼上便可运走，"行则车为室，止则毡为庐，顺水草便骑射为业"。1616 年俄罗斯使臣托米尔科·彼得罗夫出使喀尔木克（卫拉特）时记录："他们在自己领地上以游牧为生，境内无城镇，住的是毡帐，驮在骆驼背上即可运走。"❹巴图尔台吉还在自己的营地召见了他们，"营地约由十五顶毡帐构成，还有一座礼拜寺和一顶供接见用的帐幕，也是毡子的。当他们进入那个宽敞的接见帐幕时，哈萨克帐落和吉尔吉斯地方派来的使臣也在场。"❺俄罗斯使臣还记录了接见他们的帐幕内饰"汗的首次接见，安排在呼图克图的礼拜寺内。礼拜寺是一座毡帐，顶上有个十字架，墙上挂着用羊皮纸画的图画。……这座毡帐……由上到下挂着很平常的各色印花布，但在离汗座不远的地方却挂着毯子，而地板上铺的则是本地毡子"❻。

在出行方面，除平日骑马乘驼之外卫拉特蒙古已经能够制造牛车或马车。据《明实录》记载，也先为了加强与中原地区经济贸易，曾在黑松林一带制造牛车

❶ [英]约·弗·巴德利. 俄国·蒙古·中国:下卷:第一册 [M]. 吴持哲,吴有刚,译. 北京:商务印书馆,1981:1010-1011.
❷ 同❶993.
❸ 于逢春,厉声主编;忒莫勒,乌云格日勒分册主编. 中国边疆研究文库·初编·北部边疆. 第 1 卷 [M]. 哈尔滨:黑龙江教育出版社,2014:53.
❹ 同❶986.
❺ 同❶993.
❻ 同❶1008-1009.

三千余辆。这也反映了当时卫拉特蒙古手工制造业已达到一定的水平❶。另外，卫拉特民众同其他部族蒙古人一样善骑射，自幼"生长鞍马间，人自习战"❷，形成"上马则备战斗，下马则屯聚牧养"❸的生活常态。马匹既是出行工具也是战争工具，士兵上马即行，下马便止，往往是一人数马，轮换骑坐，称为"副马"。军队出行则老小辎重居其中，家属与军队保持一定距离，战争结束后，军人乃与家属团聚。

日常生活用品方面，此一时期卫拉特蒙古的手工业生产水平有较大提高，牧民阿拉特能够制造一些游牧业迫切需要的日常用品。羊毛用来制造毡子，如锡尔德克（毡毯）、都尔布德（坐褥）等。家畜及野兽的皮革用来制造皮带、皮囊及缝制衣服和鞋帽，如拉布西各（袍）、哈尔邦（冠）等。用木料制成碗、碟、盘、马车和帐幕的支架等。由于战争和狩猎的需要，一般牧民都会制造箭。至于盔甲、弓弩、钩枪等，则有专门的工匠在领主的营盘中进行制造。❹据《译语》记载："为造甲胄一副，酬以一驼，良弓一张或利刀一把，酬以一马，牛角弓酬以一牛，羊角弓酬以一羊。"❺此外，《卫拉特法典》中列举了盗窃赔偿物品："有火镰、刀、箭、锉刀、绳、大锅、三脚架、马勒、小镟、剪刀、锄头、斧子、锯、钳子、打鱼用网、捕兽用的夹子、车刀、钻子、套杆、针线、短剑、铁镫、木鞍、银镶嵌的马鞍、马镗和笼头、毡斗蓬、装饰鞍被、弓弦、弓袋、箭袋、钢盔、铠甲套等生产及作战用品；还有布衬衫、皮靴、帽、绸面大皮袍、黑貂皮袄等衣物，镶宝石戒指等装饰品；碗、勺、盘、水桶、皮囊、橱柜、大箱子、压榨器、梳子以及虎、豹、水獭皮的地毯等各种日常用品。"❻虽然有些物品是通过贸易交换或战争掠夺所得，但也有不少是卫拉特部众自己制造的。这些日常用品名目繁多，品种丰富，不仅日常劳动工具也有征战中用到的武器、铠甲等装备，足见卫拉特蒙古手工业生产无论从技术或品种方面的显著提高。

此外，卫拉特与明廷不断加强地区间的经济联系，从而用他们平时的狩猎所得动物皮毛换取他们自己不能生产的各种必需品。卫拉特蒙古"性喜射猎，第持弓嗀矢，罕有巧力胜者"❼。打猎，对于封建主们，既是一种娱乐，大规模的围猎

❶ 白翠琴. 瓦剌史 [M]. 长春:吉林出版社,1991:215.

❷ 曹元忠. 蒙鞑备录校注 [M]. 据上海图书馆藏清光绪二十七年刻笺经室丛书本影印原书版:523.

❸ 宋濂,等. 元史(简体字本)[M]. 北京:中华书局,2000:1663.

❹ 同❶.

❺ 薄音湖,王雄. 明代蒙古汉籍史料汇编:第1辑 [M]. 呼和浩特:内蒙古大学出版社,2006:227.

❻ 同❶216.

❼《新疆文库》编委会. 钟兴麒,王豪,韩慧,等,校注. 西域图志校注 [M]. 乌鲁木齐:新疆人民出版社,2014:680.

又往往带有军事训练性质。但对于广大的阿拉特群众来说是一种日常职业。而占多数人口的贫苦牧民，亦用牛羊易米粟、布帛、锅釜等物，以补充其生活需用之不足，《万历武功录·俺答列传》载，他们所需的"锅釜针线之具，增絮米粟之用，咸仰给汉"以及俄罗斯、西域诸部。

总而言之，明清时期的卫拉特蒙古的日常生活情景为：封建主往往冬衣锦缎皮袍，食牛羊肉谷饭，夏服丝绸，餐酪浆酸乳麦饭。一般牧民的日常生活、"衣食住行"无一不取自牲畜。与蒙元时期相比较变化不是很大。这一时期卫拉特蒙古的经济生活中贸易占据重要地位，除了通过朝贡或互市与中原地区保持密切的政治、经济、文化联系外，与西域诸族的贸易也是非常频繁，不仅输入大量手工业品和农产品，同时促进本部族的手工业也有了很大的发展。

二、明清时期的卫拉特蒙古服饰

明朝中期以后，卫拉特蒙古服饰开始在一些文献、著述中被提及或加以描述，但是根据笔者的有限掌握，其中涉及有关卫拉特蒙古服饰的内容并不算多。较早出现卫拉特蒙古服饰名称的文献是明代制定的《卫拉特法典》，主要在涉及卫拉特蒙古的财产、婚约、刑罚等律条中出现。而清代及其以后编纂的地方志书以及一些游记、见闻中才逐渐出现对卫拉特蒙古服饰进行专门记录和描述的文字。

明代之前未见有关卫拉特蒙古服饰的专门记载，究其原因可能有以下两点：一是，卫拉特这个名称在文献中最早出现在成书于 13—14 世纪的《蒙古秘史》当中，被称为林木中百姓的卫拉特蒙古，在蒙元时期统一于成吉思汗及其黄金家族政权之下。当元代建立服饰制度之时，卫拉特蒙古的服饰也理应按制度行事，因此未见凸显卫拉特部族服饰的历史记录。二是，元朝覆没之后，曾经入主中原的蒙古人退居漠北，蒙古历史文献的著述进入"沉寂时期"，诚如沙·比拉指出："蒙古人被逐出中国回到草原故地之后，既与外部世界断绝了来往，又与征讨战争时代被命运抛向世界各地的同胞们失去了一切联系。最初，他们与包括明清在内的一系列国家定居居民的贸易往来也完全中断，使经济处于极为困难的境地。他们的文字和相应的传统虽然尚未完全丢弃，但是缺乏进行严肃认真的文学活动的条件。"[1] 而此时的明朝政府也在努力地推行对内政策，"诏复衣冠如唐制"即意欲消除明代服饰中蒙古服饰元素遗存的具体规定。因此，元末明初直至明中期，几乎没有与卫拉特蒙古服饰有关的文献。

---

[1] [蒙古]沙·比拉. 蒙古史学史：13 世纪至 17 世纪 [M]. 陈弘法，译. 呼和浩特：内蒙古教育出版社，1988：138.

明末清初，随着卫拉特蒙古势力的异军突起，吸引了各方势力的关注，在震慑东部蒙古乃至威胁明廷的历程中，卫拉特蒙古正式登上了历史舞台。随着积极地政权角逐与逐步地向西迁徙，卫拉特蒙古文化保有的独特性日益凸显，这点可从各类法典中窥见一斑。

清代平定准噶尔之后，往赴新疆的大臣、使臣等公职人员，通过志书、游记的形式记录新疆地貌、风土人情，相关著述丰富起来，其中不乏有对卫拉特蒙古服饰文化习俗等方面的记述，其中《西域图志》对卫拉特服饰的描写相对完整。

在了解明清时期卫拉特蒙古的服饰之时，有必要对这一阶段各卫拉特蒙古部落的基本情况以及社会阶级的分层情况进行分析。

元朝覆灭之后，蒙古社会进入封建割据状态，卫拉特蒙古的社会组织结构也发生了变化。15 世纪后期，成吉思汗设置的万户逐渐为兀鲁思所代替，千户为鄂拓克所代替，开始执行政治、经济、军事职能。兀鲁思蒙语原意"百姓"，后引申为"领民""领地"和"国家"，明代也称之为土绵（万户，原指提供一万名军队的军民合一组织，有时军队人数不一定达到一万人）。一般就大领地而言，由大的部落集团构成，如 16—17 世纪的和硕特、准噶尔、杜尔伯特、土尔扈特、辉特等。而这些被称为兀鲁思的大部落集团由鄂拓克组成，鄂拓克是由近亲关系的家族集团构成，这种家族集团由大部族的大小宗支组成，通常又叫爱马克（即同姓联合体，是同一亲族集团），每个鄂拓克或爱马克由阿寅勒牧户组成。明代卫拉特蒙古诸部又分别组成四十户、二十户和十户等单位，由德木齐、收楞额等官员管理 ❶。鄂拓克是构成明代卫拉特蒙古社会的基本单位，所有部众必须加入某个鄂拓克，接受领主役使和监护。《卫拉特法典》中有严厉禁止牧民离开原有鄂拓克的规定。

根据《明史》记载，明代卫拉特蒙古由猛可帖木儿统帅。其后分属马哈木、太平、把秀孛罗三位领主管辖。15 世纪初，瓦剌辉特、绰罗斯、土尔扈特等部分属几位大封建主管辖。这些大封建主就是兀鲁思之主，他们各有份地，分领其众，彼此之间不是固定君臣关系，而只是流动的、暂时的从属关系。由于他们经常一起向明廷朝贡或对东蒙古采取共同行动，因此，有的学者认为这是卫拉特旧联盟时期。

脱欢时期内并土尔扈特部贤义王、辉特部安乐王属众，又吸收和硕特、巴儿浑、不里牙惕等加入卫拉特联盟，并立脱脱不花为汗，统一蒙古，在我国北疆形成了以瓦剌统治者为主的强大政权。统治机构基本上沿袭元制，其官员又往往受

❶ 白翠琴. 瓦剌史 [M]. 长春:吉林出版社,1991:188-189.

明册封。蒙古汗之下，设有中书省、枢密院、御史台等重要行政机构，总理蒙古政治、军事、监督等事宜。❶瓦剌政权中还设有属于三公的太师、太傅、太保、太尉、司徒等官。脱欢去世后，也先继太师位。❷也先之后，东西蒙古分离，卫拉特蒙古诸部"各有分地"，"部自为长"，"分牧而居"。明末清初归并为准噶尔、杜尔伯特、和硕特、土尔扈特及辉特部。每个部相当于一个兀鲁思——大领地。统治兀鲁思的是汗、洪台吉、太师等，管理鄂拓克的是宰桑，一般都是世袭领主。兀鲁思和鄂拓克下又分设官员，掌管战争、防卫、行政、司法、征税等事务。汗或大台吉"珲台吉"是卫拉特蒙古诸部最高的统帅，"凡出师执役，无不听其汗之令"❸。

清代，准噶尔部被平定、青海被收服以及土尔扈特回归被安置之后，卫拉特蒙古各部多数已经成为清王朝的一部分。清朝对蒙古施行盟旗制度、分散治理，并使原来的封建阶级等级制度保持延续，只是各部落首领以及各级官员直接受清廷的任命与管理。

综上所述，明清时期卫拉特蒙古内部阶级等级明确，汗、洪台吉、太师、宰桑以及贵族、高级官员等人组成上层阶级，普通牧民阿拉特和奴隶等形成下层阶级。而这样的等级之分影响和约束着人们当时的日常生活，成为明清时期卫拉特蒙古服饰最主要的区分依据。

纵观蒙古人的历史生活总是伴随着无休无止的战争，而为作战准备的防护装备——军戎服饰成为生产生活中的一项重要内容。卫拉特蒙古的军戎服饰在继承蒙元时期军戎服饰的基础上既有传承也有创新，而随着被清朝的收服，卫拉特蒙古的军戎服饰也逐渐退出历史舞台。另外，明清时期佛教的兴盛，也促使佛教组织内部出现上层喇嘛和沙比那尔（僧徒）阶层的分化，他们的日常生活与服饰本书暂不进行讨论。

（一）明清时期卫拉特蒙古的日常服饰

明清之际，卫拉特联盟的主要部分有准噶尔、杜尔伯特、和硕特、土尔扈特及辉特部，其中准噶尔部与杜尔伯特部系出同源，杜尔伯特部和辉特部在准噶尔汗国时期依附于准噶尔部。此间，准噶尔部的政治中心在伊犁地区，与哈萨克、布鲁特（吉尔吉斯）等部族毗邻，土尔扈特部西迁至伏尔加河流域，和硕特部落南下至青海。由于地理区位以及周边民族的影响，准噶尔、土尔扈特和硕特部落在文化习俗方面不断发生变迁。托忒文文献中曾较为贴切地形容了

---

❶ 白翠琴. 瓦剌史 [M]. 长春:吉林出版社,1991:193.

❷ 同❶194.

❸ 《新疆文库》编委会. 钟兴麒,王豪,韩慧,等,校注. 西域图志校注 [M]. 乌鲁木齐:新疆人民出版社,2014:16.

这一阶段卫拉特各部文化变迁的情况。因而，在讨论明清时期卫拉特蒙古服饰之时，本书对于这三个主要部落两大阶级的日常服饰与非日常服饰分别进行梳理和分析。

明清时期的卫拉特蒙古男女服饰的整体着装形式与搭配基本一致，主要以袍服为基础款型结合其他服装品类，搭配帽冠和鞋靴。男子一般都有腰带和一些装饰品，女子则佩戴各种首饰。其中，有个别服装款式、面料材质、图案、装饰专属特定性别、年龄阶段的人士使用。

1. 上层阶级（诺颜）的日常服饰

上层阶级包括汗王、台吉等部落首领以及宰桑等各级官员和贵族。

（1）准噶尔部（也称额鲁特或厄鲁特）

在 17 世纪 30 年代，准噶尔部带领杜尔伯特、辉特等部游牧于天山南北，当时的准噶尔部首领巴图尔珲台吉积极活动与其他卫拉特各部共同订立了《卫拉特法典》。法典中涉及服饰的一些内容，这些服饰应该是卫拉特蒙古各部落都通用的服饰品类。清代官修的地方志书《西域图志》卷 41 "服物一"、《新疆图志》卷 48 "礼俗"以及私修方志《西陲要略》之卷 12《厄鲁特旧俗纪闻》中都对伊犁等地厄鲁特服饰进行了一定记述（见表 2），《西陲要略》参考了《西域图志》并略作删减。《皇清职贡图》中绘制了伊犁地区厄鲁特人的着装形象，并各附有一段说明文字，乾隆时期绘制的《平定西域战图》《准噶尔贡马图》等图像资料中有厄鲁特人物的着装形象。另外，1907 年芬兰探险家马达汗的著作 ❶ 中有对厄鲁特蒙古的描述和几幅照片，利用以上文献和图像资料，可以对明清时期准噶尔部的服饰有一定的了解。

①袍服。袍服一般是指有长下摆的衣服。蒙古服饰中男女袍服一般为右衽、扎腰带，其中未婚女子婚前在袍服上扎腰带，婚后就不再用腰带了。

a. 拉布西各 ❷ （labʃig❸）。拉布西各是卫拉特蒙古男女老少都穿用的袍服，是一种必备的日常服饰。在《卫拉特法典》中拉布西各等服饰以及服饰材质通常在涉及个人财产的律条时伴随出现。拉布西各在《西域图志》中称拉布锡克，描述其款式为"右衽平袖不镶，四围皆连纫"。男子佩戴腰带，称为布色，"以丝为之，

---

❶ [芬兰] 马达汉. 马达汉西域考察日记(1906—1908)[M]. 王家骥，译. 北京:中国民族摄影艺术出版社,2004.

❷ 笔者根据《卫拉特法典》中的蒙古语音译。

❸ 音标参考了乌恩其,齐·艾仁才. 四体卫拉特方言鉴(蒙古文)[M]. 乌鲁木齐:新疆人民出版社,2005;176. 而在田野考察中，拉布西各的发音实际为 lɑwʃig,而伊犁昭苏和塔城额敏的厄鲁特蒙古写作亚布西各(jabʃig),读作 jawʃig。本文对蒙古语服饰名称进行汉语转写的同时用国际音标进行了注音,对卫拉特方言的服饰名称注音主要参考了乌恩其. 齐·艾仁才主编的《四体卫拉特方言鉴》并进行了注释,没有注释的是笔者自己标注的,斜体注音是引用的原文。

端垂流苏，其长委地。或以全幅帛为之，端长尺余"❶（图2-1、图2-2）。

从《马达汉西域考察日记（1906—1908）》中的照片可以直观看到当时新疆北疆地区蒙古所穿的袍服即拉布西各的基本形制，男子和未婚少女均长袍右衽，腰间束带（图2-1、图2-3）。照片中显示纳生巴图两个姑娘所穿着袍服其形制为立领，右衽前襟，袖子与肩膀处连接，袖口有马蹄袖，袍子下端有小的开衩，门襟边缘镶边装饰。根据传统习俗，这种袍子不分男女老少都可以穿，但男性和

图2-1（左）
穿着拉布西各跳舞的蒙古人1

图2-2（右）
穿着拉布西各跳舞的蒙古人2

图2-3
纳生巴图和家人
（引自《马达汉西域考察日记（1906-1908）》，2004）

❶《新疆文库》编委会. 钟兴麒，王豪，韩慧，等，校注. 西域图志校注 [M]. 乌鲁木齐：新疆人民出版社，2014：705.

未婚女性必须系腰带。根据伊犁传统服饰制作人巴女士的讲述，如今这种袍服都称为亚布西各（jawʃig）❶。

b. 德勒（de:l❷）。在《卫拉特法典》中提到德勒，是一种有长下摆的衣服。《新疆图志》中提到勒楷得擺（应是 nekæ debel 的音译）是"冬袭素质羊裘"，即没有外包面料的皮袍，一般会"周缘绒边，副以青紃"，绒边用宽约四、五寸的青绒或青布制作。《喀尔喀法典》中也提到讷黑·德博勒（nexæ: debel），勒楷、讷黑是蒙语中大毛羊皮的不同音译❸，德勒、得擺（摆）、德卜勒是蒙语中衣服的不同音译。

德勒是蒙古语中所有衣服的统称，其实也就是蒙古袍。还有霍布奇苏（xʊwtʃis）一词，亦指人穿着的服装之统称，在《卫拉特法典》和《喀尔喀法典》中都有提及并且含义一致，后者中有"阿日亚坦·导图尔图·霍布奇苏"（arijatan dɔtɔrt xʊwtʃis，动物毛皮里子的服装）、"额楞黑·霍布奇苏"（eleŋxei xʊwtʃis，破旧的服装）等。

《皇清职贡图》中描绘了伊犁台吉、台吉妇、宰桑、宰桑妇的服饰，并各付文字说明，其中提到台吉"锦衣锦带"，台吉妇"衣以锦绣"，宰桑"衣长领衣"，宰桑妇服饰"与台吉之妇无甚区别"❹（图 2-4）。

《西域图志》中描述了准噶尔台吉之妇服装的装饰结构特点，即"衣用锦绣，两袖两肩，及交襟续纤，镶以金花，或以刺绣"❺，这与《皇清职贡图》中描绘的伊犁厄鲁特人服饰基本一致。

《新疆图志》中还提到"女子布袍，无缘，绸缪杂佩"，妇人"长袍瘦袂

图 2-4
（从左依次为）
伊犁厄鲁特台吉夫妇、伊犁厄鲁特宰桑夫妇、伊犁厄鲁特民人夫妇

---

❶ 2016 年 8 月 4 日采访伊犁昭苏县巴女士(厄鲁特蒙古)时说到的。

❷ 用蒙语写作 debel，因而也有音译为德博勒的。卫拉特蒙古方言中有读作 dewl 或 de：l 的，东部蒙古也有读作 de：l 的情况。

❸ 卫拉特蒙古方言中通常 x 发 k 音。

❹ 傅恒,等. 皇清职贡图 [M]. 扬州:广陵书社,2008:99,101.

❺《新疆文库》编委会. 钟兴麒,王豪,韩慧,等,校注. 西域图志校注 [M]. 乌鲁木齐:新疆人民出版社,2014:705.

（袖），接下长峁"，即妇人所穿长袍，如两截衫，上身窄袖对襟，下截如围裙曳地。这与《皇清职贡图》中台吉妇与宰桑妇的袍服款型比较接近，只是图中人物的袍服为交领右衽，而《新疆图志》中的描述为上身对襟，与现今和丰土尔扈特妇女的毕希米德（biʃmyd❶）、巴州妇女上身对襟的袍服（即阿木泰·德勒，amtæde:1）形制比较契合。

《马达汉西域考察日记（1906—1908）》的照片中纳生巴图的夫人穿着的袍服，可以看到其款型为直角形前襟，肩袖连裁，与土尔扈特蒙古的毕希米德形制一致。根据巴女士讲，这种袍服立领，腰部打褶，富有垂感，下摆宽大，衣襟边儿用十二种颜色编织吉各（dze:g，彩虹线的镶边装饰），袖口也用八种或者十二种颜色编织吉各。袖子口连着马蹄袖，据说按习俗是用来见长辈时遮脸的（图2-5、图2-6）。

②其他服装品类。

a. 褡护（dax）。在《卫拉特法典》中提到貂皮褡护，其价值相当于45头牲畜。一般褡护就是用各种动物皮毛制作并毛朝外的长大衣。《喀尔喀法典》中也提到阿日亚坦·褡护（arijatan dax，动物毛皮大衣）、塔尔巴根·褡护（tarwgan dax，旱獭皮大衣）等。

b. 策格德各（tsegdeg❷）。在《卫拉特法典》和《青海卫拉特联盟法典》中都提到了策格德各，从前者的相关内容中可以了解到，策格德各是专属女人的服装。道润梯步解释为女人内穿的服装或短衣服❸，《青海卫拉特联盟法典》中则解释为："女人打扮时穿着的服装。形制为无袖，两侧和后片均开缝，形成四

图2-5（左）
纳生巴图的夫人
（左1）和孩子们

图2-6（右）
蒙古妇女
（引自《马达汉
西城考察日记
（1906—1908）》，
2004）

❶ 乌恩其,齐·艾仁才.四体卫拉特方言鉴(蒙古文)[M].乌鲁木齐:新疆人民出版社,2005:150.

❷ 同❶251.

❸ 道润梯步.卫拉特法典(蒙古文)[M].呼和浩特:内蒙古人民出版社,1985:71.

片，下摆处用绸缎缘边。……近代演变为女子出嫁时穿着的服装。"❶《四体卫拉特方言鉴》中的解释为："（女式）无袖长衫，马甲裙。"雷纳特中尉1734年从准噶尔带回的一套准噶尔贵族妇女的服饰，其在长袖袍服外套的就是策格德各（图2-7）。

《马达汉西域考察日记（1906—1908）》的照片中纳生巴图的夫人所穿的长坎肩即策格德各，可以看到其款型为直襟无领，腰线以上略紧身，腰部打褶，富有垂感，下摆宽大，前后左右开衩，领口、袖笼、前襟、开衩的边缘均装饰镶边。据巴女士讲，这种衣服通常用最好的料子做，绸缎为面，以棉布为里子缝制，边儿上绣了吉各，前襟钉五枚扣子，是已婚妇女的盛装服饰之一。❷

c. 奥伦代（ɔlɔndæ:，也称奥勒布各ɔlgowc）。其意为"袄"，在《卫拉特法典》《喀尔喀法典》和中都有提到，《白桦法典》中还提到旱獭袄、大羊皮袄等。

d. 开么讷各（kemneg）。在《卫拉特法典》中出现，指毡制雨衣。

e. 乌木都（ɸmd）、沙勒布尔（ʃalwɔr❸）、袴、裈。这4项都是指称裤装的词语，其中乌木都是蒙古语中裤子的统称。沙勒布尔是卫拉特蒙古方言中裤子的指称，《卫拉特法典》中解释为渡河时穿的用生皮制作的连着靴子的

图2-7
雷纳特从准噶尔
带回的准噶尔贵
族妇女服饰
（昭苏县学者提供）

❶ 才仁巴力,青格力.青海卫拉特联盟法典(蒙古文)[M].赤峰:内蒙古科技出版社,2015:410.
❷ 2016年8月4日采访伊犁昭苏县巴女士(厄鲁特蒙古)时说到的。
❸ 乌恩奇,齐·艾仁才.四体卫拉特方言鉴(蒙古文)[M].乌鲁木齐:新疆人民出版社,2005:195.

裤子❶。《新疆图志》中提到："男女冬夏单袴出门，或贯以羊皮之裈。"这里的羊皮之裈，应该就是沙勒布尔。

此外，《卫拉特法典》中还出现了另外对服装的统称，即加合台（dzaxtæ:）、加德盖（dzadgæ:❷）。它们主要指称婚嫁之时给女儿陪嫁的两类服装，加合台一般指有领子的冬装，加德盖指无领子的日常服装或在袍服里面穿的长衬衣之类（也有的就是裁衣的布料），似根据具体情况、家庭条件确定这些服装的件数和面料材质等细节。

③帽冠。玛拉嘎（malag，也有称麻拉嘎、麻勒嘎）是蒙古语中帽子的统称，卫拉特蒙古方言中称为马合拉（maxla）。卫拉特蒙古帽的帽顶通常装饰有乌兰扎拉（ʊla:n dzla:）即红缨。

a. 哈尔邦（xælwaŋ❸）。《西域图志》中记录了厄鲁特人戴名为哈尔邦的帽冠，称"与内地暖帽略同。其顶高，其边平。以白毡为里，外饰以皮。……无冬夏之别，但以毛质厚薄为差"，帽顶"上缀缨名札拉，止及其帽之半。妇人冠与男子同。"❹从对哈尔邦的描述看，与《皇清职贡图》中台吉与台吉妇的帽冠形制一样。《皇清职贡图》中描述伊犁"台吉戴红缨高顶平边毡帽；台吉妇冠与台吉同……宰桑戴红缨高顶卷边皮帽"宰桑妇的帽子与宰桑的相同（图2-4）。《新疆图志》中也提到"妇人冠金纯毡帽，顶结红绒或红丝长穗"并"妇人小帻"，前者与《皇清职贡图》中的图像描绘一致，应该也说的是哈尔邦。哈尔邦帽冠在卫拉特史诗《江格尔》中多次出现，一般是在描述勇士的装束时提到头戴哈尔邦帽，史诗中也有江格尔的夫人戴着哈尔邦的描写，符合此款帽式男女通用的记载。

b. 陶尔策格（tɔ:rtsɔg）、托格日格（tɸgreg）。陶尔策格帽子根据《马达汉西域考察日记（1906—1908）》中的照片是偏尖顶的圆帽，帽顶上有顶珠。根据照片和作者的描述，文中纳生巴图的夫人戴的顶珠是宝石做的，顶珠上系长红缨子（图2-5）。我们看到的照片虽是黑白的，但根据传统习俗帽顶上坠饰的缨子应是用红丝捻成的缨穗。帽子的前额镶有红色或蓝色宝石、珠子或珊瑚等饰物，女孩子们的整个帽子上镶或绣上宝石、玛瑙、珊瑚等饰物。伊犁的巴女士提到这类帽子一般是日常生活中所戴的帽子❺。

---

❶ 道润梯步. 卫拉特法典(蒙古文)[M]. 呼和浩特:内蒙古人民出版社,1985:254.

❷ 乌恩奇,齐·艾仁才. 四体卫拉特方言鉴(蒙古文)[M]. 乌鲁木齐:新疆人民出版社,2005:259.

❸ 同❷85.

❹《新疆文库》编委会. 钟兴麒,王豪,韩慧,等,校注. 西域图志校注 [M]. 乌鲁木齐:新疆人民出版社,2014:705.

❺ 2016 年 8 月 4 日采访伊犁昭苏县巴女士(厄鲁特蒙古).

托格日格是指纳生巴图的夫人戴的黑色宽檐尖顶帽，顶上有顶珠，帽边儿较宽，用黑色布制作。据巴女士讲："传统帽顶上的顶珠应该是用红丝捻成的缨穗，顶珠上系下垂的红长缨子。黑色帽边上面用彩色线绣图案花纹，帽正前沿镶有较贵重的红、蓝色宝石、珠宝或珊瑚等饰物。这种帽子一般为富人家的妇女所戴。"❶

c. 窝尔图（ʊrt）。指一种貂皮冠，应为儿童常戴的帽式，"其式如官帽，顶缀红绒毯，后簷开，缝缀绸带四。"❷ 此外，"童子冠式不一，制与满、汉同。"❸ 有关儿童的服饰情况，目前了解到以上帽冠方面的少量内容。

④鞋靴、袜。卫拉特蒙古方言中靴子称固逊（gɔsɔn❹）"以牛皮为之，《皇清职贡图》中提到"台吉穿红牛革鞮；台吉妇履与台吉同。""台吉多用红香牛皮，中嵌鹿皮，刺以文绣。"❺ 宰桑穿红牛革鞮。革鞮"亦用红香牛皮制作，不嵌鹿皮，不刺绣。"❻ 在《马达汉西域考察日记（1906—1908）》中的照片中纳生巴图夫人穿的是靴头呈尖状而向上翘的皮靴子，此为蒙古族传统的皮靴。卫拉特蒙古一般还会在鞋靴内穿自制的袜子称郭孙·威莫孙（gɔsɔn ɸːmsyn）。

⑤首饰。厄鲁特男女皆戴耳环名为绥克（siːk），"金银为之，……饰以珠。"❼《皇清职贡图》中有"台吉左耳饰以珠环；台吉妇两耳珠环。宰桑左耳亦饰珠环"的记载。妇女们还有孛古（bʊgʊː，腕钏、手镯）、比力西各（biltseg，指约、指环、戒指）❽ 等，多以金银、珊瑚、珠宝为之。

《马达汉西域考察日记（1906—1908）》中纳生巴图两个姑娘额头上戴着芒纳·塔纳（maŋnæː tan 额头上的东珠，也称赏哈各，ʃaŋxag❾）（图2-8）。

根据伊犁的巴女士说厄鲁特习俗中有未婚少女把头发梳成二十条小辫，把宝石、东珠挂在额头上当作饰品❿。另外，纳生巴图的夫人在发端上戴着托克各（tʊʊkʊg⓫），参见图2-5，从照片来看整体分为上、中、下三部分，上端用银制装饰，中段为布料，应该是一种黑色平绒，下端连缀缨穗。据巴女士讲述，托克

---

❶ 2016年8月4日采访伊犁昭苏县巴女士（厄鲁特蒙古）。

❷ 王樹枏，等．朱玉麒等整理．新疆图志：中[M]．上海：上海古籍出版社，2015：854．

❸ 同❷．

❹ 乌恩奇，齐·艾仁才．四体卫拉特方言鉴（蒙古文）[M]．乌鲁木齐：新疆人民出版社，2005：133．

❺《新疆文库》编委会．钟兴麒，王豪，韩慧，等，校注．西域图志校注[M]．乌鲁木齐：新疆人民出版社，2014：705．

❻ 同❺．

❼ 同❺．

❽ 同❹149．

❾ 同❹194．

❿ 同❶。

⓫ 同❹223．

图2-8
纳生巴图两个姑娘额头上戴着芒纳塔纳（额头上的东珠，也称赏哈各）
（引自《1906—1908年马达汉西域考察图片集》，2000）

各是日常生活中常戴的一种单股挂饰，上端用纯银做成，中段由13种或7种彩线平行缠绕或编织而成，呈现出彩虹般的自然视觉，下段为黑色长丝穗，挂在发端上长度可达地面。照片中有妇女戴着阿巴噶·绥克（awg si:k），其名称意为已婚妇女耳坠（图2-6）。据巴女士讲述，这种耳坠一般是三角形的，下面有挂坠，只有上了年纪的人才可戴❶。另外，纳生巴图的夫人和姑娘们手上都戴着戒指。据说女性十指都可以戴戒指，节庆时甚至十指都戴上戒指。

⑥装饰品。《皇清职贡图》中记载台吉、宰桑"腰插小刀，佩碗巾"❷。妇人"辫发双垂，约发用红帛。在辫之腰，帛间缀以好珠瑟瑟之属"❸，随身还带着哈卜塔噶（xabtag）即荷包，"缎布为之，制与内地微异。结穗精美"❹。

《马达汉西域考察日记（1906—1908）》中纳生巴图的夫人在脖子上戴的白色领子。据巴女士讲这种领子名为阿巴嘎·加合（awg dzax），是一种活领子，可单独摘下来清洗❺。阿巴嘎·加合据说是已婚妇女的象征，它一般用白色丝绸做成，已婚妇女才会佩戴，并且在其上用各种颜色的丝线刺绣图案，领角还要连缀玛瑙、翡翠、水晶、玉、银、琥珀等饰品。另外，纳生巴图的孩子们脖子上戴的吊坠应为郭，它是用方形纯银制作的小盒子，其表面的边缘上刻有花纹，盒子里面要放佛像，作为护身符。

---

❶ 2016年8月4日采访伊犁昭苏县巴女士（厄鲁特蒙古）。

❷ 傅恒，等. 皇清职贡图[M]. 扬州：广陵书社，2008：99，101.

❸ 《新疆文库》编委会. 钟兴麒，王豪，韩慧，等，校注. 西域图志校注[M]. 乌鲁木齐：新疆人民出版社，2014：705.

❹ 同❸.

❺ 2016年8月4日采访伊犁昭苏县巴女士（厄鲁特蒙古）。

（2）土尔扈特部

"土尔扈特部还未归入四卫拉特之前，游牧于布克河流域，直到 15 世纪初，土尔扈特始祖王罕之四世孙克依邦（奇旺）率部众投附绰罗斯脱欢太师。之后离开故土布克河流域，迁徙至阿尔泰山以西，雅尔河、斋桑湖一带，塔尔巴哈台、和布克赛尔等地区，一直到 17 世纪初。"❶1607 年，克依邦诺彦（奇旺）的六世孙和鄂尔勒克向巴图尔珲台吉禀报，欲迁至辉特北部驻牧，得到允许之后他率部众迁往额尔齐斯河流域的乌拉引嘎克查墨顿。其后大约在"1616 年时迁徙至伊济勒河流域"❷，在收服了该地区的小部分鞑靼人、诺盖人、哈布奇克人和吉捷桑人之后，于 1651 年建立了土尔扈特汗国（也称卡尔梅克汗国）。当时沙皇俄国正处于全面扩张时期，时常对毗邻的土尔扈特汗国进行挑衅和骚扰。其后在经历沙皇俄国不断的挤压、欺凌之后，土尔扈特部众在渥巴锡可汗的带领下从居住 140 多年之久的伊济勒河（伏尔加河）、雅伊克河（乌拉尔河）流域返回故土。但并不是所有的土尔扈特部众全部返回，在沙皇俄国的阻挠之下，有一部分人留在了当地被称为卡尔梅克人。

土尔扈特部众曲折的历史迁徙经历，对其日常生活以及文化习俗产生了一定的影响，这在他们服饰上的表现尤为明显。早期土尔扈特部落的服饰情况几乎没有记载，而订立《卫拉特法典》之时，土尔扈特部首领曾从伏尔加河流域赶来参加，并把法典带回部落并作为遵照其治理汗国，那么法典中提到的服饰内容至少是土尔扈特部众所了解的或者也可能是一样的。此后的情况，通过苏联、俄联邦卡尔梅克共和国的学者有关卡尔梅克人的研究，以及《皇清职贡图》中对回归后土尔扈特部众服饰的描述和描绘，可对明清时期北部土尔扈特人的服饰有所了解。

①袍服。

a. 长衣。1660 年，俄国使臣戈罗霍夫出访土尔扈特汗国，他写道："在书库尔岱青营帐（小木房）之前设立了一个大厅，大厅里面的周围坐着 200 多人，岱青小木房门边，站着 15 个身着花绸子和缎子男长衣的人，两个佩宝剑的人在走动。……他的膝上盖着貂皮外套，身上穿着绿色的印花长衣，手捻念珠。就在小木房里，在他旁边，约有 20 个身穿皮袄和花缎子长衣的亲信、领主坐在地毯上，还有 10 个人站着。"❸

从这段文字记录书库尔岱青汗的日常着装可以看出，作为当时的土尔扈特汗

❶ 李儿只济特·道尔格. 额济纳土尔扈特蒙古史略 [M]. 额日德木图，译. 呼和浩特：内蒙古大学出版社，2016：20.
❷ 马汝珩. 清代西部历史论衡 [M]. 太原：山西人民出版社，2001：153.
❸ 萨仁高娃. 论清代伏尔加河流域土尔扈特蒙古汗王、台吉宰桑服饰 [J]. 内蒙古艺术学院学报，2018(1)：125.

王，他身穿绿色的印花长衣和貂皮外套，而领主们穿着皮袄和花缎长衣。守卫者穿的是花绸子和缎子长衣。

《皇清职贡图》中对土尔扈特蒙古族台吉、台吉妇、宰桑、宰桑妇的服饰有手绘图和文字描述。从描绘的图片来看，如图 2-9 所示，这些人物穿的都是交领长衣。文字描述为："台吉衣长袖锦衣丝绦。台吉妇衣与男子同。宰桑衣锦衣，束带。"

b. 毕希米德（biʃmyd）。帕拉斯和额尔德尼耶夫在描述卡尔梅克人的服饰时都提到了毕希米德，他们所描述毕希米德的基本款型是一致的，但前者说是内衣，后者说是内衣外面穿的长袍。帕拉斯在其《内陆亚洲厄鲁特历史资料》中描述毕希米德是"男人内衣（"内衣"，应来自俄语"短棉袄"，有时重叠地穿在身上。）内衣的下摆长至腘窝处，衣袖窄小。门襟在胸前用小纽扣联结。多用腹带或腰带单独将内衣或与上衣一同扎在身上"。而额尔德尼耶夫在《卡尔梅克人》中提到毕希米德"是 18 世纪卡尔梅克男士传统衣服，内衣外边穿的长袍。下摆长至腘窝处或过膝。上边方形小立领，下边呈倒三角形（领角一直延伸到肚脐上边）。系扣子、束腰带，袖子又长又窄。胸两侧各有一个五边形贴兜……兜子和领子周围用亮色镶边"[1]（图 2-10a、图 2-10b）。拉布西各、毕希米德衣服的"脖颈四周的衣边或称窄领几乎一直下垂到肚脐那里"[2]。

毕希米德"在节日庆典、宴会、那达慕等日子穿或者去其他城市、地方的时候穿在身上。"[3] 笔者认为是同一款型的服饰用不同面料材质制作，使得作者产生了理解上的差异。如蒙元时期的质孙服，其实就是用非常华丽的面料材质制作了日常穿用的袍服。

图 2-9
（从左依次为）
土尔扈特人台吉夫妇、土尔扈特宰桑夫妇、土尔扈特民人夫妇

❶ 萨仁高娃. 论清代伏尔加河流域土尔扈特蒙古汗王、台吉宰桑服饰 [J]. 内蒙古艺术学院学报, 2018(1)：128.
❷ P.S. 帕拉斯. 内陆亚洲厄鲁特历史资料 [M]. 邵健东, 刘迎胜, 译. 昆明：云南人民出版社, 2002：106.
❸ 同❶.

值得一提的是，帕拉斯和尔德尼耶夫都提到毕希米德是男子传统服装，而从额尔德尼耶夫书中的照片来看（图 2-10-f），与现代新疆和布克赛尔县土尔扈特蒙古妇女穿用的毕希米德几乎完全相同，但书中其名称为 xyтцан（xʊ:dtsn，在卫拉特蒙古服饰中有名为 xʊ:dts[1] 的单袍，也称 tsamtsa）。因此，现代妇女穿用的毕希米德，其名称以及款型或从男子袍服名称转借而来。

c. 德勒（de:l）。额尔德尼耶夫记录德勒的样式与毕希米德相同，并且根据面料材质的不同有不同的名字。尼黑·德勒（nexæ: de:l，羊皮袍）"立领、腰部紧瘦，衬里用羔羊皮或长毛羔皮做；富人们和有地位的宰桑贵族们用貂皮、水獭皮、青鼬皮镶边"[2]。尼黑·德勒没有外罩，在寒冷的冬天，赶远路的时候穿。还

a 男子毕希米德　　　b 男子毕希米德　　　　　c 卡尔梅克人家　　　　　d 熟制羊皮衣

e 策格德各·泰尔立各　　　f 女子长袍　　　　　　　g 卡尔梅克女子

图 2-10
卡尔梅克蒙古服饰
（引自额尔德尼耶夫《卡尔梅克人》）

---

[1] 乌恩奇，齐·艾仁才. 四体卫拉特方言鉴(蒙古文)[M]. 乌鲁木齐：新疆人民出版社，2005：109.
[2] 萨仁高娃，论清代伏尔加河流域土尔扈特蒙古汗王、台吉宰桑服饰[J]. 内蒙古艺术学院学报，2018(1)：128.

有乌祖古日斯根·德勒（ydzy:rsyn de:l，答忽、二茬皮袍）"样式肥大，非常昂贵。德波勒的外面用早产的或半路夭折的短矮稀疏的小马驹毛朝外做。衣领用黑羔羊皮缝制"[1]。乌祖古日斯根·德勒需要用大量的皮子制作，"只有台吉、宰桑、宗教高僧以及有钱的人才有可能穿服"[2]。

帕拉斯也提到德勒，即"'皮毛外衣'，应为蒙古语 debel，指长袍"，富人们（男人）喜欢用冬季死亡的羊羔或其他珍贵的兽皮制作，其裁剪方法"跟制作上衣时一样"。但是帕拉斯又提到男女上衣称为拉布锡克（Labshigh，本书写作拉布西各），"上衣的下摆一直垂到下腹，袖子又长又宽，但在两手处变得非常紧窄"。妇女"上衣比男用的长些，……衣袖也为精巧。衣领……在脖颈处就扣紧了。衣服的胸襟……用钮扣扣起来，但右边自肚脐处有一附衬，一直垂到下身"[3]。这在衣长的描述上前后矛盾，但也可能是笔误或翻译的问题，把"膝下"写成了"腹下"，因为无论是德博勒或是拉布锡克这样的袍服，衣长都是到膝盖以下的。

妇女们冬季常在肩上披一件外衣（用轻薄珍贵毛皮制作），外面再套一层丝绸罩衫，以示炫耀。帕拉斯提到的这种罩衫衣身很长，没有衣袖，应指的是别尔孜（berdz[4]）。

②其他服装品类。

a. 乌其（ytʃ[5]，大衣）。额尔德尼耶夫提到乌其是卡尔梅克贵族们和富人们穿的服装，"尽量注重利用看上去非常威风、魁梧的动物的柔软毛皮制作，极其珍贵而漂亮。只有卡尔梅克台吉、宰桑、宗教高僧以及有钱人们，才能拥有这样漂亮又高档衣服。……外罩用质地又非常昂贵的深色搭布做，衬里用黑、白羊羔皮、貂皮、水獭皮、青鼬皮、白鼬皮、河狸皮、银鼠皮等做，下摆和袖子用貂、水獭、旱獭、青鼬皮镶边。"[6]

帕拉斯也提到卡尔梅克男子用幼驹的皮毛制作大衣（Dacha）："大衣的肩部和臂部常饰有鬃毛。"[7]

b. 外衣。额尔德尼耶夫在著作中提到名为额日么格的外衣是"一种成年男人外衣。样式为腰部窄一些，有很多褶皱，前襟斜着缝，敞开着穿，而且宽大，有利于活动自由，站和坐自如。用骆驼绒编织的粗呢子做的，柔软而且厚实，呈现

---

❶ 萨仁高娃.论清代伏尔加河流域土尔扈特蒙古汗王、台吉宰桑服饰 [J]. 内蒙古艺术学院学报,2018(1):128.

❷ 同❶.

❸ [德] P.S. 帕拉斯. 内陆亚洲厄鲁特历史资料 [M]. 邵健东,刘迎胜,译. 昆明:云南人民出版社,2002:107-108.

❹ 乌恩奇,齐·艾仁才. 四体卫拉特方言鉴(蒙古文)[M]. 乌鲁木齐:新疆人民出版社,2005:148.

❺ 同❹61.

❻ 同❶.

❼ 同❸107.

驼黄色。秋冬时节穿这样的衣服"❶。帕拉斯也记录了一款外套（Oermogo，蒙古语 ommgu 意为"外衣"）："卡尔梅克人男人的外套，极为宽大。一般在冬天和秋天穿用。外出游玩时，妇女们，还披一件样式和男人一样的外套或毛皮外套，并用腰带扎紧。"从这些描述可以推断，他们所说的应是同一款外衣。

c. 坎肩。帕拉斯提到了妇女穿用的坎肩（Zegodik Dabel、chegedeg），从音标来看与准噶尔的策格德各（tsegdeg）接近。帕拉斯提到"妇女们喜欢在上衣的外面穿一种无领无袖的坎肩。……坎肩背面自上而下至臀部是敞开的。门襟用钮扣将衣襟钮住。"这种坎肩一般选用最好的衣料，并且衣服帖边上镶有各式各样的金银饰物。妇女们外出时穿上这种坎肩，一般不用扎腰带来固定衣服❷。额尔德尼耶夫在著作中也提到策格德各·泰尔立各，从（图 2-10-e）可以看出它们是袍服外罩长坎肩的搭配形制。

d. 衬衣。男女都有名为克依立各（ki:lig❸）的短衬衣，富裕的人常在上衣和内衣里面穿上一件短衬衣。"（男子的衬衣）前面敞胸，下摆不及臀部，穿着时前胸两襟对叠。……妇女的衬衣与男用的有所不同，即颈部不敞开，用纽扣扣紧。"❹

另有名为擦木擦（tsamtsa）的内衣，用俄罗斯搭布（搭布一般选用白色或棕色的，又软又薄的）、黑色羊毛或场麻（粗呢）裁剪缝制。黑色羊毛或场麻材质的擦木擦，是财产丰厚、有不错生计的富人、还有明确地位的、受俸禄的官员宰桑们才会穿用的。

e. 乌木都（裤子、沙拉孛尔）。乌木都是蒙古语中裤子的统称，明清时期土尔扈特男女和其他卫拉特蒙古一样喜欢穿肥大的沙拉孛尔（Schalbuur，指皮质衬料的外裤子），裤脚一直垂到脚跟。这种裤子的腰身肥硕，上衣或轻薄些的衣服都可塞进裤腰。

胡都孙·乌木都（xɔltʊsʊn ɸmd）是指白茬皮裤，一般在严寒的冬季普遍穿着，里子用羊、驼毛做，腰围处用细皮绳当作腰带来紧，贵族们还用绦子给皮裤镶边。

③帽冠。卡尔梅克男女都喜爱戴帽，《皇清职贡图》中描绘了 18 世纪中期土尔扈特台吉等贵族的帽冠，帕拉斯也在其著作中较为详细地记述了 18 世纪末期卡尔梅克人戴的多款帽式，结合部分图像资料，可以对其有一定的认识（图 2-11）。

❶ 萨仁高娃，论清代伏尔加河流域土尔扈特蒙古汗王、台吉宰桑服饰 [J]. 内蒙古艺术学院学报，2018(1)：128.
❷ [德] P.S. 帕拉斯. 内陆亚洲厄鲁特历史资料 [M]. 邵健东，刘迎胜，译. 昆明：云南人民出版社，2002：108.
❸ 乌恩奇，齐·艾仁才. 四体卫拉特方言鉴（蒙古文）[M]. 乌鲁木齐：新疆人民出版社，2005：99.
❹ 同 ❷106-107.

a. 红缨平顶深簷冠。即《皇清职贡图》中土尔扈特台吉所戴的帽冠，在《万法归一图》中有两个人物也戴着这款帽冠，表明其身份应为台吉（图 2-12-b）。

b. 红缨高顶帽。即《皇清职贡图》中土尔扈特台吉妇、宰桑、宰桑妇所戴的帽冠，在《万法归一图》中有 8 个人物戴着这款帽冠，表明其身份应为宰桑等上层阶级人物（图 2-12-a）。

c. 哈吉勒嘎（xajilag）。帕拉斯在文中将此帽标音为 Chatschilga Malachai，并描述 Chatschilga Malachai 是"男女除了冬天，在其余季节都戴的一种普遍流行的帽子❶。Chatschilga 指衣袍的卷边，malachai 为蒙古语 malaghai，即'帽子'"。并描述了其款型"通常饰有优美的缨子。帽顶为圆环状，内塞羊毛，略隆起，外面用优质黑色鬈曲的小羊皮包紧。帽子约五指深，仅盖得住头顶，帽顶平坦，呈四角形，用黄布制成，顶上饰有缨子。"❷ 从（图 2-13）土尔扈特阿玉奇汗的画像，可以对此帽有一个直观的了解。现今在新疆巴音郭楞卫拉特蒙古传统帽冠中仍有

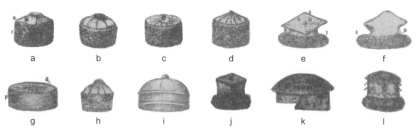

图 2-11
卡尔梅克人的各种帽子
（引自颖尔德尼耶夫《卡尔梅克人》）

a-d 托尔次各 e f j 哈吉勒嘎 g i 塔末沙（原文 тамша，tam ʃa：） k 哈勒玛各（原文 халмар，xalmag） l 乌斯台·哈勒玛各（原文 устя халмар，ystæ: xalmag）

a   b

图 2-12
《万法归一图》局部

---

❶ [德] P.S. 帕拉斯. 内陆亚洲厄鲁特历史资料 [M]. 邵健东，刘迎胜，译. 昆明：云南人民出版社，2002：110.
❷ 同❶.

图 2-13
土尔扈特阿玉奇
汗像
（引自额济纳旗
土尔扈特蒙古史
略，2016）

此名的帽子。

d. 比奇来齐（bytʃle: tʃ [1]）。帕拉斯在文中将此帽标音为 Bitschilatschi，它是一款男女通用的普通冬帽。其款型为："帽子两边有两翼或两耳，可遮住两腮，亦可用带子缚在脑后[2]"，能护住头部更多的地方，多用毛皮做衬里。

e. 太阳帽（Sierzik[3]）。太阳帽通指凉帽，上等人士的男子和僧侣在夏天穿戴。帕拉斯在文中提到的太阳帽是"一种圆形的帽，顶极其平坦。这种帽子或用毡布做成，或将丝绸或棉布重叠起来，然后用铁丝圈绷紧即可。帽子的下层多为红色，上层多为黄色。由于帽顶平坦，帽子只能盖住头顶，因此通常用线或带系在帽檐，固定于下颌"[4]。

f. 哈尔邦（Chalbung Malachai）。帕拉斯在文中提到哈尔邦是上层僧侣和富裕的妇女们戴的帽子："帽顶与 Chatschilga Malachai 一样呈圆环状，但帽边镶有上等的狐皮或貂皮，顶部也用丝绸料子精工绣成。"[5]

值得一提的是，以上帽冠几乎都有帽顶红缨，而个别没有红帽缨的也会用红布来作为一种替代。帕拉斯也注意到这一点，在红缨的制作方面提到："卡尔梅克姑娘都掌握制作缨子的技巧，做得既灵巧又干净利索。……无法在帽顶上系缨子的，至少要在帽顶中央缝上一小块非斯红的布（Fezchenrothes Tuch）或其他质地的红色布料。"[6] 并认为："帽子上的这个红色标记（或者红缨子）以及帽子所用的黄颜色，构成了东方喇嘛教徒的标志。……因所有的帽子上都带着圣色，所

---

[1] 乌恩奇,齐·艾仁才. 四体卫拉特方言鉴(蒙古文)[M]. 乌鲁木齐:新疆人民出版社,2005:161.

[2] 同[1].

[3] 现代卫拉特蒙古传统帽冠中有一款名为 ti: rtsig 的礼帽,也是一种毡帽.

[4] [德] P.S. 帕拉斯. 内陆亚洲厄鲁特历史资料 [M]. 邵健东,刘迎胜,译. 昆明:云南人民出版社,2002:110-111.

[5] 同[1]111.

[6] 同[1]110.

以卡尔梅克人从来不把帽子置于地上总是放在膝盖上。"❶ 笔者认为所有帽冠衬里为黄色面料缝制是有一定的佛教色彩的含义，但是帽顶红缨也是代表了红缨蒙古的象征，这一点将在后面的内容中具体阐述。

此外，额尔德尼耶夫著作所绘制的卡尔梅克帽冠中，除托尔次克和哈吉勒嘎在国内土尔扈特蒙古传统帽冠中也有之外，其他几个帽冠的名称未见使用。

④鞋靴、袜。

a. 革鞮。革鞮即皮鞋，《皇清职贡图》中描述"台吉革鞮，妇人衣鞮与男子同"。

b. 半统靴子。"卡尔梅克的男人和女人通常都穿半统靴子，多由女人和普通人自己缝制。……靴底由自产的皮革制成，方法与制作奶桶一样"❷ "上等人喜欢用红色的植鞣搓花革和哥尔多瓦革做鞋料，制成后喜欢用绿色的马革镶嵌在鞋子四周"❸。

卡尔梅克人不穿黄色的靴子，以示不玷污这一神圣的颜色。卡尔梅克人认为，脚是人体卑贱的部位。不能把靴子挂在帐篷的栅栏上，或置于床上尤其是床头，否则主人定会非常的生气。

c. 短袜或长筒袜。卡尔梅克人冬天穿袜子，"短袜或长统袜，袜子是他们自己用羊毛线纺制而成的"。夏天穿靴子时，"加一层平纹亚麻布衬垫"❹。

⑤首饰。

a. 绥克（Siecke）。帕拉斯提到姑娘婚前只能在一只耳朵上戴耳环，婚后两耳都要戴上有垂饰的耳环蒙古语称绥克，有象征婚约的含义。《皇清职贡图》中也描述"妇人耳贯珠环"（图 2-14）。

b. 小银环（Tschimkikrr）。帕拉斯在文中提到"如果男孩或男人未入僧籍，常在一只耳朵上戴一只银环。"这在《皇清职贡图》和阿玉奇汗画像中都有表现。

⑥装饰品。土尔扈特汗王手捻念珠，其守卫者佩戴有宝剑。在《皇清职贡图》中伊犁厄鲁特台吉手中还拿着一把小刀。蒙古人一般都有随身带刀的习惯，虽是实用之物，但也注重刀身及刀鞘等部位的装饰工艺。

（3）和硕特部

明末清初和硕特部的首领是顾实汗，原驻牧于今新疆乌鲁木齐一带，后处于危难中的西藏格鲁派首领派使者向卫拉特部请求保护，于是和硕特部首领顾实汗

---

❶ [德] P.S. 帕拉斯. 内陆亚洲厄鲁特历史资料 [M]. 邵健东, 刘迎胜, 译. 昆明: 云南人民出版社, 2002: 111.
❷ 同❶109-110.
❸ 同❶109.
❹ 同❶110.

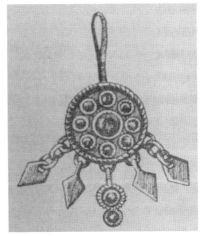

图 2-14
卡尔梅克妇女的
绥克
（引自额尔德尼耶
夫《卡尔梅克人》）

在明崇祯九年（1636 年）秋，率领以和硕特部为主体的卫拉特联军远征青海。征战得胜之后，顾实汗陆续将自己的部众移牧青海，一部分准噶尔人（绰罗斯）、土尔扈特人和辉特人也随之迁来。崇祯十二年（1639 年），顾实汗进军康区，占领了整个西康地区，明崇祯十四年（1641 年），结束了藏巴汗政权的统治，卫、藏、康、青等地均归顾实汗统治。顾实汗统一青藏地区后，把青海作为他的根据地，将新疆迁来的以和硕特为主体的四部、此前已归附的喀尔喀部以及元明时期进入青海的蒙古族各部后裔，共 20 余万众，分给了 8 个儿子掌管，命其第 6 子达赖巴图尔以副王的身份统领之，形成了青海八台吉（太子）的游牧封建统治核心[1]。

顺治十一年（1654 年），顾实汗去世，其长子达延汗在拉萨继承汗位。康熙四年（1665 年），青海蒙古族划分为左、右两翼，当时以涅水上游、青海湖、布哈河到额济纳河为界，以东以北为左翼，以西以南为右翼，左翼包括今青海省海北藏族自治州、海西蒙古族藏族自治州东北部、河西祁连山草原及额济纳河流域。右翼包括今青海省海西蒙古族藏族自治州南部，海南、果洛、玉树、黄南藏族自治州以及甘肃省甘南藏族自治州等地区[2]。康熙三十七年（1698 年），康熙把当时顾实汗诸子中仅存的幼子达什巴图尔招至北京，封他为和硕亲王，为青海诸部之总管王，统治青海诸台吉。康熙五十三年（1714 年）达什巴图尔去世，其子罗卜藏丹津嗣位，两年后被清封为和硕亲王。雍正元年（1723 年），罗卜藏丹津公开发动了武装反清，清军对其形成了强大包围后，逐个攻破蒙古兵据点，罗卜藏丹津败退青海湖西，后逃至新疆投靠准噶尔部。罗卜藏丹津反清事

---

❶ 青海省地方志编纂委员会. 青海省志:民族志 [M]. 北京:民族出版社,2008:377-381.

❷ 同 ❶381.

件平息后，清廷将青海蒙古族诸部收为内藩，仿内蒙古札萨克制，划分各游牧地的界限，施行盟旗制度；废除青海及其周围藏族对和硕特贵族的隶属关系，由道、厅、卫直接管辖；设置"钦差办理青海蒙古番子事务大臣"，管理青海蒙古族、藏族一切政教事务。从此使青海地区完全置于清政府直接统治之下。雍正三年（1725 年），清廷将青海蒙古族各部划分为两翼盟 29 旗，其中和硕特 20 旗、绰罗斯 2 旗、辉特 2 旗、土尔扈特 4 旗、喀尔喀 1 旗。划定了各旗游牧疆界，规定不得越界强占牧地，不得互相统属，不得私相往来❶。盟旗制度从清雍正三年（1725 年）实行，一直到 1949 年 9 月青海解放为止共存在 224 年❷。

早期进入青海的蒙古族人民，无论男女老少都具有既是牧民又是战士的双重身份，明朝青海蒙古的部落比较庞杂，既有元朝青海蒙古的后裔，又有瓦剌部（西部蒙古）、鞑靼部（东部蒙古）徙牧青海，故其服饰较为复杂，除原有的传统服饰外，还有布衬衫、无袖短衣、毡斗篷，以及皇帝赐给朝贡贵族的锦衣蟒服等。皮靴、帽子的式样品种繁多。衣着上的佩饰金银珠玉很多，妇女的头饰，衣服皮靴上的刺绣绚丽多姿。清朝青海蒙古族的服饰，贵族的服饰变化较大，平民的服饰变化不大，基本保持了蒙古传统服饰的特点。

明清时期有关青海卫拉特蒙古的服饰资料非常有限，而且相关描述也显得较为简略。根据笔者目前掌握，青海卫拉特蒙古服饰主要包括衣服、鞋帽、佩戴、装饰等。

①袍服。明代的青海卫拉特蒙古仍与其他诸蒙古部落一样以袍服为主，款型为右衽、斜襟、高领、长袖，造型宽大、有镶边、下摆不开叉的长袍。贵族的面料为天鹅绒、织锦缎、丝绸之类，冬季长袍的里子为羔羊皮、貂皮、狐皮、水獭皮等。

青海归附清王朝以后，大小贵族均受到清王朝的封赐。按清制，受封者按品级着统一的官服。官服有朝服与便服之分。朝服又有冬服与夏服之分。

②帽冠。明代青海卫拉特蒙古冬季戴棉皮帽，夏季戴单皮帽，贵妇戴以木为骨、高三尺许、外包红绢、其上缀珠玉、顶插翎毛的"故姑"帽，又称"顾姑冠"。清朝时期青海卫拉特蒙古的冠戴则有冬朝冠、夏朝冠与吉服冠三分，并佩宝石、饰东珠。帽子的品种更多，冬季有风雪帽、皮帽、圆帽、羊绒帽，夏季有尖顶圆帽、毡帽。妇女特有的帽子，有带耳朵套的帽、凉圆帽。帽子一般以兽皮和畜皮做里子，以绸、缎、布做外套，外套上绣花纹以装饰。

③鞋靴。明清时期青海卫拉特蒙古男女老少皆足穿皮靴或毡靴、布靴，内

---

❶ 青海省地方志编纂委员会编.青海省志：民族志 [M].北京：民族出版社，2008：382-383.
❷ 同❶395.

套毡袜或布袜。靴子还有革靴、毡靴和布靴，男式布靴、毡靴绣有花纹，女式布靴、毡靴则用鲜艳的彩线绣有花草鸟兽图案。

④首饰、装饰品。明清时期卫拉特蒙古男子左侧腰悬挂绣花褡裢，内装鼻烟壶，右侧挎腰刀和火镰。妇女戴金银耳坠、手镯、戒指，头发从中间分开，在两边梳半圆形的辫子，套以辫套，辫套用黑色料子做，两端饰以黄边及彩色刺绣，辫套下接黑色长带，饰以金银珠宝。

2. 普通民众（阿拉特）的日常服饰

有关普通民众的服饰，相关材料中的记述非常有限。而权力和财富集中于上层阶级的古代蒙古社会，普通民众的服饰在款型、材质、装饰等方面都缺少自主选择的空间。卫拉特蒙古服饰在款型方面无论贵族与平民都基本相同，但是面料和材质方面有着很大区别。明朝时期平民的袍服面料为粗麻布、褐子、毡、革等，冬季则着无面料的老羊皮、山羊皮、狗皮、毡袍等，腰间扎红、绿腰带。冬天下身穿皮裤或棉裤，夏天穿布裤。平民冬季戴棉皮帽，夏季戴单皮帽，平民妇女戴平顶皮帽或扎头巾。

清朝时期平民服饰主要还是蒙古袍，品种有皮袍、棉袍、绸缎袍、棉布袍。男袍朴实宽松，女袍华丽秀气。扎袍子的腰带以整幅绸子为之，男子喜用金黄色和橙黄色，女子爱扎紫色和绿色的腰带。

（1）袍服

《皇清职贡图》中提到，"民人男着无面羊皮衣，民人妇与男子同。"从图中可以看到土尔扈特部和伊犁厄鲁特部民人妇的袍服领、襟的形式与台吉妇和宰桑妇的没有差别。其中土尔扈特部民人男子袍服的衣长较短，下摆大约在膝盖以上的位置，衣襟虽为右衽但领口开得较低。这种形制与帕拉斯所说的男子上衣"下摆垂到腹下""领子一直开到胸前。门襟上下重叠"的描述比较符合（见图2-9）。帕拉斯还提到穷人不穿短衬衣之类，直接将毛皮外衣贴身穿，不论冬夏都是一样。如果夏天天气炎热，就把外衣翻过来，让毛糙的一面露在外边穿。男子在袍服外系布腰带，两端自然下垂。从职贡图描绘的伊犁厄鲁特部民人男子袍服材质来看应为素装，而妇女的素装在领口、衣襟、袖口和下摆处装饰有镶边。《西域图志》中提到普通民众的袍服也称布锡克，"民人妇女襟袖衣纤，俱用染色皮镶之"❶，并且"贱者多用绿色及杂色"❷。《皇清职贡图》中提到土尔扈特人民褐衣，都在面料及材质上与上层阶级的服饰进行区分。

---

❶《新疆文库》编委会. 钟兴麒,王豪,韩慧,等,校注. 西域图志校注 [M]. 乌鲁木齐:新疆人民出版社,2014:705.

❷ 同❶.

与袍服搭配的裤装方面，宽大的形制应与上层阶级人士所穿的裤子没有什么实质区别，只是穷人们一般都多穿皮裤，材质相对粗糙，也没有什么装饰。

（2）策格德各

策格德各最早出现在《卫拉特法典》中，规定了如果战士临阵脱逃就让他穿上策格德各示众，道润梯步在注释中解释策格德各是女人的内衣。法典中还规定了有少量财产、家畜的穷人在女儿出嫁的嫁妆中必须准备策格德各。所以可以肯定策格德各是已婚妇女的服装，无论贵贱都有此款服装。帕拉斯也描述了此款服装，一般是在上衣外面穿，但《皇清职贡图》《西域图志》中并没有提到。

（3）帽冠

《皇清职贡图》中提到民人男子带黄顶白羊皮帽，民人妇与男子同，土尔扈特人民素帽。卫拉特蒙古一般在各式帽顶都会装饰红缨，这在清代的绘画作品中可以很直观地看到。卫拉特蒙古对帽顶红缨特别重视，作为"红缨蒙古"的象征，甚至在《卫拉特法典》中还有保护帽顶红缨的具体规定。

此外，在鞋靴方面民人男子一般穿革鞮、皮履，民人妇靴履与男子同，颜色用黄、黑，不用红色。在身体装饰方面，土尔扈特部和厄鲁特部"民人男左耳饰以铜环；民人妇辫发双垂两耳俱贯铜环。"

（二）明清时期卫拉特蒙古的非日常服饰

1. 礼服

（1）婚礼服饰

《新疆图志》中提到新妇穿"朱袍、长衿、袙腹"，其中朱袍的款型应与拉布西各一样，而袙腹在汉语中指"挂束在胸腹间的贴身小衣，俗称兜肚，亦称抹胸"。婚礼时所戴的帽冠方面记录道："新妇冠呢簷红缨大帽"，而且有一种辫套是必不可少的，姑娘出嫁时"在脑后处两耳的后面扎成两根硕大无比的辫子……垂于两肩，……用棉布或其他布料做成的辫套予以罩盖保护。"❶另外，新妇还要穿上皮靴。

（2）其他礼服

①两当。《新疆图志》中提到厄鲁特人的礼服同于满人，"喜着青色两当"，这里指的青色两当应是男子穿的马甲一类无领、无袖、直襟的服装。而女子的两当"外罩长袖，直襟钩边，周以编绪。此妇人礼服，有事必服之。"从上述两当的款型以及穿着场合的描述来看，与现代卫拉特蒙古传统服饰中对策格德各服装形式和功能的解释比较接近。因此，策格德各无论是17世纪中期妇女必备的内衣或是20世纪初期妇人外穿的礼服，其无领、无袖、直襟的基本款型确是一致的。

---

❶ [德]P.S.帕拉斯.内陆亚洲厄鲁特历史资料[M].邵建东,刘迎胜,译.昆明:云南人民出版社,2002:109.

②毕希米德。额尔德尼耶夫在他的著作《卡尔梅克人》中提到18—19世纪卡尔梅克人的毕希米德是"在节日庆典、宴会、那达慕等日子穿戴，或者赶路去其他城市或者地方的时候穿在身上"[1]。而前文中提到过，帕拉斯在他18世纪末完成的《内陆亚洲厄鲁特历史资料》中记录的毕希米德却是一种男人的内衣。而在史诗《江格尔》中的人物服饰描写中，毕希米德是主人公江格尔以及其他英雄在征战和隆重场合都会穿用的戎装和礼服。根据学者研究，"卡尔梅克地区的《江格尔》中比西米特是男子穿用的，而新疆地区的《江格尔》中毕希米德是男女都会穿用的服装"[2]。

2. 军戎服饰

军戎服饰在蒙元至明清时期都是蒙古服饰当中不可忽视的一部分，直到卫拉特蒙古失去与清朝抗衡之能力后，军戎服饰走向了衰亡，但仍有一些元素以名称或局部装饰等形式作为一种印记留在了部分蒙古传统服饰当中。有关卫拉特蒙古盔甲有零散的记述，但对具体造型的描述难得一见，考虑到在蒙元时期卫拉特蒙古随蒙古大军东征西讨，在形制上当与其他蒙古部落使用的盔甲基本一致，因而本书暂列蒙古盔甲总体形制以作参考。

（1）霍伊各（xʊjag，铠甲）

军戎服饰在各类法典中的出现频率较高，根据笔者的梳理《卫拉特法典》中约10项律条中出现了"霍伊各"，《青海卫拉特联盟法典》中也至少有4项。而这些戎装在法典中多数时候是以个人财产的形式存在。律条中从罚没"霍伊各"的数量、装备的完整程度和其他惩罚内容以区分并强调拥有这些装备的人物的社会地位等级。例如《卫拉特法典》[3]第8条中对临阵脱逃者的惩罚：伊合·诺颜（汗、大台吉等）：100"霍伊各"、100峰骆驼、50户人、1000匹马；岱青、楚库尔（达官）：50"霍伊各"、50峰骆驼、25户人、500匹马；巴格·诺颜（小台吉）：10"霍伊各"、10峰骆驼、10户人、100匹马；塔布囊（驸马）：5"霍伊各"、5峰骆驼、5户人、50匹马；托克沁、卜日亚沁（旗手、号手）：5"霍伊各"、5峰骆驼、5户人、50匹马；霍休勤（前卫）：3卜尔格（卜尔格：骆驼、山羊、马、绵羊）、3户人、30匹马、脱掉"劳孛加·霍伊各（lɔ:bʊ:dzatan xʊjag）"给穿上"策格德各"；额尔和藤（权贵）、黑亚（侍卫）：1户人、"劳孛加（lɔ:bʊ:dz[4]）""伊思"（9个牲畜）；恩各因·劳孛加坦（普通的穿"劳孛加"的战士、普通军士、

❶ 萨仁高娃，论清代伏尔加河流域土尔扈特蒙古汗王、台吉宰桑服饰 [J]. 内蒙古艺术学院学报，2018(1) : 128.
❷ 萨仁格日勒，敖其尔加甫·台文. 卫拉特蒙古传统服饰"比西米特"的名称来历及其变迁 [J]. 中国蒙古学(蒙文). 2015(4) : 136.
❸ 道润梯步. 卫拉特法典(蒙古文)[M]. 呼和浩特:内蒙古人民出版社,1985:29.
❹ 内蒙古大学蒙古学研究院蒙古语文研究所. 蒙汉词典 [M]. 呼和浩特:内蒙古大学出版社,1999:850.

兵士）："劳孛加"、4 匹马；多拉各图（dʊ:lagt，穿戴"多拉各"的战士，此处应是指穿盔甲全套的战士、甲士、盔士）：1"霍伊各"、3 匹马；德莱·霍伊各图（dəgli: xʊjagt，穿"德莱·霍伊各"的战士、甲骑兵、短甲士）："霍伊各"、2 匹马。可以看出，当时的战士还会根据其军戎装备进行命名，出现了劳孛加坦、多拉各图、德莱·霍伊各图的指称词汇。

《卫拉特法典》中的律条还反映出，这些盔甲（至少是臂甲）由牧民手工完成。第 41 条中规定"每年让杜沁尼（公职名称）做 2 幅哈日巴其，否则罚马、骆驼"❶。因没有制作盔甲的专门机构（有制作盔甲的匠人），制作盔甲就分配给牧民，成为他们的一项任务 ❷。

在霍伊各的形制方面，"其上身的盔甲有四片组成，前胸部分较细并从腋下围合，显得非常合体。后片从后颈到腰部为一体，将其与前片连接。用左右铁质护肩将前后片用纽扣连接。在手臂的部分有从手臂到手腕的护甲，两手可以伸出。腿部也各有一片护腿，这些甲片都用小环连接。头盔的上部为铁制的，但护颈的部分用鞣革制作。"❸

（2）德莱·霍伊各（dəgli: xʊjag，短铠甲、胸甲）

德莱（dəgli: ❹）一般指保护上身的铠甲也称胸铠。

（3）多拉各（dʊ:lag❺，头盔、胄）

多拉各即头盔，蒙元时期的多拉各一般没有帽檐，但有护鼻的结构。

（4）劳孛加 ❻（lɔ:bʊ:dz，有护面的头盔或盔甲）

劳孛加也称劳孛加·霍伊各是指头盔和铠甲连体的一种铠甲，其特点为穿脱方便且保护功能强大，是一种新型的铠甲，也称乎布齐·霍伊各 ❼（全体的或衣帽连体的铠甲）。

（5）哈日巴齐（xarbatʃ，臂甲）

哈日巴齐是指独立于铠甲的臂甲，从蒙元时期的盔甲中就开始有单独制作的护臂甲了。

❶ 道润梯步.卫拉特法典(蒙古文)[M]. 呼和浩特:内蒙古人民出版社,1985:80.

❷ 同 ❶.

❸ 布林特古斯.蒙古族民俗百科全书·物质卷:中册(蒙古文)[M]. 呼和浩特:内蒙古教育出版社,2015:745.

❹ 内蒙古大学蒙古学研究院蒙古语文研究所.蒙汉词典 [M]. 呼和浩特:内蒙古大学出版社,1999:1168.

❺ 同 ❹1199.

❻ 在道润梯步校注的《卫拉特法典》(第 33 页)中解释"劳孛加·霍伊各"为带有护面的盔甲，"劳孛加"是"带护面的头盔"；而赛音乌其拉图在《卫拉特法典的文化阐释》(第 33 页)中提出道润梯步的解释有误，应是"劳孛奇·霍伊各"，"劳孛奇"意为"挡兵器的服装"《青海卫拉特联盟法典》(第 382-383 页)中则提出，"劳孛奇·霍伊各"指"盔甲全幅"，"劳孛奇"是全部、全套的意思；在《四体卫拉特方言鉴》(第 177 页)中，"劳孛奇"的汉语解释为"战袍(甲)"，蒙语解释为"霍伊各"。

❼ 布林特古斯.蒙古族民俗百科全书·物质卷:中册(蒙古文)[M]. 呼和浩特:内蒙古教育出版社,2015:746.

综上所述，我们可以将明清时期卫拉特蒙古各类服饰进行对比（见表 2-1）。

表 2-1　明清时期卫拉特蒙古服饰对比表

服饰类型		日常服饰				非日常服饰	
		上层阶级			普通民众	婚礼服饰	军戎服饰
		准噶尔部	土尔扈特部	和硕特部			
袍服		拉布西各	长衣	袍服	袍服	长袍	霍伊各
		德勒	德博勒			长衿	德莱·霍伊各
			毕希米德			毕希米德	
		褡护	乌齐大衣				
其他服饰品类	无袖类	策格德各	坎肩		策格德各	两裆	
	短衣	奥伦代				袏腹	
	衬衣	合么讷各	衬衣				
	裤装	乌木都、沙勒布尔、袴、挥	乌木德		皮裤		
	其他						哈日巴齐
帽冠		哈尔邦	哈尔邦	帽子	黄顶白羊皮帽		劳孛加
		窝尔图	红缨平顶深簷冠				多拉各
			红缨高顶帽				
			比奇来齐				
			太阳帽				
鞋靴、袜	鞋靴	固都逊、郭度苏		靴子			
		红牛革鞮	革鞮				
	袜	郭度孙·威莫孙	短袜、长筒袜、鞋垫				
首饰		绥克	绥克				
装饰品			小刀				
			碗巾				
			红帛				

第四节　民国时期至 20 世纪 80 年代卫拉特蒙古的日常生活与服饰

一、民国时期卫拉特蒙古的日常生活与服饰

1911 年，辛亥革命推翻了清王朝，两千多年的封建帝制中断了在中国的延续，中华民国随即成立。在这一次的改朝换代中政治体制到经济体制乃至社会生活的各个方面，都产生了程度不一的变化，其中作为封建制度的衣冠之制随之崩溃瓦解。这在中国服装史上造成了划时代的巨变，打破了服饰的等级制度，出现

了不以身份等级规定衣冠服饰的新服制。这同时引发了服饰领域的大变革，随着历史发展和社会文化的变迁，各个民族的服饰也都不断地产生相应的变化。

以新疆为例，民国时期随着帝制灭亡，新疆在复杂的地方势力控制之下，处于无休止的动荡之中。民国时期的 38 年间，新疆社会政权频繁更迭，政治、经济、文化等方面随之发生变动。卫拉特蒙古作为当时新疆社会的构成部分身处其中，既具有整个社会的共性特征，也有一定的个性特征。清代对新疆的民族政策，以蒙回各族为优先。而民国时期，政府也颁布了关于蒙回王公制度，提出"王公世袭概乃其旧"。因而，民国时期，新疆地方政府从杨增新开始，沿袭清朝的王公贵族世袭制度，在蒙古族中仍实行盟旗制度。因而这一时期除政府公务人员以外的卫拉特蒙古在日常生活方面与明清时期相比未有多少改变。

这一时期的卫拉特蒙古服饰，由于整个社会的封闭以及经济的凋敝，交替登台的各方势力未对边疆蒙古服饰制定强硬政策，因而款型种类等方面无大的变化，但服饰材质、制作方面已不同于明清时期的情况。这方面对其记述的文献又复减少，有记录的也往往用以几句概括。谢彬的《新疆游记》、吴蔼宸的《新疆纪游》中有对新疆蒙古人风俗的描述，有关服饰的内容均较为简略，后者与《新疆图志》中对厄鲁特蒙古服饰的描写比较接近，只是更简略一些。还需要提到的是，这一时期有"众多的外国传教士、学者、商人、官员、旅游者，以及形形色色、身份迥异的探险家，纷纷进入中国的边疆区域，从事探险考察可能并不是他们的本意，他们每个人所抱的目的不同，方法各异，在对待当地居民以及中华文化等方面，态度、取舍更带有时代与个人色彩。他们从事探险的时期，正是中国社会转型的关键时期，他们旅途所经，又往往属于人迹稀少、古今文明履经兴替的边鄙，有关文字记述相当罕见"❶。在他们的著述当中，《马达汗日记》❷《蒙古的人和神》对当时厄鲁特蒙古和土尔扈特蒙古的人的日常生活以及服饰有一些珍贵的图像记录和零散的文字描述（图 2-15、图 2-16）。

民国时期，袁世凯执掌的北洋政府在 1912 年至 1916 年公布实施了《蒙古待遇条例》，其内容中包含"……各蒙古王公原有之管辖治理权，一律照旧；内外蒙古汗、王公、台吉等世爵各位号，应予照旧承袭，其在本旗所享有之特权，亦照旧无异；……"❸，并且制定了《蒙古冠服制》，废除清王朝规定的蒙古贵族的官服。因蒙古王公贵族均握有军权，故规定蒙古受封的王公贵族的礼服分甲乙两种，甲种为军服，依不同的爵位，着不同军阶的官礼服；乙种为蒙古族传统袍

❶ 马大正. 中国边疆学 60 年与西部探险发现 [J]. 文史知识,2009(11):4-8.
❷ [芬兰]马达汉. 马达汉西域考察日记(1906—1908)[M]. 王家骥,译. 北京:中国民族摄影艺术出版社,2004.
❸ 泰亦赤兀惕·满昌. 蒙古族通史:下册 [M]. 沈阳:辽宁民族出版社,2004:201.

服，按不同职务，穿不同面料的蒙古袍。故各地蒙古的衣着基本保持了明清时期传统的形制，仍以蒙古袍服为主，只在服装的面料、质地和花色方面有了一定的改变（图2-17、图2-18）。

二、1949年至20世纪80年代卫拉特蒙古的日常生活与服饰

1949年中华人民共和国成立之后，"没有制定新的服饰制度，但却成功地推行了新的服饰和审美标准——并未依靠政府法令，而是依靠意识形态的力量，并非指令性而是引导性地同样完成了改元易服的历史使命。"[1] 在中华人民共和国成立初期的最初几年，服饰上新旧并存，中西皆有。列宁装、人民装、中山装成为当时最时髦的三种服装[2]。新疆的领导人和公职人员等也进行效仿，但对农村和牧区民众的服饰影响有限，时间上有所滞后。"1966年随着政治斗争的升温，中国大地开始了一场以文化命名的革命运动，红卫兵率先在'破四旧'的口号下，上街扫除'封、资、修'的服饰。服装成为了政治运动的祭品"[3]，卫拉特蒙古传统服饰也进入了冰封时期。

图2-15（左）
民国时期土尔扈特男子
（引自《蒙古的人和神》，2013）

图2-16（右）
民国时期土尔扈特女子
（引自《蒙古的人和神》，2013）

图2-17（左）
土尔扈特公主
（新疆塔城博物馆资料）

图2-18（右）
额济纳土尔扈特男子
（引自《额济纳土尔扈特蒙古史略》，2016）

❶ 袁仄,胡月. 百年衣裳:20世纪中国服装流变 [M]. 北京:生活·读书·新知三联书店,2010:254.

❷ 同❶261.

❸ 同❶300.

改革开放后，随着民族政策的制定与推进，民族服饰迎来急速复兴和发展时期。随着蒙古族人民的物质文化生活的不断改善，传统服饰有了很大改变，把厚重的蒙古袍改造成轻盈柔软的袍服。面料上多采用丝绸、棉布、毛华达以及现在的化纤织品，里子多用羔皮、二毛、狐皮以及经过加工的羊毛、驼毛等，穿着合体、美观、保暖、散热；冬天的帽子多为羔皮、狐皮帽，夏天多戴鸭舌帽、礼帽和军便帽；靴子用柔软的皮革制成。改革开放后，蒙古族和其他兄弟民族一样，装束打扮发生了深刻变化，西服、夹克衫和中山服以及皮夹克、太空

图 2-19
额济纳蒙古
（引自《额济纳土尔扈特蒙古史略》，2016）

棉服、羽绒服、西式大衣、风衣等成了流行服。但是蒙古特色服饰也并未全然消失，随着国家政策层面的鼓励和支持，在各类大型会议、集体活动中各民族都穿着民族特色服饰。而在日常生活中也有人保有少量传统服饰，在一些仪式庆典、逢年过节等时选择穿戴上它们（图2-19）。

第五节　日常生活与服饰变迁

毫无疑问，服饰、饮食、宅居、交通等均属于物质生活，也是日常生活的基本内容，本章以不同时期的日常生活为基础对历史时期卫拉特蒙古服饰进行了一个历时性的梳理。这在一定程度上展现了日常生活的复杂性、多样性，同时揭示了日常生活的重复性、单一性特征。但日常生活并非完全凝固不变，如果我们从"长时段"来纵览日常生活的演化史，就会发现日常生活在不同地域、不同时代都具有相当大的差异，它具有自身孕育、生发与成熟的整体性运行轨迹，而这种整体性的演变也带领着衣食住行在各个方面发生变迁。

通过对卫拉特蒙古服饰从早期历史时期到20世纪80年代的梳理，可以明显地感觉到，直至民国时期卫拉特蒙古服饰的总体形制没有太大的变化。笔者认为这与卫拉特蒙古日常生活长期以来的相对稳定模式有一定的内在联系。这种稳定性不同于中原农业地区农耕生产生活方式的稳定，而是以游牧的生产生活方式为基础的稳定模式。日常生活是一个整体的体系，衣食住行在不同的历史发展阶段形成特定的一套模式，它们相辅相成。日常生活中人们总是善于利用周边的环境并能够物尽其用。比如早期卫拉特蒙古的狩猎生活时代，服饰以各类皮毛居多，

其饮食中野味的比重较大，住在早期的毡庐中，马是必备的交通工具。而随着逐渐走出森林，过渡到游牧生活的过程中，服饰的面料除毛皮、毡子以外的材质开始丰富起来。随着与周边民族的接触增多，饮食结构也在发生变化，开始住进蒙古包或者住进城市内建造的房屋里。而到了现代社会，原来相对的稳定体系被打破了，人们不需要狩猎就可以制造出很保暖的面料材质来制作服装，不需要骑马却可以比马跑得更快，人们可以住在温暖的房屋，不必来回迁徙，而丰富多样的食品、商品可以让人暂时搁置自己的饮食习惯。所以日常生活的衣食住行是一套体系，形成一种生活方式，服饰是在这个日常生活的体系内存在和发展的。

从对历史时期卫拉特蒙古日常生活的大致描述可以了解到，不同时期的卫拉特蒙古日常生活是在不断发生着变化的，只是在封建社会时期十分缓慢，直至民国以来产生巨大转变。通过本书的梳理，可以了解到从生活在森林南沿的早期斡亦剌惕人开始就形成了综合型即指多种经济类型兼营的日常生活模式，但是在不同的历史时期，综合的类型有所不同，一般体现在依赖的主要经济类型产生变化。因而根据主要的经济类型不同，大致将早期至清代的卫拉特蒙古的日常生活分为以下三种类型：

（1）游猎型

符拉基米尔佐夫在《蒙古社会制度史》中描述早期斡亦剌惕人的生活方式的时候提到这些"森林"居民主要从事狩猎，同时伴有渔捞，他们日常生活中的衣食住行无不取自周围的自然资源，他们住在木料搭建的简便的棚子里，驯养野生动物，并食其肉、饮其乳、衣其皮，出行有马匹、滑雪板。但是根据相关考古资料显示，生活在森林南沿地带的林中百姓受草原北部游牧居民的生活方式影响，已经形成了以游猎为主辅助从事原始农业和畜牧业的生产生活方式。

（2）畜牧型

蒙元时期，当林中百姓斡亦剌惕人逐渐走出森林追随蒙古大军之际，以游猎为主的生活方式即开始出现变迁。其中，虽蒙古军队西征、南进的军人大多散落各地，日常生活方式各从当地习俗，而留居叶尼塞河流域的斡亦剌惕人与周边吉利吉思（今称柯尔克孜）、畏吾尔（今称维吾尔）和汉民族交错杂居，在原有的生活方式基础上逐渐形成以畜牧为主，兼营狩猎、渔猎和农业等经济类型的综合型日常生活模式。

（3）贸易型

明清时期至民国时期，在保持蒙元时期多元混合的生活方式的基础上，卫拉特蒙古的经济类型中贸易逐渐占据了重要地位。除了通过朝贡或互市与中原地区保持密切的政治、经济、文化联系外，与西域诸族的贸易也是非常频繁。这无疑丰富了当时卫拉特人民的物质生活条件。同时在这一时期，卫拉特蒙古出现了向各地分散的局面，除大多留居本土的准噶尔等部外，土尔扈特部的西迁、和硕特部的南下以及一部分土尔扈特驻牧额济纳，造成了他们的日常生活产生不同方向的发展和演变。

辛亥革命推翻帝制之后，各民族的日常生活开始了划时代的巨变，衣食住行随之产生变迁。20世纪50年代中国提出"四个现代化"，即工业现代化、农业现代化、国防现代化和科学技术现代化，而中国人的日常生活也逐渐向现代化转型。

纵观历史时期卫拉特蒙古日常生活方式的演变，它明显是朝着多元综合的方向逐渐复杂化的过程，同时根据不同的社会情况进行适当的重心调整。然而在这种总体的日常生活模式中人们的生活状态是不尽相同的，社会阶级的分层使不同阶级的日常生活产生天壤之别。如本章所述，斡亦剌惕人在归附成吉思汗麾下之前就已经产生富裕牧主和普通居民的社会阶层划分，其后社会阶级的分化一直持续到清朝的灭亡。

在历史时期卫拉特蒙古日常生活演变的背景下，卫拉特蒙古服饰的变迁可以总结出以下特征：

①卫拉特蒙古的服饰随着卫拉特蒙古日常经济生活的综合化发展，不断向着丰富和多样化的方向变迁。其中服饰的材质种类的变化与日常经济生活的转变关系尤为密切。例如在明朝时期《卫拉特法典》等几部法典中罗列了很多动物毛皮（有些是制作服装的材质）和较少种类的绸缎面料，而在清代和民国时期动物毛皮的种类显少，绸缎、布匹种类有少量增加（附录1）。

②卫拉特蒙古服饰的款型相对稳定，变化较少。而有突出差异的款型往往是随着卫拉特蒙古的分散迁徙，与外来文化的接触、吸收之后的结果。例如毕希米德、藏式袍服等。

③在历史的过程中卫拉特蒙古服饰继承了蒙元时期礼服这一品类，在明清时期卫拉特蒙古服饰分化为日常服饰和非日常服饰。根据现有的资料，非日常服饰主要表现在结婚礼服之上，而且主要是新娘的服饰比较讲究，例如换上策格德各，戴上希孛尔立各、托克各等头饰。另外，军戎服饰作为非日常服饰在蒙元至明代都是非常重要的服装，这与当时蒙古社会征战不断密切相关，而到清代收服了卫拉特蒙古之后，其军戎服饰随即走向衰退。

④在阶级社会，卫拉特蒙古服饰表现出明显的等级差异。日常服饰主要通过服饰材质、色彩、装饰等元素区分上层阶级和普通民众。这在《皇清职贡图》中有非常明显的表现。而非日常服饰同样在材质上进行尊卑等级之分。

第三章
精英表述中的卫拉特蒙古传统服饰

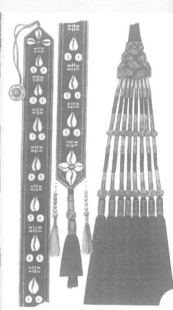

在本章中，"精英"是指卫拉特蒙古聚居地的非物质文化传承人、民族服饰制作者、民间权威和知识阶层。在具体的阐述过程中，对新疆、青海和内蒙古等实地考察过的各地区卫拉特蒙古服饰，笔者会结合考察资料与相关研究著述进行整体描述。而对国内肃北以及国外没有进行实地考察的卫拉特蒙古服饰，笔者主要利用搜集到的各种研究著述和相关表述进行整理并阐述。

蒙古传统服饰无论男女老少主要以袍服为主，辅以其他短衣、内衣、坎肩、裤装、帽冠、鞋靴以及各种首饰、装饰品等。卫拉特蒙古各部落的传统服饰虽然有一定的自身特色，但在男女传统服饰的种类、款型、面料材质、装饰等方面仍然继承了蒙古传统服饰的总体特征，因而在本章中根据笔者实地考察采访并结合相关著述，分别描述不同的服饰种类，主要分为袍服、其他服装、帽冠（包括头饰）、裤装、鞋靴、配饰、首饰、装饰品，并在个别服饰类型中有突出性别、年龄、功能等方面的差异时进行具体说明。

第一节　国内卫拉特蒙古的传统服饰

国内卫拉特蒙古主要聚居于新疆、青海、甘肃、内蒙古等地，还有少量居住于黑龙江。

一、新疆卫拉特蒙古的传统服饰

新疆卫拉特蒙古的传统服饰是指至今生活于新疆维吾尔自治区内的卫拉特蒙古各部落的传统服饰。如今新疆的卫拉特蒙古中主要的部落有土尔扈特部、和硕特部、厄鲁特部等，其中属土尔扈特部的人数最多，多数是跟随渥巴锡回归祖国的部众后裔，现主要居住于巴音郭楞蒙古自治州、和布克赛尔县、乌苏市；硕特部，主要是随握巴锡东返的恭格部后裔，现主要居住于巴州的和硕县；厄鲁特部，主要包括阿睦尔撒纳叛乱时投附内地以及在战争中免遭于兵灾与瘟疫的准噶尔人，陆续脱出哈萨克和布鲁特地区的准噶尔人，以及随土尔扈特渥巴锡东返的卫拉特沙毕纳尔的后裔等，现主要居住于伊犁哈萨克自治州伊宁市、昭苏县、特克斯县、尼勒克县以及博尔塔拉蒙古自治州博乐市、温泉县等地。

（一）袍服

袍服也就是长衣，一般衣长最长到脚踝，短的有刚刚没过膝盖的。蒙古族的传统服饰中最为典型的应属袍服，男女老少都会穿用。穿袍服时男子无论老少必须扎腰带，而女子在出嫁之前扎腰带，出嫁后就不再扎腰带了。

1. 拉布西各

拉布西各是卫拉特蒙古男女老少均穿用的日常袍服，也称沃尔图·德勒 ❶（长袍），新疆塔城地区和额敏县的厄鲁特蒙古称它为亚布西各 ❷。卫拉特蒙古的拉布西各"其实就是内蒙古人说的蒙古袍"❸（图 3-1~图 3-4）。

拉布西各的基本款型结构是右衽、长袖、长袍，"有领，领口有 2 颗扣子，衣襟有 2—4 颗扣子，腋下 1 颗扣子，跨侧有 4 个扣子"❹，扣子一般用银、铜、珊

图 3-1（上左）
男子拉布西各
（新疆和布克赛尔县文体局提供）

图 3-2（上右）
男子拉布西各
（新疆和布克赛尔县文体局提供）

图 3-3（下左）
新疆额敏县厄鲁特部女子拉布西各
（赛女士制作，笔者拍摄）

图 3-4（下右）
新疆伊犁厄鲁特部女子拉布西各
（巴女士制作，笔者拍摄）

---

❶ 2016 年 8 月 8 日采访巴音郭楞蒙古自治州和静县的塔女士(土尔扈特蒙古)。

❷ 2016 年 8 月 1 日采访额敏县非物质文化遗产继承人赛女士(厄鲁特蒙古)和 2016 年 8 月 4 日采访伊犁昭苏县巴女士(厄鲁特蒙古)。昭苏县文化局非遗办的额先生提到拉布西各的发音转变为亚布西各是一种语言学现象，"l"音转变为"y"音，当地"陶立"（镜子）的发音是"陶伊"。

❸ 2016 年 7 月 16 日采访和布克赛尔县的学者扎·巴图那森(土尔扈特蒙古)。

❹ 2016 年 8 月 8 日采访巴音郭楞蒙古自治州和静县的塔女士(土尔扈特蒙古),塔女士强调一件袍服上的扣子总数必须是单数。

瑚或者自制的盘扣。拉布西各袖子的传统制作工艺是和大身一起直接从面料上剪裁下来的，而现在借鉴西装的裁剪工艺有些袍服会采用上袖的裁剪方式，这样衣袖和大身能够比较合体，不过老人大多还是会选择传统裁剪方式的拉布西各。"缝制拉布西各时在领口、门襟、下摆和袖口一般都有粗细两道镶边，袖口没有马蹄造型直接镶边，并在两侧跨下方的位置开衩。"[1]"男子的拉布西各会在右侧有一个开衩（约23cm），便于上马。"[2]年轻姑娘在结婚之前穿坤·额博尔台·德勒（ky:kyn·ewertæ:·del），其款型为"袖口较宽、领子是较窄的立领，前襟是从领口下至腋下向右叠合（右衽），下摆两侧开衩，大身适合姑娘的身型，是一种长下摆的衣服。……在领口、前襟、腋下、跨侧共钉7枚扣子，跨两侧缝制口袋"[3]，而且腰间束腰带。这种款型其实与蒙古袍一致，也就是拉布西各。

拉布西各的材质面料根据季节的不同而有所差异，夏季一般为单层的绸缎布等面料，冬季有夹棉、夹绒的拉布西各和阿尔森·拉布西各（皮拉布西各）。夹棉和夹绒的拉布西各是在两层的布料中间夹入棉絮或羊绒、驼绒等均匀铺平，再用平针缝若干道加以固定，然后再用面料做面子的袍服，而阿尔森·拉布西各是用毛皮做里子，用布或者绸缎做面子的。

在色彩方面，一般儿童、年轻人喜欢穿红、绿、青等颜色比较鲜艳的拉布西各，老年则人穿用"黑、蓝、紫、棕、青等颜色比较沉稳的绸缎或布料做的拉布西各"[4]。有些地方男子的拉布西各不用黑色做[5]。

拉布西各的装饰方面，一般女子的拉布西各在领、襟、袖、摆等位置进行装饰，主要会用各种镶边以及用金银丝线缝绣出各种装饰纹样，如羊角纹、吉祥结、万福、花草等纹样。阿尔森·拉布西各（皮拉布西各）一般用黑白羊羔皮镶边，用条绒等布料绲边。

2. 泰尔立各（terlig，袍）

泰尔立各也是蒙古人指称袍服的一个名词，男女老幼都可以服用。如果与拉布西各比较的话，新疆卫拉特蒙古的泰尔立各更倾向于指称礼服。男子的泰尔立各一般与传统的蒙古袍款型一致。

新疆地区土尔扈特妇女的泰尔立各有一种独特的直角形前襟的款型，与一般

---

[1] 那木吉拉. 卫拉特蒙古民俗文化:经济生活卷(蒙古文)[M]. 乌鲁木齐:新疆人民出版社,2010:359.
[2] 2016年7月13日采访和布克赛尔县的非物质文化遗产继承人孟女士(土尔扈特蒙古)。
[3] 才仁加甫,玉孜曼. 新疆巴音郭楞土尔扈特与和硕特礼俗(蒙古文)[M]. 乌鲁木齐:新疆人民出版社,2009:289.
[4] 同[2]358.
[5] 2016年8月4日采访伊犁昭苏县巴女士(厄鲁特蒙古)。

的传统蒙古袍右衽的衣襟形式有所区别。这种直角形前襟的袍服在新疆一般称为泰尔立各，但是在日常生活中散居于不同地区生活的卫拉特蒙古人们在保留直角形前襟的基础上又发展出了各有地方特色的款型，并且分别进行了命名。这些泰尔立主要有托西亚特·泰尔立各 **❶**（tʊʃat terlig）、阿木太·德博勒 **❷**（amtæː dewel）和毕希米德 **❸** 等。内蒙古的土尔扈特蒙古妇女传统服饰中也有毕希米德这种款型，并发展出浩尔莫台·德勒（xɔrmætæː deːl）等袍服。

（1）托西亚特·泰尔立各（tʊʃat terlig）、阿木太·德博勒（amtæː dewel）

托西亚特·泰尔立各是一种已婚妇女的袍服，因其款型是腰腹部有一个特殊的装饰带被称为"托西亚"（tʊʃaː，即"腿绊"，意为"绊住腿"）而得名，据说是象征羁绊妇女，以防出走 **❹**。其实这个"托西亚"正是直角形前襟在腰腹部位置的横向装饰带的部分（图 3-5）。

托西亚特·泰尔立各的款型结构是立领、直襟至腹部上沿向右成直角转弯至右侧缝，并在此转弯的部分横向拼接约四指宽（根据具体情况宽度可调整）的装饰带"托西亚"。托西亚特·泰尔立各一般会用白色绸缎包住立领，并在其上进行刺绣装饰。袖子是与大身拼接的，袖口一般为直口，也可加马蹄袖。托西亚特·泰尔立各在直襟部分钉 5 个扣子，腹部横向拼接托西亚的部分钉 2 个扣子。在门襟两侧各有一个四方形口袋，左侧口袋的位置比右侧口袋的稍低 **❺**。

阿木太·德博勒是巴音郭楞蒙古自治州的土尔扈特蒙古妇女穿着的与托西亚特·泰尔立各款型类似的袍服，也有称其为玛塔噶尔·额博尔台·德博勒 **❻**（有弯曲的前襟的衣服）的，并说到"泰尔立各是……穿于别尔孜里面有长下摆的玛塔噶尔·额博尔台·德博勒" **❼**，其款型为"袖口宽阔，腰身的部位有合体的褶裥，有短的立领且必须在其上再缝套白色的领子"（图 3-6）。

阿木太·德博勒与托西亚特·泰尔立各在整体造型上基本一致，仅在一些装饰细节的部分有所差别。阿木太·德博勒一般也会在立领上加一个约四指宽的白色绸缎做的附领，将与服装面料相同的立领包在里面，"媳妇见公婆时，必须加上附领" **❽**，据说这种附领"表示长辈期望晚辈们做一个正直、善良、清白的

❶ 2016 年 7 月 13 日采访和布克赛尔县的非物质文化遗产继承人孟女士（土尔扈特蒙古）。
❷ 新疆巴州地区土尔扈特蒙古妇女的袍服。
❸ 新疆和丰地区和内蒙古额济纳土尔扈特蒙古妇女的袍服。
❹ 2016 年 7 月 13 日采访和布克赛尔县的非物质文化遗产继承人孟女士（土尔扈特蒙古）。
❺ 这种直角形的门襟在和布克赛尔也被称为"安本"，应是与巴州的"阿木太·德博勒"的"阿木"是一个意思。"阿木太·德博勒"直译过来是"有门襟的袍子"，这个"阿木"就是直角形的门襟。
❻ 才仁加甫，玉孜曼. 新疆巴音郭楞土尔扈特与和硕特礼俗（蒙古文）[M]. 乌鲁木齐：新疆人民出版社，2009：289.
❼ 同 **❻**.
❽ 潘美玲. 流动的风景：土尔扈特服饰 [M]. 乌鲁木齐：新疆人民出版社，2009：39.

图 3-5（左）
托西亚特·泰
尔立
（和丰县孟女士制
作，笔者拍摄）

图 3-6（右）
阿木太·德博勒
（陈龙拍摄）

人"❶。阿木太·德博勒的前襟左侧一般有 1 个口袋（也有两侧 2 个口袋的，其位置
不像和丰县的托西亚特·泰尔立一高一低，而是左右持平）。门襟上一般钉 9 颗扣
子，直襟处 6 颗、横向的装饰带上 3 颗。阿木太·德博勒的袖口的工艺主要体现
在其装饰之上，据说"一般袖口上的装饰带有 3、5、7 条不等，这是根据主人的
身份来设计的，身份等级越高装饰带越多，有的甚至会一直排到手肘的位置。"❷

可见，同一种款型的袍服在不同地区衍生出不同的名称，随之对穿着者的定
义也产生了变化。

托西亚特·泰尔立各是新疆塔城地区布克赛尔蒙古自治县的卫拉特蒙古人对
这种有直角形前襟袍服的命名之一，而新疆巴州地区则称其为阿木太·德博勒等
名称。此外，塔城地区还衍生出博日亚·泰尔立各（byræ: terlig）、托西亚太·德
博勒（tuʃat æ: dewel）、额博尔泰·德博勒 ❸（ɸwyrtæ: dewel）等指称，巴州地区
也有了阿木太·德博勒、玛塔噶尔·额博尔台·德博勒 ❹（matagar ɸwyrtæ: dewel）
等名称。博日亚·泰尔立各中的"博日亚"是指竖向开襟的装饰带下方的裁片，
其实是直角形前襟这一门襟结构的不同命名，款型与托西亚特·泰尔立各基本一
致。托西亚泰·德博勒、额博尔泰·德博勒中的"德博勒"在前文中也提到过，
是蒙古语中对衣服的统称。托西亚太与托西亚特一样是指"有托西亚的"，额博
尔泰的字面含义是"有胸怀的"，所指的是右衽的前襟在胸前位置形成的结构。
这个前襟是这样裁剪的，在裁衣身的时候"前襟以人的腰腹的尺寸为基准，横向
裁出前襟……"❺。额博尔泰·德博勒的领子的制作方法是将面料"裁剪出 4-5 指

❶ 潘美玲. 流动的风景：土尔扈特服饰 [M]. 乌鲁木齐：新疆人民出版社,2009：39.

❷ 2016 年 8 月 8 日采访巴音郭楞蒙古自治州和静县的塔女士（土尔扈特蒙古）。

❸ 那木吉拉. 卫拉特蒙古民俗文化：经济生活卷（蒙古文）[M]. 乌鲁木齐：新疆人民出版社,2010：364.

❹ 才仁加甫,玉孜曼. 新疆巴音郭楞土尔扈特与和硕特礼俗（蒙古文）[M]. 乌鲁木齐：新疆人民出版社,2009：289.

❺ 同❸.

宽的长方形，用几层布上浆使其变硬，再用 6 层黄色的库锦绲边。前襟也与领子一样用几层上浆的布料待晾干，其上用 4—6 层黄、绿、红等库锦绲边，再用丝线进行刺绣，袖口也和门襟一样搭配各色库锦在距袖口 3—4 指宽的位置做绲边装饰"❶。

同时有学者发现"有些地方称额博尔泰·德博勒为泰尔立各，而且是除了已婚的年轻女子以外的妇女穿着。有些地方称这种款式为托西亚泰·德博勒，除未婚女子之外其他女子不会穿着"❷，也有学者指出额博尔泰·德博勒是一种做工精致的礼服，"主要是已婚女子和中老年妇女穿用，未婚女子不穿"❸。

综上所述，可以认为托西亚特·泰尔立各、博日亚·泰尔立各、托西亚太·德博勒、额博尔泰·德博勒以及阿木太·德博勒、玛塔噶尔·额博尔台·德博勒都是同一种基本款型的不同命名。他们最主要的共同特点就是有直角形的前襟和腰腹部都有横向长方形的装饰带。

在面料材质方面，托西亚特·泰尔立各的面料都选用上好的绸缎制作，装饰带都用库锦等材质，因为主要是参加各种活动时才会穿着的礼服。阿木太·德博勒也以硬挺厚实的绸缎面料居多。

色彩方面，托西亚特·泰尔立各常用比较沉稳的深红、深紫等颜色，阿木太·德博勒选用的绸缎面料的色彩通常根据年龄的不同而有所差别，少妇用大红、浅粉、浅绿等鲜艳的颜色，中年妇女用宝蓝、深绿或深紫等沉稳的颜色，老年妇女就用比较深暗的颜色，而且领、襟、袖等处的装饰色彩也根据面料的颜色进行搭配。妇女的额博尔泰·德博勒用"蓝、绿、黑色绸缎制作，并专门用黑色或蓝色布料衬里"。中年妇女的"玛塔噶尔·额博尔台·德博勒用蓝、绿、青等鲜艳的面料为底，用自带图案的蟒缎、布等缝制。蟒缎制作的袍服主要作为参加礼俗庆典等活动时穿着，布袍是日常生活中穿着的"❹。

在装饰方面，妇女们在裁制额博尔泰·德博勒时"精心装饰，在前襟、袖口、下摆等处做刺绣装饰。"阿木太·德博勒的装饰做工尤其复杂精细，门襟和腰节装饰带的"上边装饰称'吉尔固古拉嘎'，中间的装饰称'察力玛'，下边的立褶称'桑给尔查克'。腰节上的每一层花纹都有一个独特的名字。由上至下，第一层叫玛特巴赫；第二层叫再克；第三层叫赛木热克；第四层叫

❶ 宁布.蒙古服装史(蒙古文)[J].内蒙古社会科学(蒙文版),1994(5).
❷ 那木吉拉.卫拉特蒙古民俗文化:经济生活卷(蒙古文)[M].乌鲁木齐:新疆人民出版社,2010:364.这里提到的只有未婚妇女穿着应该是笔误，根据笔者的考察，多数地区的中老年妇女才会穿这种托西亚特·泰尔立各，因为此款袍服没有腰带，而未婚女子的袍服都是要系腰带的。
❸ 同❶(6).
❹ 才仁加甫,玉孜曼.新疆巴音郭楞土尔扈特与和硕特礼俗(蒙古文)[M].乌鲁木齐:新疆人民出版社,2009:287.

浩热盖❶（图 3-7）"。其中，"吉尔固古拉嘎（dʒirgɔleg）"
是六股装饰线组合的意思，"察力玛❷（tsalam❷）"是镶
边的意思。阿木太·德博勒在直角形的门襟上一般钉 11
个扣子，领口有 2 粒扣子，直襟上有 7 粒扣子，横向腰
节处的直襟上有 2 粒扣子，还会在左侧扣襻的位置装饰
一种特殊的珠坠，有些左右两侧都装饰珠坠。此外，门
襟处还会左右对称地装饰两条来回打折的装饰线，称为
"苏力杰"，"含义是土尔扈特的子孙们代代相传，从不
间断。牧民则期望家族或部族的人脉像苏力杰一样，从

图 3-7
阿木太·德博勒
装饰
（陈龙拍摄）

上至下没有结节，顺顺畅畅，代代相连"❸。阿木太·德博勒的袖口装饰与前襟不
同，一般用 3—7 道单数的装饰带，根据个人的喜好与面料进行搭配选择。玛塔
噶尔·额博尔台·德博勒的装饰工艺同样体现在前襟和袖口的部分，中年妇女和
年轻的媳妇"极尽所能去进行装饰，尽力展示自己的精巧的手艺"❹。

（2）毕希米德

毕希米德是新疆塔城地区布克赛尔蒙古自治县的卫拉特蒙古以及内蒙古额济
纳旗土尔扈特蒙古对直角形前襟袍服的另外一种命名，它的款型与前述托西亚
特·泰尔立各和阿木太·泰尔立各等基本一致，只是在服饰色彩、装饰工艺等方
面有一定差异（图 3-8）。

关于毕希米德的来历，众说纷纭，有的民族服饰非物质文化传承人说："毕
希米德好像不是蒙语，可能是哈萨克语，但不知道是什么意思。"❺ 有的学者却
说："毕希米德是蒙古语，别尔孜（berdz）、泰尔立各、巴萨拉各（baslag❻）、沙
拉布尔都是蒙语。"❼ 还有学者提出："毕希米德是突厥语族多民族中普遍穿用的
服装款式，之后通过诺盖、鞑靼或俄罗斯传入生息于伏尔加河流域的卡尔梅克部
族，为卡尔梅克人所逐渐接受并融入其语言、生活以及文化当中。毕希米德从原
来男子的服装演变为如今新疆和布克赛尔、额济纳土尔扈特的女子服饰。"❽

从上一章的内容可以判断毕希米德一词出现较晚，并且东部蒙古的传统服饰

❶ 潘美玲. 流动的风景：土尔扈特服饰 [M]. 乌鲁木齐：新疆人民出版社，2009：23.

❷ 乌恩奇，齐·艾仁才. 四体卫拉特方言鉴（蒙古文）[M]. 乌鲁木齐：新疆人民出版社，2005：90.

❸ 同❶40.

❹ 才仁加甫，玉孜曼. 新疆巴音郭楞土尔扈特与和硕特礼俗（蒙古文）[M]. 乌鲁木齐：新疆人民出版社，2009：287.

❺ 2016 年 7 月 13 日采访和布克赛尔县的非物质文化遗产继承人孟女士（土尔扈特蒙古）。

❻ 同❷143.

❼ 2016 年 7 月 16 日采访和布克赛尔县的学者扎·巴图那森（土尔扈特蒙古）。

❽ 萨仁格日勒，敖其尔加甫·台文. 卫拉特蒙古传统服饰"比西米特"的名称来历及其变迁 [J]. 中国蒙古学（蒙古文），2015(4)：136.

图 3-8
新疆和布克赛尔
县毕希米德
（王凡拍摄、绘制）

中没有这款袍服。而现代内蒙古额济纳旗土尔扈特蒙古中的毕希米德是 18 世纪初期往迁驻牧于额济纳境内的土尔扈特蒙古人带入的。额济纳旗的土尔扈特蒙古人是 1689 年随土尔扈特汗国阿玉奇汗之侄阿喇布珠尔及其母亲从伊济勒河（伏尔加河）出发前往拉萨熬茶礼佛，在返回途中受清朝所阻，之后辗转来到额济纳河畔，自此繁衍生息至今的 [1]。

毕希米德一词未见于《卫拉特法典》与各类法典之中，在民国及以前的汉文文献中也没有记载。而德国学者帕拉斯 1769—1772 年在卡尔梅克人中进行的调查记录中提到："卡尔梅克男子一般穿 1 件拉布希各，1 件或若干件毕希米德和一条长裤。" [2] 额尔德尼耶夫在 18—19 世纪完成的《卡尔梅克人》中提到："毕希米德：在内衣外边穿的长袍，是卡尔梅克男士传统衣服。系扣子束腰带。领子是上边方形小立领，下边领角一直延伸到肚脐上边呈倒三角形。袖子长又窄，胸两侧各有一个五边形贴兜，兜子和领子周围用亮色镶着边，下摆长至腘窝处或过膝。" [3]

综上所述，毕希米德应是曾在伊济勒河畔驻牧过的土尔扈特蒙古东归时带回的一种袍服款式。土尔扈特蒙古东归后随着清廷实施盟旗制度分别安置，各地的毕希米德又产生了各种各样的变迁而成为现在的形式。

毕希米德在款型方面与托西亚特·泰尔立各接近，当地学者也提出："毕希米德就是一种博日亚·泰尔立各。" [4] 其直角形的前襟、立领几乎与后者如出一辙，仅在一些裁剪细节上有所差异。关于毕希米德的穿着人群，和丰县的学者曾提到："是妇女的袍服，年轻女子和中老年妇女都会穿着。" [5] 未婚女子的毕希米

[1] 孛儿只济特·道尔格. 额济纳土尔扈特蒙古史略 [M]. 额日德木图，译. 呼和浩特：内蒙古大学出版社，2016.
[2] [德]P. S. 帕拉斯. 内陆亚洲厄鲁特历史资料 [M]. 邵建东，刘迎胜，译. 昆明：云南人民出版社. 2002：106.
[3] 萨仁高娃. 论清代伏尔加河流域土尔扈特蒙古汗王、台吉宰桑服饰 [J]. 内蒙古艺术学院学报. 2018(1)：124-131.
[4] 2016 年 7 月 16 日采访和布克赛尔县的学者扎·巴图那森（土尔扈特蒙古）。
[5] 同[4].

德前襟两侧的方形口袋的位置是高低平行的，而已婚妇女的口袋是一上一下，左侧的比右侧的位置低❶。在毕希米德后片的腰部位置通常还会缝上类似腰带的 4-5 指宽的长方形的袋子。老年妇女的毕希米德后片的腰节部位会有"巴勒巴勒加"（balbaldʒæ:❷，褶裥）的设计，这样使下摆变得更加宽松。"在过去姑娘也穿毕希米德并且'贴布'（tæw，一种腰侧的装饰帖片，笔者按）在平行线上，其形制与已婚妇女的有所不同。姑娘的毕希米德有 24 个扣子，穿着的时候把前襟的扣子全部扣好并且扎腰带。有时姑娘们穿毕希米德时会在上面套上一件坎肩，如果没有坎肩单穿毕希米德，就会扎腰带并在头上包头巾。"❸准备出嫁的姑娘"在毕希米德右侧的腰际做一种'贴布'，是用与毕希米德的颜色不同的布料制作的针线包配饰。这种配饰用的布料是用做姑娘嫁妆时的服装时剩余的布条拼接而成的，然后缝在姑娘出嫁时穿的毕希米德上，与此相同，在领子的内侧也这样缝制"❹（图 3-9）。

毕希米德选用的面料材质一般有布料、绸缎、条绒等，日常生活中穿布料制作的毕希米德，参加礼俗庆典等活动时穿绸缎等面料制作的毕希米德。老年人的毕希米德通常选用巴尔赫德（条绒）或者开令（平绒）面料制作。

"毕希米德的颜色一般用绿色、紫色、蓝色和红色等。"❺"年轻女子的毕希米德在色彩方面没有禁忌，而老年妇女的毕希米德一般要选择蓝色等稳重的颜

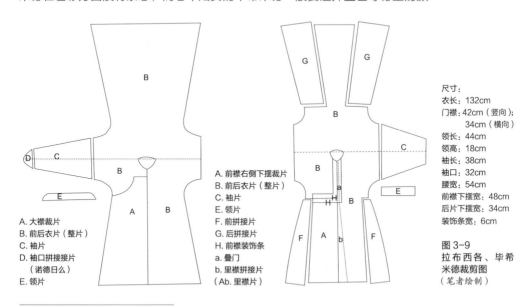

A. 大襟裁片
B. 前后衣片（整片）
C. 袖片
D. 袖口拼接接片
　（诺德日么）
E. 领片

A. 前襟右侧下摆裁片
B. 前后衣片（整片）
C. 袖片
E. 领片
F. 前拼接片
G. 后拼接片
H. 前襟装饰条
a. 叠门
b. 里襟拼接片
　（Ab. 里襟片）

尺寸：
衣长：132cm
门襟：42cm（竖向）；
　　　34cm（横向）
领长：44cm
领高：18cm
袖长：38cm
袖口：32cm
腰宽：54cm
前襟下摆宽：48cm
后片下摆宽：34cm
装饰条宽：6cm

图 3-9
拉布西各、毕希米德裁剪图
（笔者绘制）

❶ 2014 年 8 月 23 日采访和布克赛尔县的非物质文化遗产继承人孟女士（土尔扈特蒙古）。
❷ 乌恩奇，齐·艾仁才. 四体卫拉特方言鉴（蒙古文）[M]. 乌鲁木齐：新疆人民出版社，2005：143.
❸ 那木吉拉. 卫拉特蒙古民俗文化：经济生活卷（蒙古文）[M]. 乌鲁木齐：新疆人民出版社，2010：361.
❹ 同❸360.
❺ 2016 年 7 月 13 日采访和布克赛尔县的非物质文化遗产继承人孟女士（土尔扈特蒙古）。

色。"^❶和丰县的土尔扈特蒙古中常见有黑色的毕希米德。

毕希米德在装饰方面，一般在"领、袖、口袋、边沿的位置用各种丝线进行各种刺绣纹样的装饰。其中，在直角形前襟和口袋上进行的手工刺绣装饰最为精致繁复。老年人的毕希米德……边沿处有铁日木、兼吉、乌力吉等纹样并进行绲缝"（图3-10）。

3. 别尔孜（berdz）

别尔孜是另一种已婚妇女的袍服，一般穿于泰尔立各之外。"它是妇女的一种开因·霍布奇孙❷（ke:gin xʊbtsʊn❸，参加各种重要活动时穿的盛装礼服）"，通常"套在泰尔立各外面穿着，是一种无领、直襟的袍服。在胯部或肚脐的上方缝上2个扁平的红色飘带，穿的时候将2个飘带系上"❹。现代的别尔孜一般有袖子，也有无袖的❺，别尔孜的下摆左右两侧都有开衩。帕拉斯提到过18世纪末卡尔梅克妇女在冬季在最外层穿一种衣身很长的无袖丝绸罩衫以示炫耀，说明其选用的面料材质珍贵。现代的别尔孜也是用上好的绸缎制作，穿在袍服外面，主要功能是保护穿在里面的华丽袍服❻。

"出嫁未满三年的媳妇参加婚宴礼俗活动时必须穿戴哈吉勒嘎、别尔孜、泰尔立各，脚蹬香牛皮靴子。"❼"别尔孜的颜色除了黑色之外其他颜色都可选用，主要与里面穿的泰尔立各的颜色进行搭配选择"❽（图3-11）。

4. 乌齐（ytʃ）

乌齐是男女冬季穿用的皮毛长袍，也称阿尔森·乌齐，是一种用布料或绸缎做面子，用动物毛皮做里子的冬季穿的拉布西各。乌齐"主要是要出嫁的姑娘、媳妇穿着"，也"是喇嘛、权贵、平民、妇女普遍穿着的常服"❾。

乌齐在款型方面与拉布西各基本一致，一般"有领、有前襟、有三片下摆、有开衩，并且在领、襟、腋下钉上扣襻"，也有"无开衩"的乌齐，"下摆没有三片而是整片的"❿。

❶ 2016年7月16日采访和布克赛尔县的学者扎·巴图那森（土尔扈特蒙古）。

❷ 同❶.

❸ 乌恩奇,齐·艾仁才.四体卫拉特方言鉴(蒙古文)[M].乌鲁木齐:新疆人民出版社,2005:93.

❹ 那木吉拉.卫拉特蒙古民俗文化:经济生活卷(蒙古文)[M].乌鲁木齐:新疆人民出版社,2010:361.

❺ 才仁加甫,玉孜曼.新疆巴音郭楞土尔扈特与和硕特礼俗(蒙古文)[M].乌鲁木齐:新疆人民出版社,2009:288.还有金向宏.巴音郭楞蒙古自治州志:上[M].北京:当代中国出版社,1994:260-261.

❻ 2016年7月11日采访和布克赛尔县的非物质文化遗产继承人藏女士(土尔扈特蒙古)。

❼ 才仁加甫,玉孜曼.新疆巴音郭楞土尔扈特与和硕特礼俗(蒙古文)[M].乌鲁木齐:新疆人民出版社,2009:288.

❽ 同❼289.

❾ 同❹365.

❿ 同❾365.

图 3-10（左）
毕希米德装饰
（和丰县文体局
提供）

图 3-11（右）
别尔孜
（和丰县藏女士制
作，笔者拍摄）

乌齐在面料材质方面，根据制作面子的材质分为布斯（bɵs，布料）·乌齐、
陶尔根（tɔrgɔn，绸缎）·乌齐等，根据里子的材质分为乔嫩·阿尔森（tʃɔnen
arsen，狼皮）·乌齐、伊尔比森·阿尔森（irwesen arsen，豹皮）·乌齐、霍尔干·阿
尔森（xɵragan arsen，羊羔皮）·乌齐 ❶、博拉干·阿尔森（bɵlgan arsen，貂皮）·乌
齐、塔尔巴干·阿尔森（tarwagen arsen，旱獭皮）·乌齐、乌呢根·阿尔森（ɸnegen
arsen，狐狸皮）·乌齐等 ❷。另外还有乌齐·拉布西各，其制作工艺是袍服中夹驼
绒、羊绒、一岁驼羔绒等进行绗缝 ❸。老年男子日常穿着的乌齐一般用羊羔皮做里
子，并讲究选用一色的毛皮制作，如果一色的毛皮不够，就尽量在袖子等较隐蔽
的位置用不同颜色的毛皮 ❹（图 3-12）。

乌齐在装饰方面，妇女参加活动时穿着的乌齐一般都用绸缎做面子，用羊羔
皮做里子，在前襟、袖口、领子的边沿用羊羔皮或其他动物的毛皮镶边。

5. 德勒

德勒是蒙古语中所有衣服的统称，现代的德勒一般指"上身穿着的有领有袖
的服装……有时也用德勒·乎日莫词组指称"，其中"乎日莫是上身穿着的短外
衣……有些地方称为奥伦代"❺，有时德勒和乎日莫可以互相替代或者通用。德勒

---

❶ 羊皮·乌齐的羊皮还分为霍尔斯各（新出生 1—2 个月的羊羔皮）、萨勒特尔（4—5 个月的羊羔皮）、萨格斯各（7—8 个月的羊羔皮）。

❷ 那木吉拉. 卫拉特蒙古民俗文化：经济生活卷（蒙古文）[M]. 乌鲁木齐：新疆人民出版社,2010：365.

❸ 2016 年 7 月 16 日采访和布克赛尔县的学者扎·巴图那森（土尔扈特蒙古）。

❹ 才仁加甫,玉孜曼. 新疆巴音郭楞土尔扈特与和硕特礼俗（蒙古文）[M]. 乌鲁木齐：新疆人民出版社,2009：278.

❺ 同 ❷366.

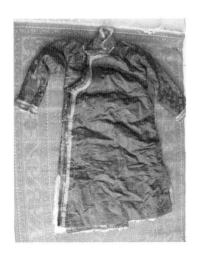

图 3-12
乌齐
（和丰县孟女士制作，笔者拍摄）

根据其材质的不同可分为阿尔森·德勒（皮衣，也称阿尔森·库日莫，aersen kyrem）、布斯·德勒（布衣）、陶尔根·德勒（绸缎衣）、巴尔赫德·德勒（barxad dewel，条绒衣）等，根据面料中间夹絮的材质不同分为库绷台·德勒（kɸwyŋtæ: dewel，棉衣）、瑙斯台·德勒（nɔ:stæ: dewel，夹绒衣）等，根据穿在里、外层的不同分为道图尔·德勒（dɔtɔr dewel，内衣）、嘎达尔·德勒（gadar dewel，外衣），还根据穿着的场合不同分为家居服、马上穿的衣服、礼佛时穿的衣服、给父母行礼时穿的衣服、过新年时穿的衣服等❶。

在面料材质方面，德勒选用毛皮时主要用鞣制的毛皮，有的直接用鞣制好的白色皮子，有的将鞣制好的皮子进行染色，即把林子里树木的树皮放入水中烧开变成棕红色的水，再用它进行染色。在缝制这种皮衣时，领口和前襟用黑色或白色羊羔皮镶较宽的边或者用黑色的布或条绒进行镶边装饰。领子也用褐色或白色的羊羔皮制作。也有用布给皮衣挂面子的，采用现代的裁剪工艺，一般是直襟的宽领子，上下有 4 个口袋。根据给皮衣挂的面料不同，还可分为洋布面衣服、条绒面衣服、洽日斯❷面衣服。❸ 有些人还会鞣制山羊皮、羚羊皮和野山羊皮制作春秋季节穿用的德勒，并称其为褡护·库日莫或褡护·德勒。据说山羊、羚羊等动物的皮毛会逐渐脱落变秃所以称之为褡护。而真正的褡护·德勒其实是将皮毛朝外制作的。褡护·德勒不上颜色，当皮毛逐渐脱落后就称其为赛尔森·褡护（særsen dax，去毛皮衣）。此外老一辈的人们还有一种沃讷根（ʋnagan）·阿尔森·褡护，皮毛朝外，取马驹鬃毛的部分装饰于袖口，由于这种衣服极为漂亮而被视为贵重之物。除毛皮之外，还选用布料并夹棉或夹绒制作冬季服用的库绷台·库日莫（棉衣）和瑙斯台·库日莫（夹绒衣）。库绷台·库日莫是将棉絮均匀铺在布料之上进行绗缝，然后用各色布料做面子。过去有些地方还称这样制作的短衣服为"比辛加"（biʃndz）。瑙斯台·库日莫的制作同库绷台·库日莫一样，只是里面夹的是驼绒或羊绒。❹

---

❶ 2016 年 8 月 8 日采访巴州和静县塔女士（土尔扈特蒙古）。
❷ 洽日斯是外来语，指一种用毛织的薄面料。
❸ 那木吉拉. 卫拉特蒙古民俗文化：经济生活卷（蒙古文）[M]. 乌鲁木齐：新疆人民出版社，2010:367.
❹ 同 ❸367-368.

另外，还有冬季穿用的名为别忒（by:ty:❶）、坤别尔（kɸmbe:r❷）的皮毛大衣。别忒，也称为大氅，主要以毛皮做里子，用布料做面子，是有长下摆的一种厚衣服。它类似于乌齐，但并不是传统的右衽门襟，而是直襟并钉上 5 枚扣子，袖子采用现代的上袖工艺。它的领子较宽，用羊羔皮或细毛皮制作，也有翻领的造型，有些人会用狐狸皮或其他漂亮的珍贵毛皮制作。皮衣的外面一般用蓝色或黄色的布挂面子，胯两侧还做两个口袋方便装一些零碎东西。在后身腰际还有 3 指宽，约一托（tɸ:，拇指到中指撑开时的长度约 20cm）的孛勒特克么齐（beltkemdz，缝制的布带子，因而不系腰带❸）。缝制别忒时，如果用的是较薄的皮子还可以在皮子和挂面的布料之间絮一层薄棉花。坤别尔是一种在秋冬季节外出放牧行走野外之时穿用的大皮衣。这款皮衣可以在野外露宿时铺展开衣襟，下面垫一部分，身上盖一部分。由于平时穿着它上马比较困难，一般在上马之前先在马背上放好使两侧衣摆下垂，然后上马之后把大衣提起来穿上。因而有些书中称其为"用羊皮制作的特大皮褡护"❹。还有名为乔巴（tsʊb❺）的类似披风款型的外衣，是一种"用熊、山羊、野羊等有细长绒毛的动物的毛皮朝外制作的克德柔齐（kɸdrybtʃ，披风❻）。这种衣服在领子上有带子可以系结，而且没有袖子，直襟没有扣子和飘带。它的用途是下雨天外出或者狩猎、远行时随身携带，在野外露宿时用于披盖之用。有些地方也称这种款型的服装为索各斯日阿（sʊgsra:❼，罩衣）"❽。

（二）其他服装品类

1. 策格德各、罕吉雅尔（xandʒar）

策格德各和罕吉雅尔都是指无袖的坎肩或者马甲。蒙古各部落都有这类无袖的服装，但是在名称、衣长、门襟、材质、内外穿着的功能等方面有所区别。策格德各被认为是现代卫拉特蒙古部落典型的传统服装，而东部蒙古各部中没有这个名词（除阿拉善土尔扈特蒙古外），一般称这种服装为罕吉雅尔、奥吉（ʊ:dʒ❾）等。策格德各如今在新疆的卫拉特蒙古中主要流传于厄鲁特部后裔的服饰当中，但从明清时期至今亦有内穿、外穿或衣身长短不一的说法。而今新疆的

---

❶ 乌恩奇,齐·艾仁才.四体卫拉特方言鉴(蒙古文)[M].乌鲁木齐:新疆人民出版社,2005:147.

❷ 同❶117.

❸ 才仁加甫,玉孜曼.新疆巴音郭楞土尔扈特与和硕特礼俗(蒙古文)[M].乌鲁木齐:新疆人民出版社,2009:278.

❹ 那木吉拉.卫拉特蒙古民俗文化:经济生活卷(蒙古文)[M].乌鲁木齐:新疆人民出版社,2010:366.

❺ 内蒙古大学蒙古学研究院蒙古语文研究所.蒙汉词典[M].呼和浩特:内蒙古大学出版社,1999:1283.

❻ 同❶119.

❼ 同❺950.

❽ 同❹380-381.

❾ 同❺224.

土尔扈特蒙古则一般称其为罕吉雅尔或称奥吉❶。

（1）策格德各

策格德各是"新媳妇、已婚妇女专有的服装"❷，是一种"女式无袖长衫、马甲裙，奥吉"❸，也有的写作"策登"（tʃəːdeŋ）解释为"在衣服里面穿的夹棉短衣"❹，前者是外衣，一般作为礼服穿用，后者是内衣，应是妇女的日常服装。

作为礼服的策格德各"是新婚媳妇的一种礼服……只有出嫁的女子穿用，男子和姑娘以及其他有儿女的妇女并不穿用"❺，是"新媳妇梳妆之后跪拜公婆时穿用的礼服。……新媳妇自穿策格德各开始连续穿 40 天。此后仅在新年、庆典、婚礼等场合穿着"❻。

图 3-13
策格德各
（额敏县赛女士制作、笔者拍摄）

在款型方面，这种策格德各"与内蒙古地区新媳妇穿着的直襟奥吉（坎肩）类似"，"开襟、无扣、无袖，只在泰尔立各上穿着，胯两侧和后襟开衩"❼，"总体的外形呈现腰部紧窄一些，腰以下的部分宽松"❽（图 3-13）。

在色彩方面，策格德各"过去用青蓝色的布或者绸缎制作"❾，后来"要与在里面穿的泰尔立各的颜色进行搭配。例如，青色绸缎拉布西各上穿红色绸缎的策格德各；红色绸缎的拉布西各上穿蓝色绸缎的策格德各"❿。

在装饰方面，"这种服装的前襟上用珍珠之类饰物进行装饰。有些地方用昂贵的绸缎给策格德各制作里子，……领、襟、下摆、两袖的边沿装饰约四指宽的用多种颜色丝线搭配制作的绦子"⓫。

作为内衣的策格德各，是一种"在里面穿的库绷台·乎日莫（棉衣）"⓬，道润梯步对《卫拉特法典》

❶ 根据笔者的考察，伊犁昭苏县民族服饰制作者巴女士、文广局工作人员额先生以及塔城地区额敏县民族服饰制作传承人赛女士等厄鲁特部后裔的采访中均提到策格德各，而巴州和静县的塔女士、塔城地区和丰县的土尔扈特部后裔孟女士、乌女士、藏女士和当地学者扎·巴图那森的采访中都提到罕吉雅尔或奥吉，不用策格德各指代无袖的服装。

❷ 2016 年 8 月 4 日采访伊犁州昭苏县巴女士（厄鲁特蒙古）。

❸ 乌恩奇，齐·艾仁才. 四体卫拉特方言鉴（蒙古文）[M]. 乌鲁木齐：新疆人民出版社，2005：251.

❹ 内蒙古蒙古语言文学历史研究所. 二十一卷本词典（蒙古文）[M]. 呼和浩特：内蒙古人民出版社，1977：755.

❺ 那木吉拉. 卫拉特蒙古民俗文化：经济生活卷（蒙古文）[M]. 乌鲁木齐：新疆人民出版社，2010：362.

❻ 普日莱桑布. 蒙古族服饰文化（蒙古文）[M]. 沈阳：辽宁民族出版社，1997：545.

❼ 同❺.

❽ 同❺.

❾ 同❺363.

❿ 同❻.

⓫ 同❺.

⓬ 2016 年 7 月 16 日采访和布克赛尔县的学者扎·巴图那森（土尔扈特蒙古）。

中的策格德各注释是"女人内穿的服装或短衣服"❶。

（2）罕吉雅尔（奥吉）

罕吉雅尔其实是汉语坎肩的音译词，主要特点就是无袖，一般衣长到腰际上下。"罕吉雅尔也就是生活在内蒙古的蒙古族说奥吉，一般在春秋凉爽的季节穿用的"❷"是穿在德勒（袍服）或克依立各（衬衣）外面的无袖短衣"❸。

在款型方面，罕吉雅尔的门襟可以"做成坤·额博尔台（kɸwyn ɸwyrtæ:，与拉布西各的门襟一样）、玛塔噶尔·额博尔台（与毕希米德的门襟一样）"以及直襟的款型，领型也有立领、翻领和无领的形制。"早前内穿的坎肩无领无袖并做衬里，后片上留宽 2 指、长约索么（sɸ:m，拇指和食指最大距离）或缝制两个飘带的孛勒特克么齐，前襟缝制 2—3 个口袋，也有在衬里做一个小口袋，方便放一些钱物等。"❹

在材质方面，罕吉雅尔可以用布料、绸缎、皮毛、鞣制皮革、条绒、呢子等各种面料材质制作，还可以夹棉做成棉坎肩。

在装饰方面，"缝制时给门襟做较宽的镶边，如果用绸缎缝制就用黄色白色库锦镶边。袖笼部分也作同样的镶边装饰。妇女的罕吉雅尔腰部收省，穿着时随身好看。罕吉雅尔上钉上银扣子或盘扣。未婚姑娘穿罕吉雅尔时不系腰带。"❺

2. 克依立各

"克依立各是短衬衣，也称擦么擦"❻，是一种贴身内穿的轻薄服装。无论男女一般都穿于袍服内，妇女从不在外单穿克依立各，如有必要外穿就在其上再穿一件坎肩（图 3-14）。

在款型方面，"过去克依立各的前襟形制与拉布西各一样做成闭合的前襟、方形立领、腰侧钉扣子并在跨两侧下摆约 3 指高的开衩。后来穿这种传统样式克依立各的人减少，开始制作直襟、门襟钉几个扣子、有翻领的新式克依立各穿着并且从市场上买着穿的人增多。此外，过去的'蒙古克依立各'是立领，门襟至

图 3-14
克依立各
（和丰县藏女士制
作，笔者拍摄）

---

❶ 道润梯步. 卫拉特法典(蒙古文)[M]. 呼和浩特:内蒙古人民出版社,1985:71.
❷ 2016 年 7 月 16 日采访和布克赛尔县的学者扎·巴图那森(土尔扈特蒙古)。
❸ 才仁加甫,玉孜曼. 新疆巴音郭楞土尔扈特与和硕特礼俗(蒙古文)[M]. 乌鲁木齐:新疆人民出版社,2009:290.
❹ 那木吉拉. 卫拉特蒙古民俗文化:经济生活卷(蒙古文)[M]. 乌鲁木齐:新疆人民出版社,2010:371.
❺ 同❸.
❻ 同❷.

前胸都是敞开的，穿着时从下摆伸进头和手，是半开襟的克依立各。制作这种克依立各时从领子至前胸都是敞开的，围绕前襟和领子用彩色丝线刺绣羊角纹样进行装饰。"❶ 据说，"土尔扈特克依立各的领子较高，约到耳垂的位置，穿于铠甲里面。"❷ 如今"克依立各的领型还有孛日玛·匝合（byrim dzaxa 孛日玛领子），也称其为哈萨克·匝合（哈萨克领子）"❸，新疆厄鲁特部蒙古男子的克依立各还会在肩部加上一种用白色布料制作的称为"达拉巴齐"（dalawtʃi，翅膀）的结构，据说可"起到加厚和加固的作用，以防男子骑马时肩部受凉，同时加固肩部的面料，使其更加耐受磨损"❹。

在面料材质方面，一般用"柔软的丝绸，薄搭布（da:bʊ:❺，薄的粗布，笔者按），超德尔（薄布），齐斯丘（tʃistʃu:❻，柞丝绸）"❼ 等轻薄柔软的面料制作。

3. 儿童服装

儿童服装在款型上其实也与成人服装基本一致，大多仅在比例上有所缩小，在对各种款型服装的命名上有一定区别（图3-15）。

在婴儿时期，一般给穿别日奈（bærnæ:❽），是一种适合幼儿穿着的克依立各（衬衣，笔者按），也有的说是"婴儿简易背心"即"别仁德各"（bærendeg），应该也就是一种切吉么各（tsedzmeg，类似背心、坎肩之类的衣服）❾。在制作工艺方面，"在裁制别日奈时将面料正面竖向对折，再横向对折，裁出袖笼和大身之后横向打开面料，裁出前襟和弧形领口，再把领口反折回做成小的'达拉孛齐'（翅膀，笔者按），然后给领口镶边，给两襟夹3条带子然后绲边，下摆就敞着。别日奈是不钉扣子的，用3条带子系合。别日奈所有的缝缝都在正面，避免缝缝磨到孩子。"❿ 等到婴幼儿稍大一点之后会给穿布斯·罕吉雅日（布坎肩）、薄的库绷台·库尔莫（也称库绷台·德博勒，薄棉衣）。再大一点之后给缝制豪尔斯各·乌齐（xʊrsig ytʃ，羊羔皮大衣）、克德柔齐（披风）⓫、开么讷各（kemneg，

❶ 那木吉拉. 卫拉特蒙古民俗文化:经济生活卷(蒙古文)[M]. 乌鲁木齐:新疆人民出版社,2010:370.

❷ 2016年7月16日采访和布克赛尔县的学者扎·巴图那森(土尔扈特蒙古)。

❸ 2016年7月13日采访塔城地区和丰县藏女士(土尔扈特蒙古)。

❹ 2016年8月1日采访塔城地区额敏县的非物质文化遗产继承人赛女士(厄鲁特蒙古)。

❺ 内蒙古大学蒙古学研究院蒙古语文研究所. 蒙汉词典[M]. 呼和浩特:内蒙古大学出版社,1999:1130.

❻ 同❺1266.

❼ 同❶.

❽ 乌恩奇,齐·艾仁才. 四体卫拉特方言鉴(蒙古文)[M]. 乌鲁木齐:新疆人民出版社,2005:145.

❾ 2016年8月5日采访伊犁特克斯县学者都先生。

❿ 才仁加甫,玉孜曼. 新疆巴音郭楞土尔扈特与和硕特礼俗(蒙古文)[M]. 乌鲁木齐:新疆人民出版社,2009:297.

⓫ 同❶406

图 3-15
儿童服装
（和丰县文体局
提供）

儿童袍服，男女一样）❶ 等服装 ❷。

儿童服装在面料材质方面会选择柔软舒适的面料如希希（ʃiʃ❸，薄麻布）、乌如门（ɸrmyn，厚麻布）、嘿令（kiliŋ，缎子）、陶尔嘎（绸缎）以及柔软的皮毛等制作。儿童服饰用的乌如门面料，用于制作库日莫（外衣）和裤子，通常用红色染料染此面料。红色的染料是从一种石头上获得的，是石头本身的颜色。

在装饰方面，在门襟、领口、袖口、下摆等位置进行镶边，有些还会刺绣各种适合的装饰纹样。

4. 裤装（沙勒布尔）

蒙古传统服装以袍服为主，由于袍服的下摆至少是没过膝盖，而且脚蹬长筒鞋靴，裤装一般是隐藏于袍服之内或者显露得比较有限，因而就其重要性而言与袍服相比处于次要的位置。

卫拉特蒙古无论男女老少都穿用裤装即沙勒布尔，有些地方也有将外穿的裤子称为沙勒布尔，内穿的裤子称为乌木德或导陶博齐（dɔta:btʃi ❹）。一般冬季穿的裤子较长，夏季穿的裤子长度在膝盖以下。春秋之际会穿布斯·沙勒布尔（bɸs ʃalwɔr，

---

❶ 2016 年 7 月 13 日采访和布克赛尔县的非物质文化遗产继承人孟女士（土尔扈特蒙古）。
❷ 才仁加甫，玉孜曼. 新疆巴音郭楞土尔扈特与和硕特礼俗(蒙古文)[M]. 乌鲁木齐:新疆人民出版社,2009:297.
❸ 乌恩奇,齐·艾仁才. 四体卫拉特方言鉴(蒙古文)[M]. 乌鲁木齐:新疆人民出版社,2005:200.
❹ 同 ❸239.

布裤子）和赛尔森·沙勒布尔（særsen ʃalwʊr，去毛鞣革裤子）。冬季主要以阿尔森·沙勒布尔（arsen ʃalwʊr，皮裤子）为主，通常是男女冬季骑马时穿用的。

在款型方面，沙勒布尔一般都比较宽松，裆宽、腰口尺寸都比较大，用布或者腰带进行固定。布斯·沙勒布尔裤长比较长，可以外穿；赛尔森·沙勒布尔的裤口较宽，一般用绒山羊等的柔软羊皮，去毛鞣制后的羊皮既柔软又结实，主要用于外穿，也可以在里面穿一条布裤子[1]。另外，讷开·沙勒布尔、伊立肯·沙勒布尔也都是皮裤的不同名称，其中讷开（nekæ:）是指老羊皮、大毛羊皮[2]，伊立肯（ilkin）与赛尔森[3]同义，指去毛鞣革。还有给毛皮裤子挂面后称为挂面毛皮裤的，有时还会在裤口处嵌上羔皮边[4]。除以上的皮裤和布裤子之外，卫拉特蒙古人还穿陶尔根·沙勒布尔（绸缎裤子）、库绷台·沙勒布尔（棉裤，制作工艺与库绷台·库日莫即棉衣一样进行绗缝制作。诺森·沙勒布尔即夹绒裤，其制作工艺是如果用羊绒制作，就先将羊绒在热锅中炒，让粗毛烧掉后絮绒，驼绒也是一样把粗毛挑拣干净。因为如果同粗毛一起絮进去的话，会透过面料扎到皮肤）、套裤·沙勒布尔（套裤是过去牧区妇女在布裤子上套穿的没有腰口和裆部的裤子。虽名为裤子，但实际只有两条裤腿，其上沿的两侧缝上布条，与上面的裤腰带绑定）[5]等内。

在面料材质方面，以各种皮毛为主，也用各种布料如条绒、塞尔介（serdʒæ:，用绒线织成的薄面料）、洋布等面料。在色彩方面，男子的单裤常用蓝色、棕色、紫色、黑色、灰色等颜色，不用大红、亮黄、雪白等颜色。内穿的裤子一般用白色布料制作，而不用红色、黄色和黑色布料。在装饰方面，裤口通常与皮衣的装饰一样，用豪尔斯哈（羊羔皮）或黑蓝的布料进行镶边，并在其上纳缝简单的纹样。同时根据上面所穿衣服的下摆和袖口的颜色在裤口进行同样颜色的镶边装饰[6]。

（三）帽冠

卫拉特蒙古统称帽子为玛合拉，并且有"帽顶坠饰乌兰扎拉（红缨，笔者按）或者竟斯（dziŋs[7]，顶珠或顶结，笔者按）的特点"。[8]

---

[1] 2016 年 7 月 16 日采访和布克赛尔县的学者扎·巴图那森（土尔扈特蒙古）。

[2] 内蒙古大学蒙古研究院蒙古语文研究所. 蒙汉词典 [M]. 呼和浩特：内蒙古大学出版社，1999：362.

[3] 乌恩奇，齐·艾仁才. 四体卫拉特方言鉴 [M]. 乌鲁木齐：新疆人民出版社，2005：184.

[4] 乌·叶尔达. 跨洲东归土尔扈特：和布克赛尔历史与文化 [M]. 乌鲁木齐：新疆人民出版社，2008：238.

[5] 那木吉拉. 卫拉特蒙古民俗文化：经济生活卷（蒙古文）[M]. 乌鲁木齐：新疆人民出版社，2010：370.

[6] 同[5]369.

[7] 同[2]1329.

[8] 同[5]372.

1. 托尔次各

托尔次各是现代卫拉特蒙古传统帽式中比较常见的一种圆帽，与明清时期瓜皮帽的形制基本一致（图3-16），"托尔次各是男、女、老人都会戴的帽式，帽顶有长红缨子。"[1]实地考察中，托尔次各在土尔扈特蒙古妇女传统服饰中比较常见，其中巴州地区的土尔扈特蒙古妇女尤为注重，并在参加各种庆典、仪式等活动中盛装出席时戴上装饰丰富的托尔次各，同时要搭配上托克各、希尔郭勒等头饰（后文中具体阐释），形成一整套的头饰装扮（图3-17）。

在形制方面，托尔次各虽总体造型上相近，但在具体制作工艺方面仍有各种差异，并且各有名称，如根据性别命名的男子托尔次各、女子托尔次各；根据材质有以西开（iʃkæ:，毛毡）·托尔次各、陶尔根（绸缎）·托尔次各等名称；还有竟斯太（dziŋstæ:，有顶珠或顶结的）·托尔次各、竟斯郭（dziŋsgɔ:，没有顶珠或顶结的）·托尔次各等名称。一般认为托尔次各是由6瓣帽片组成，这在相关著述[2]以及近现代的实物遗存中可以得到证实，和静县的塔女士也提到"托尔次各有6个面，帽顶坠饰长红缨穗"[3]。但是也有提到托尔次各是有5瓣帽片的，因为"蒙古人崇尚数字5，而且有一首名为'五个面的托尔次各'的民歌。"[4]制作托尔次各时先把穿戴者的头围尺寸量好，然后根据头围尺寸预留缝缝裁剪帽片、帽边，然后将涂上浆晾干或粘上硬衬的帽片进行缝合。其后安装顶结或顶珠及红缨穗，缝上衬里，最后缝合帽边。除有些男

图3-16（左）
托尔次各
（引自布林特古斯《蒙古族民俗百科全书·物质卷》中册，2015）

图3-17（右）
托尔次各和首饰
（引自布林特古斯《蒙古族民俗百科全书·物质卷》中册，2015）

---

❶ 2016年8月8日采访巴州和静县塔女士（土尔扈特蒙古）。
❷ 才仁加甫，玉孜曼. 新疆巴音郭楞土尔扈特与和硕特礼俗（蒙古文）[M]. 乌鲁木齐：新疆人民出版社，2009：288.
❸ 同❶.
❹ 2016年7月13日采访布克赛尔县的非物质文化遗产继承人孟女士（土尔扈特蒙古）。这个民歌的歌词大意是：五个面儿的托尔次各，各自放在了身边，一提到敬爱的您，忍不住啧啧叹息。

图 3-18
托尔次各帽的
扎拉
（和丰县文体局
提供）

子的托尔次各没有红缨穗外，一般都坠饰红缨穗，妇女（结婚三年后）的红缨穗甚至会长到腰际 **❶**（图 3-18）。"冬季戴的托尔次各帽子左右有相称的大帽耳，前后有相称的小帽耳，帽耳上钉水獭皮或貂皮。夏季托尔次各无帽耳，冬夏季托尔次各帽均有系带。" **❷**

在材质方面，托尔次各一般用各种绸缎制作，也有用毛毡制作的。在托尔次各上面常见的装饰材质有银、珊瑚、玛瑙、玉石等，在过去竟斯（顶珠）的材质是根据等级佩戴的，"男子的托尔次各在前额镶一枚珊瑚，称为旭日·努敦（珊瑚眼）" **❸**，托尔次各的红缨穗一般用红色丝线制作，也有用细小的红珠子串或珊瑚串制作的。

在色彩方面，男子托尔次各的面料通常选用黑色、紫檀色、棕褐色绸缎，女子托尔次各的面料选用蓝色、红色、青色等各色绸缎，帽子的边沿用较宽的黄色库锦镶边 **❹**，也有的就用帽片的面料制作帽檐。

在装饰方面，托尔次各"每 2 个帽片缝合线的两边装饰 2 条金色直线和曲线，每边的顶部刺绣蛙纹或其他适合的纹样，并在其下装饰银质'贴孛'（圆形的顶饰或饰件）或有珊瑚、玛瑙眼的银质'贴孛'等。托尔次各的口沿装饰粗细两条镶边，镶边的上方用直线、曲线两道金线装饰" **❺**。"参加活动穿盛装时戴的托尔次各……在前额中间装饰'萨日'哈达拉嘎（'sar'xadlag，'月亮'饰件，笔者按），这种饰件做成银质平行四边形或正方形，然后固定其四边并且在中央钉上红色、蓝色、紫色等颜色的玛瑙或珊瑚，在饰件的四角也钉上小珠子。" **❻**

2. 布奇来齐

布奇来齐一般被认为是一种女子的冬帽，但是关于穿戴者的年龄阶段却说法不一，有人说主要是老年妇女冬季戴的帽子 **❼**，有人说是未婚女子的冬帽 **❽**，也有人

❶ 2016 年 8 月 8 日采访巴州和静县塔女士（土尔扈特蒙古）。

❷ 潘美玲. 流动的风景：土尔扈特服饰 [M]. 乌鲁木齐：新疆人民出版社，2009：101.

❸ 同❶。

❹ 才仁加甫，玉孜曼. 新疆巴音郭楞土尔扈特与和硕特礼俗（蒙古文）[M]. 乌鲁木齐：新疆人民出版社，2009：288.

❺ 同❹.

❻ 那木吉拉. 卫拉特蒙古民俗文化：经济生活卷（蒙古文）[M]. 乌鲁木齐：新疆人民出版社，2010：374.

❼ 同❶。

❽ 2016 年 7 月 16 日采访和布克赛尔县的学者扎·巴图那森（土尔扈特蒙古）。

说是女子在冬季举行婚礼时戴的帽子❶。此外，还有的说是男女都可以戴的帽子❷。

布奇来齐帽在形制方面比较一致，"前面有护额，后面有较宽的三角披巾（格吉格孛齐），两侧有护耳，在护耳上缝制两个飘带。穿戴时用飘带把两个护耳系结于披巾上面。这个帽子可用单层的布料做衬里或者用羊羔皮、貂皮、水獭皮等动物毛皮做里子。同时，在帽顶缝上有四面的蓝色布料并且把其中一角对准前额，因而四个角分别对着左右、前后。"❸帽顶一般会有红色的竟斯（顶珠），竟斯下面缝制一片红布❹，还会在帽顶坠饰短的红缨穗（图3-19）。布奇来齐总是与包德各搭配形成一整套的装束。

图3-19
布奇来齐
（和丰县孟女士制作，笔者拍摄）

3. 哈吉勒嘎

哈吉勒嘎是卫拉特蒙古妇女的一种帽冠，有人认为是"新婚的媳妇——结婚不满三年的媳妇穿戴"❺，有人认为是"新媳妇和中年妇女穿戴的一种帽式"❻，也有人提到哈吉勒嘎即哈敦是"官宦人家女子戴的一种帽子。又叫官太太帽"❼。

哈吉勒嘎的形制是"圆形的，有黑色的边、黄色的顶，帽顶还要钉上手盘的红色顶结和短的红缨穗"❽，"以黑色为底，以红布为边饰。帽顶有红色顶子，红缨缀于其上"❾，用带子系于颚下以固定。这个帽子一般是在参加重要活动时穿戴，要与别尔孜、泰尔立各进行搭配❿（图3-20、图3-21）。

4. 巴萨拉各

巴萨拉各是卫拉特蒙古冬季穿戴的毛皮帽子，有人说"土尔扈特巴萨拉各主要是男子穿戴，分为奥克图尔（ɔgtɔːr，短的）·巴萨拉各、达拉巴齐台

---

❶ 2016年7月采访塔城地区和布克赛尔县的非物质文化遗产继承人孟女士、民族服饰制作人乌女士、藏女士时都是这样说的，她们都是土尔扈特蒙古后裔。

❷ 潘美玲. 流动的风景：土尔扈特服饰 [M]. 乌鲁木齐：新疆人民出版社，2009：104.

❸ 那木吉拉. 卫拉特蒙古民俗文化：经济生活卷（蒙古文）[M]. 乌鲁木齐：新疆人民出版社，2010：376.

❹ 2016年8月8日采访巴州和静县塔女士（土尔扈特蒙古）。

❺ 才仁加甫，玉孜曼. 新疆巴音郭楞土尔扈特与和硕礼俗（蒙古文）[M]. 乌鲁木齐：新疆人民出版社，2009：289.

❻ 那木吉拉. 卫拉特蒙古民俗文化：经济生活卷（蒙古文）[M]. 乌鲁木齐：新疆人民出版社，2010：376. 纳·巴生. 卫拉特风俗 [M]. 呼和浩特：内蒙古人民出版社，2012：110.

❼ 同❷.

❽ 同❺.

❾ 卫拉特蒙古简史编写组. 卫拉特蒙古简史：下 [M]. 乌鲁木齐：新疆人民出版社，1996：395.

❿ 同❹。

图 3-20（左）
戴哈吉勒嘎帽的
巴州和硕特妇女
（才仁提供）

图 3-21（右）
托尔次各帽
（组合希孛尔立
各、托克各，左
1、左3）
哈吉勒嘎帽
（组合希孛尔立
各、托克各左2）
（才仁提供）

a

图 3-22
巴萨拉各
（a 和丰县藏女
士制作，笔者拍
摄；b 和丰县文
体局提供）

b

（dalawtʃitæ:，有翅膀的、有护耳的）·巴萨拉各、祖奈（dzʊnæ:，夏季的）·巴萨拉各❶，有人说是"男子的冬帽，主要用旱獭皮制作"❷，也有人说是"老年男子的冬帽，用带毛的羊皮制作"❸。此外，还有的人提到巴萨拉各是男女都会穿戴的帽式，"主要是男子穿戴，但女子在放羊时也会戴"❹。

巴萨拉各在款型方面"用狐狸或羊羔皮衬里，用布料或绸缎做面子，而且左右有帽耳，帽后有披巾。通常帽耳做得较大，放下来时可以包住脸颊，披巾也比较大，帽顶还用红色丝线制作红缨穗。此款帽式一般为冬季穿戴，天气转暖后护耳就翻折到披巾上，用（缝在护耳上的）带子系结固定。如果天冷了就把护耳放下来，用带子系于下颚，这样就会护住除眼睛口鼻之外的大部分脸部，因而会很暖和"❺（图 3-22）。

布尔库木吉（byrkymdzi），也是一款冬帽，在实地考察中仅有一人提到此名称的帽子，根据描述其形制类似于成吉思汗画像中戴的栖鹰冠❻，也与巴萨拉各的形制比较接近。

❶ 2016 年 7 月 13 日采访和布克赛尔县的非物质文化遗产继承人孟女士（土尔扈特蒙古）。
❷ 2016 年 7 月 14 日采访和布克赛尔县的民族服饰制作人藏女士（土尔扈特蒙古）。
❸ 和布克赛尔蒙古自治县地方志编纂委员会. 和布克赛尔蒙古自治县志. 乌鲁木齐：新疆人民出版社,1999：568.
❹ 2016 年 7 月 16 日采访和布克赛尔县的学者扎·巴图那森（土尔扈特蒙古）。
❺ 那木吉拉. 卫拉特蒙古民俗文化：经济生活卷（蒙古文）[M]. 乌鲁木齐：新疆人民出版社,2010：375-376.
❻ 2016 年 8 月 1 日采访塔城地区额敏县非物质文化传承人赛女士（厄鲁特蒙古）。

5. 居木勒德各（dzymyldeg）

局木勒德各也是卫拉特蒙古冬季穿戴的一款帽子，关于此帽的穿戴人群同样存在不同的说法，有人说是"新婚媳妇戴的冬帽"[1]，有人说是"老年妇女的冬帽"[2]，也有人说是"中年人戴的帽子"[3]，还有人说是"青壮年戴的帽子"[4]。

在形制方面，局木勒德各一般是有帽耳的，帽耳可以在翻折后用带子系结于脑后，帽耳放下来时可以护住口鼻和脸部，帽顶同样钉上红色的顶结。新婚媳妇戴的局木勒德各"在新婚头三天要把帽耳放下来，不让人看到自己的脸。三天后新媳妇的母亲过来后新媳妇就把局木勒德各摘下收起来，直到年老之后再拿出来此帽，把帽耳向后翻折后穿戴"[5]。在材质方面，"老年人戴的局木勒德各要用上好的皮毛制作"[6]。

6. 提尔次各（ti:rtsig[7]）、丹皮亚尔（dæ:mpæ:r）

提尔次各、丹皮亚尔都是卫拉特蒙古男子戴的毡帽。而关于这两个帽子，有人提出它们的形制和出处的不同，如提到"提尔次各本是喇嘛和官宦戴的帽子；丹皮亚尔来自俄罗斯的词汇，是礼帽、呢子帽的意思"[8]，而也有人认为它们是同一个帽式，如有"有些地方把丹皮亚尔称为提尔次各"[9]"提尔次各就是老年男子戴的有帽檐的礼帽、毡帽"[10]等说法（图3-23）。

提尔次各、丹皮亚尔在形制上都是有帽檐的，材质方面都用毛毡制作"即将羊毛绒压制成型"[11]的。在穿戴者的年龄方面，除老年男子可以戴之外也有"男子年龄超过20即可戴上提尔次各"[12]的说法。

图3-23
丹皮亚尔
（加·巴图那森先生的帽子，笔者拍摄）

---

[1] 2016年7月13日采访和布克赛尔县的非物质文化遗产继承人孟女士(土尔扈特蒙古)。

[2] 2016年7月16日采访和布克赛尔县的学者扎·巴图那森(土尔扈特蒙古)。

[3] 和布克赛尔蒙古自治县地方志编纂委员会.和布克赛尔蒙古自治县志.乌鲁木齐:新疆人民出版社,1999:568.

[4] 乌·叶尔达.跨洲东归土尔扈特:和布克赛尔历史与文化[M].乌鲁木齐:新疆人民出版社,2008:238-239.

[5] 同[1].

[6] 同[2].

[7] 乌恩奇,齐·艾仁才.四体卫拉特方言鉴[M].乌鲁木齐:新疆人民出版社,2005:218.

[8] 同[2].

[9] 那木吉拉.卫拉特蒙古民俗文化:经济生活卷(蒙古文)[M].乌鲁木齐:新疆人民出版社,2010:406.

[10] 2016年8月8日采访巴州和静县塔女士(土尔扈特蒙古)。

[11] 纳·巴生.卫拉特风俗(蒙古文)[M].呼和浩特:内蒙古人民出版社,2012:110.

[12] 才仁加甫,玉孜曼.新疆巴音郭楞土尔扈特与和硕特礼俗(蒙古文)[M].乌鲁木齐:新疆人民出版社,2009:279.

7. 陶勒干·阿勒丘尔（tɔrgɔn altʃuːr，头巾）

头巾一般指包裹头部的纺织物。蒙古男女普遍有戴头巾的传统习俗，卫拉特蒙古也是，"在过去男女老少都会戴头巾的习俗。……在日常生活中妇女几乎从不摘掉头巾，无论在什么地方都一直戴着头巾，而且在长辈和婆家人旁边有不能摘掉头巾的礼俗。……而男子并不总是带着头巾，只在春秋温暖的季节或夏季戴，其用途主要是擦汗、防晒或没有帽子的情况下戴头巾。"❶

从包裹头巾的方式来看，"成年男子、男孩子和老人们都将头巾叠成三角形从头发绕到前额上系结。女孩子们把头巾在右侧脸颊处斜着围系，已婚妇女则将叠成三角形的围巾的两个长端从头顶垂下并系在下颚或者向后拉下来围戴。"❷另外，"未婚女子编数条辫子后在上面戴上鲜艳颜色的头巾。"❸

头巾用薄的布料、绸缎、厚的含毛绒的织物等材质制成。材质的薄厚主要根据季节的情况选择，春秋时节戴薄料的头巾，冬季寒冷时期戴头巾很难抵挡寒冷，因而会在头巾上再戴毛皮帽子。

从头巾的色彩来看，"男子的头巾一般以蓝色为主，中年以上的妇女戴蓝色、绿色、棕色等深色的头巾。而年轻女子会戴粉红色、青色、红色等鲜亮颜色的头巾或者有花草刺绣的颜色鲜艳的头巾。"❹此外，"男子头巾还有白色和黑色的"❺"妇女也戴白色的头巾"❻"平素牧区妇女不戴很正式的帽子，多用红绿等长绸把头缠上或戴自己绣制的方巾"❼。

（四）鞋靴

1. 郭孙（靴子）

郭孙（也称郭度苏，gɔdɔs）就是卫拉特方言中的靴子（内蒙古的蒙古一般称郭图勒，gutel），蒙古勒·郭苏（mɔŋgɔl gɔs，蒙古靴）就是男女都穿的皮靴。

在形制方面，一般"用皮、毡、布、羊毛织物等材质制作森吉（sendz，提系）、诺各图（nɔgt，绑带）、齐么合日（tsemkæːr，镶边）制作完成靴子。"并且根据时节的冷暖选择厚薄不同的靴子，一般冬天的靴子有较厚的衬里，夏天的靴子则只做单层的衬里。不同形制的靴子制作方法有一定区别，如卫拉特蒙古

---

❶ 那木吉拉. 卫拉特蒙古民俗文化：经济生活卷（蒙古文）[M]. 乌鲁木齐：新疆人民出版社，2010：378.

❷ 敏·光布加甫. 八山之乡——和布克赛尔（蒙古文）[M]. 通辽：内蒙古少年儿童出版社，2004：182.

❸ 乌·叶尔达. 跨洲东归土尔扈特：和布克赛尔历史与文化 [M]. 乌鲁木齐：新疆人民出版社，2008：238-239.

❹ 同❶377.

❺ 2016 年 8 月 1 日采访塔城地区额敏县民族服饰制作传承人赛女士（厄鲁特蒙古）。

❻ 2016 年 7 月 16 日采访和布克赛尔县的学者扎·巴图那森（土尔扈特蒙古）。

❼ 吐娜，潘美玲，巴特尔. 巴音郭楞蒙古族史：东归土尔扈特、和硕特历史文化研究 [M]. 北京：中国言实出版社，2014：169.

常穿的坎钦·郭孙（kantʃin gɔsɔn），靴勒高、靴子尖头上翘[1]，是一种厚底的蒙古靴[2]（图3-24）。这种靴子也被称为厄尔特格尔·郭度苏（erteger gɔdɔs，翘尖头靴子），一般用布料或皮料制作，其靴头上翘、靴底是将多层厚布或皮子进行纳缝制作而成，有些地方还称这种靴子为蒙古靴与其他靴型进行区别。[3] 此外，根据靴勒的长短形制不同还有高勒靴（沃尔图·涂瑞台·郭孙，ʊrt tyræ:tæ: gɔsɔn）、短勒靴（阿哈尔·涂瑞台·郭孙，ahar tyrætæ: gɔsɔn）等（图3-25）。

图3-24
翘尖头靴
（引自布林特古斯《蒙古族民俗百科全书·物质卷》中册，2015）

在材质方面，蒙古勒·郭苏一般都是香牛皮制作的[4]，也"用马皮和猪皮等皮料制作。过去的高勒靴主要用熟制的牛皮，并且在皮料的表面做各种纹样装饰，所以称之为孛力嘎尔·郭图勒（bʊlga:r gʊtel，香牛皮靴子，笔者按）"[5]，此外，也常用其他各种皮料、毡、布、羊毛织物等材质。卫拉特蒙古根据选用的材质不同命名了各种靴子，如伊立肯·郭

图3-25
高勒靴
（在塔城市红楼博物馆拍摄）

度苏（去毛鞣革靴）就是用去毛鞣革制作靴头和靴勒，用厚皮革制作靴底的靴子。还有布斯·郭度苏（布靴）、以西开·郭度苏（毡靴）、沃尔么各·郭度苏（ɸrmyg gɔdɔs，羊毛织物靴）等。

近现代以来，卫拉特蒙古还有一种称为"皮丁凯"（pidiŋkæ:）的靴子，是从俄罗斯传入的商品靴子[6]，牧民一般都是用牲畜换取的。此外还有巴西玛各（baʃmag，一种靴子[7]）、索开·郭度苏（sɸ:kæ:[8]，喇嘛穿用的短勒软底靴）等。

2. 恰日各（tsarag[9]）

恰日各是蒙古人传承至今的传统皮鞋，"有些地方称孛依德各，……有些地

---

❶ 才仁加甫,玉孜曼. 新疆巴音郭楞土尔扈特与和硕特礼俗(蒙古文)[M]. 乌鲁木齐:新疆人民出版社,2009:276.

❷ 乌恩奇,齐·艾仁才. 四体卫拉特方言鉴(蒙古文)[M]. 乌鲁木齐:新疆人民出版社,2005:286.

❸ 那木吉拉. 卫拉特蒙古民俗文化:经济生活卷(蒙古文)[M]. 乌鲁木齐:新疆人民出版社,2010:386-387.

❹ 2016年8月4日采访伊犁州昭苏县巴女士(厄鲁特蒙古)。

❺ 纳·巴生. 卫拉特风俗(蒙古文)[M]. 呼和浩特:内蒙古人民出版社,2012:113.

❻ 2016年7月16日采访和布克赛尔县的学者扎·巴图那森(土尔扈特蒙古)。

❼ 同❷143.

❽ 同❷191.

❾ 同❷250.

图 3-26
恰日各
（在巴州和静县
博物馆拍摄）

方称索开"❶。卫拉特蒙古也经常穿用恰日各，它是"一种系带的牛皮鞋"❷"用生牛皮做的粗制鞋"❸"……恰日各结实耐用并且合脚又舒适"❹，原来买不上现成的商品靴子时人们几乎一年四季都穿着它，冬季一般在毡袜或皮袜上面套穿恰日各（图 3-26）。

在形制方面，恰日各"是将生牛皮抽褶，并套穿于毡袜上戴鞋带的鞋子"❺。这种鞋子都是个人自己制作，其制作过程一般是"将牛皮浸泡于水中并刮掉毛绒，裁剪出尺寸约两只脚大小的尤其鞋头部分尽量宽大一些的皮料，然后沿着裁制好的皮料边沿等间距地横向或竖向穿孔。然后将皮带子从鞋头的部分开始沿着两边来回交叉穿入孔洞，从鞋跟的位置将皮带子穿出来。恰日各绑带子的形式有系活扣和抽缩式两种，因此分阔孛儿合台（系活扣的）·恰尔格和阔西么勒（抽缩式的）·恰尔各两种名称。恰尔各的前端部分必须将脚尖处的 3 个指头包住，因此在绑鞋带时交叉着穿连皮料上的孔洞，所以恰日各鞋头的位置会形成一个细的梁子。当穿上恰日各时鞋带的两头会从后面穿出，将鞋带从脚面上方交叉后从两边的带子上勾出，再从脚后方绕一圈固定并系结在前面。恰日各制作完成之后要在还潮湿的时候就穿在脚上固定好鞋模子，或者在鞋子或靴子上制作并且立即晾干。否则做好的恰日各会逐渐变干抽缩就无法再穿用了。这种恰日各穿用时鞋底子容易磨烂穿底，所以为了使其变得厚实就在底子上用双层的皮子"❻。

在材质方面，一般"用牛皮、马皮、骆驼皮等皮料制作，条件好的人家用加工过的香牛皮制作，儿童用山羊皮、绵羊皮制作"❼。

3. 沙嗨（ʃaːxæː，鞋）

沙嗨是鞋子的一种泛称，"是从汉语中传入的，指没有靴勒的靴子。"❽沙嗨

---

❶ 那木吉拉. 卫拉特蒙古民俗文化：经济生活卷（蒙古文）[M]. 乌鲁木齐：新疆人民出版社，2010：381.

❷ 2016 年 8 月 1 日采访塔城地区额敏县民族服饰制作传承人赛女士（厄鲁特蒙古）。2016 年 8 月 8 日采访巴州和静县塔女士（土尔扈特蒙古）时也提到了.

❸ 乌恩奇，齐·艾仁才. 四体卫拉特方言鉴（蒙古文）[M]. 乌鲁木齐：新疆人民出版社，2005：250.

❹ 同❶.

❺ 同❸.

❻ 同❶382.

❼ 2016 年 7 月 16 日采访和布克赛尔县的学者扎·巴图那森（土尔扈特蒙古）。

❽ 同❶385.

根据其材质有阿尔森·沙嗨（皮鞋）、孛力嘎尔·沙嗨（香牛皮鞋）、沃尔么各·沙嗨（羊毛织物鞋）、布斯·沙嗨（布鞋）等。其中，"布鞋主要靠手工自己制作，一般选用条绒、洋布、羊毛织物等面料制作。其制作过程是先在制作鞋底用的布料上涂抹上面浆晾干，在制作鞋底的布料上涂面浆时主要用过去剩下的废旧衣料，其上涂抹用温水搅拌而成的面浆，层层粘贴晾干，然后在上面放上鞋底的模板剪下来并且叠放几层这种鞋底，再用麻绳、动物的筋做成的线或丝线进行纳缝。下一步是将制作鞋面的布料同样用模板裁剪下来，再用薄布衬里，并在边沿镶边之后放在鞋底上面从里侧缝合完成。" [1]

在过去卫拉特蒙古人还没有掌握制作鞋子的工艺时大多鞋子都从外地引进，一般称这些从外地传入的鞋子为孛京库尔（bidziŋkʊr）、皮丁凯等名称，并用牲畜或钱财换取。此外还有沙嘎布齐·沙嗨（ʃagawtʃ ʃa:xæ:）、陶勒嘎·沙嗨（tɔlga ʃa:xæ: ）[2] 等。有人提到孛京库尔即是皮鞋，"也用孛力嘎尔（香牛皮）制作，但是和长筒靴不同。孛京库尔鞋是开口的、低跟的沙嘎布齐·沙嗨，主要在夏、秋、春季穿用。" [3]

4. 威莫孙（φ:msyn，袜子）

威莫孙是指袜子，蒙古人根据不同的季节和功能需求手工制作各种袜子穿于鞋内。根据材质不同，袜子有以西开·威莫孙（毡袜）、阿尔森·威莫孙（皮袜）、诺孙·威莫孙（毛袜）、库绷台·威莫孙（棉袜）、布斯·威莫孙（布袜）、讷开么勒·威莫孙（nekæmel φ:msyn，编织袜）等名称，不同材质的袜子制作工艺也有所不同。

"以西开·威莫孙（毡袜）是像压制毛毡的过程一样将抽打过的羊毛絮好铺在芨芨草上，然后上面撒热水整理平整，当开始逐渐毡化的时候双折后缝合边沿做成筒状。然后用手将这个筒压实，做出鞋跟鞋面形成袜子。阿尔森·威莫孙（皮袜）是用熟制的绵羊皮、山羊皮、野山羊皮或鞣制的羚羊皮制作的。这种皮袜子的底子不会磨坏，为了更加保暖还会用厚毡子或纳缝的布料做袜底。" [4] "诺孙·威莫孙（毛袜）和库绷台·威莫孙（棉袜）是在两层布料中间夹絮毛绒或棉絮之后绗缝制作。平时表面选用蓝色、黑色等深色的布料，里面用轻薄柔软的布料。这种袜子的脚底部分用毡子或纳缝的厚布制成，主要穿用于靴子或高腰鞋子里面。也有穿于皮袜内再穿恰日各或靴子的情况。布袜子一般做成单层的穿用，

❶ 那木吉拉.卫拉特蒙古民俗文化:经济生活卷(蒙古文)[M].乌鲁木齐:新疆人民出版社,2010:385-386.
❷ 才仁加冉,玉孜曼.新疆巴音郭楞土尔扈特与和硕特礼俗(蒙古文)[M].乌鲁木齐:新疆人民出版社,2009:289.
❸ 纳·巴生.卫拉特风俗(蒙古文)[M].呼和浩特:内蒙古人民出版社,2012:113.
❹ 同❶382-383.

主要在夏天穿，有时会在毡袜和皮袜内与奥日亚德森（ɔradsɔn，裹脚布）换着用。讷开么勒·威莫孙（编织袜）是用骆驼毛或羊毛纺成的线编织而成并且在春秋凉爽季节在鞋靴内穿用。这种编织袜的薄厚取决于毛线的粗细，所以如果毛线细织成的袜子就薄一些，毛线粗则织成的袜子就厚一些。"[1] 另有短勒袜、长勒袜以及道土尔台·威莫孙（dɔtɔrtæːɸːmsyn，有衬里的袜子）[2] 等，根据具体形制区分进行的命名。

"毡袜选用柔软的黑色绒毛制作的居多，也有白色的。黑色的毡袜穿上样子更好看，白色的毡袜据说更保暖。"[3]（图3-27），布袜子除蓝色、黑色之外也有用白色的布料或平绒布制作，并且"在袜面上缝红布，在袜跟、袜子的侧面用红色、绿色、黄色、粉色等颜色的丝线刺绣各种装饰纹样"[4]。

此外，有名为奥日亚德森的裹脚布（或称缠足布），是一种缠脚的薄布，有些地方也称之为朝各拉（tsʊglaː）[5]。"奥日亚德森主要是冬季穿毡袜、皮袜、棉袜或毛织袜时裹脚用的。裹上奥日亚德森，一方面是为了保暖，另一方面是穿恰日各靴子时不磨脚。奥日亚德森一般用长的大布制作，在缠脚时先从脚趾尖开始缠绕至脚踝的位置。……过去拉脚牵骆驼的人为防止脚淤血，用约4指宽的长布把小腿缠紧，这个长布是几层布叠加在一起纳缝的。这种长布条也称奥日亚德森或者希勒比因·奥日亚德森（ʃilewin ɔradsɔn，裹小腿布，笔者按）。"[6] 如今这种裹脚或裹腿的现象已经基本看不到了，替代它的是各种薄厚不同的商品袜。

还有，希比尔·沃拉孛齐（ʃiwir ʊlbtʃ[7]，鞋垫）是在鞋靴内垫的垫子。"夏季

图 3-27
毡袜
（和丰县文体局
提供）

用的鞋垫是将几层布叠放后纳缝，或是在面料上涂面浆，晾干之后再用布做面儿之后纳缝。冬季在恰日各等鞋靴中垫的鞋垫主要为了保暖，它用毛毡制作，有的在两层布中间絮棉后绗缝制作。也用较厚的羊毛织物或鞣制的皮子按脚的尺寸剪裁制作鞋垫。"[8] 如今自己制作的鞋垫已经很少，大多是从市场上购买的现成商品鞋垫了。

❶ 那木吉拉. 卫拉特蒙古民俗文化:经济生活卷(蒙古文)[M]. 乌鲁木齐:新疆人民出版社,2010:383.
❷ 才仁加甫,玉孜曼. 新疆巴音郭楞土尔扈特与和硕特礼俗(蒙古文)[M]. 乌鲁木齐:新疆人民出版社,2009:289.
❸ 纳·巴生. 卫拉特风俗(蒙古文)[M]. 呼和浩特:内蒙古人民出版社,2012:112.
❹ 同❸.
❺ 乌恩奇,齐·艾仁才. 四体卫拉特方言鉴(蒙古文)[M]. 乌鲁木齐:新疆人民出版社,2005:44.
❻ 同❶385.
❼ 同❺255.
❽ 同❶387.

（五）配饰

服饰中的配饰主要是指除衣服、裤子和鞋袜之外配合以上服饰穿着之用的服饰构件，它们主要以实用为主，也有一定的装饰作用。

1. 布斯（bys，腰带）

蒙古男子从儿童到老年在穿袍服时必须要扎上腰带。一般腰带用约 10 个套亥（10 尺，3—4m**❶**。也有人说 1—2m**❷**。）长，用颜色鲜艳的轻薄的布或绸子制作。腰带在腰际顺时针缠绕围系，然后在右侧胯部系结，并将两端自然下垂（也有人说男子系腰带要在腰后两侧垂一尺长打结的穗子**❸**）。未婚女子至出嫁之前都同男子一样系腰带，出嫁之后不再系腰带。

在材质方面，腰带除了布腰带（布斯·布斯）、绸缎腰带（陶尔根·布斯；道尔登·布斯，dʊrdɔŋ bys）、羊毛织物的腰带（沃尔么各·布斯）之外还有皮腰带，腰带根据需要有粗有细。皮腰带（索尔·布斯，sʊr bys）用双层马皮或牛皮鞣制，还有孛力嘎尔·布斯是一种用香牛皮制的腰带，会有镶银装饰。在色彩方面，一般牧民主要选用蓝色的腰带**❹**。

2. 毕莱（be:læ:，手套）、罕却孛齐（xantsʊbtʃ **❺**，也称恰尔郭孛齐，套袖、套筒）

毕莱是卫拉特蒙古对手套的指称，主要作用是保暖护手。毕莱的形制一般是由拇指和其他四指合并的两部分组成，主要用毛皮（一般是做服装剩下的边角料）、布料、羊毛织物等制作，分别称为阿尔森·毕莱（皮手套）、布斯·毕莱（布手套）、沃尔么各·毕莱（羊毛织物手套）等，也用毛线或棉线进行编织的毕莱，称为讷么勒·毕莱（编织手套），一般还会用黑色、黄色或蓝色等深色的布料把皮手套表面包一下。有时还会为了挂在脖子上方便就用带子把两个手套连在一起。此外，还有库绷台·毕莱（棉手套），就是在两层布料中间夹棉絮、驼绒、羊毛绒等填充物，绗缝之后再用制作毛皮手套的工艺剪裁缝制成**❻**。

罕却孛齐是指一种袖套，主要用于在冬季给手保暖。它是两边开口的筒状形制，一般用熟制的羊皮、狐狸皮、兔皮制作。罕却孛齐的长度一般为 1 托哈左右（30—35cm），宽度根据个人的情况以及皮料的尺寸进行确定。平时在带罕却孛齐的时候，将手从袖套的左右两侧伸进去直到可以交叉双手，而这样正好可以交

---

❶ 2016 年 7 月 16 日采访和布克赛尔县的学者扎·巴图那森（土尔扈特蒙古）。

❷ 2016 年 7 月 14 日采访和布克赛尔县的民族服饰制作人藏女士（土尔扈特蒙古）。

❸ 吐娜,潘美玲,巴特尔.巴音郭楞蒙古族史:东归土尔扈特、和硕特历史文化研究 [M].北京:中国言实出版社,2014:169.

❹ 同❶.

❺ 乌恩奇,齐·艾仁才.四体卫拉特方言鉴(蒙古文)[M].乌鲁木齐:新疆人民出版社,2005:80.

❻ 那木吉拉.卫拉特蒙古民俗文化:经济生活卷(蒙古文)[M].乌鲁木齐:新疆人民出版社,2010:384.

又双手的宽度是比较合适的 ❶。

3. 图热依孛齐（tyræ:btʃi，皮裹腿）

图热依孛齐是在冬季将裤腿与袜勒叠在一起缠裹的长条形皮料，即皮裹腿。这种裹腿是冬季在雪中行走时需要用到的，将其缠裹至膝盖下方就能有效挡住风雪，起到保暖作用。此外，还有用皮料制成的整体的比图·图热依孛齐（bity tyræ:btʃi，整皮裹腿）带在腿上的情况，这主要是防止骑乘之时产生摩擦损伤或者是保护小腿避免受风寒的 ❷。

（六）首饰

首饰早期是指佩戴于头上的饰物，现代是指用各种金属材料或宝玉石材料制成的与服装相配套起装饰作用的饰品。本书取其广义，既包含头上的饰物也包括耳环、项链、戒指、手镯等各种珠宝饰品。

1. 希尔郭勒（ʃurguːl）、希孛尔格勒（ʃiwergel；希比尔立各：ʃiwerleg）、托克各（tɔkuɡ）

希尔郭勒、希孛尔格勒、托克各是卫拉特妇女传统的一套发饰，但是关于它们具体的制作工艺、穿戴组合方式说法不一。有人说"托克各、希尔郭勒组合是与托尔次各搭配的头饰配件，其为放入头发垂于胸前"❸，有人说"托克各是在头两侧编梳成圆筒状的头发。托克各用黑色平绒布缝制，其上下口沿部用黄色的库锦、呢子镶边，用红色、绿色、白色等颜色的丝线刺绣装饰纹样。……希比尔立各是用布做成 2 托（约 20cm）长的擀面杖状物，在它的下端坠饰黑色丝线做

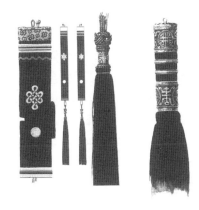

图 3-28
（从左到右）
希孛尔立各、希孛尔立各连着托克各、托克各、托克各
（引自布林特古斯《蒙古族民俗百科全书·物质卷》中册，2015）

成的细穗子，并与梳好的头发接上，挂坠在托克各的下方"❹（图 3-28）。

还有人说"希尔郭勒是用于将散发梳理分成两部分而编连的妇女用于编整头发时的用品。它由前额、头顶、后颈三部分组成并且这三个希尔郭勒必须放在各自的位置，与自己的头发一起编梳，这样头发的缝隙就会被遮住，而且能起到固定头发，使头发看起来更加浓密的

---

❶ 那木吉拉. 卫拉特蒙古民俗文化:经济生活卷(蒙古文)[M]. 乌鲁木齐:新疆人民出版社,2010:383-384.

❷ 同 ❶384-385.

❸ 2014 年 8 月 13 日采访和布克赛尔县的非物质文化遗产继承人孟女士(土尔扈特蒙古)。2016 年 7 月 14 日采访布克赛尔县的民族服饰制作人藏女士(土尔扈特蒙古)。2016 年 8 月 8 日采访巴州和静县塔女士(土尔扈特蒙古)。

❹ 纳·巴生. 卫拉特风俗(蒙古文)[M]. 呼和浩特:内蒙古人民出版社,2012:116.

作用。在整理好的两股头发中间用小木条或用头发缠好的线连结完成。有些地方称达若拉嘎（daralga，压头发的装饰，笔者按）。……希比尔立各也称希孛日各。希比尔立各是指一种筒状的妇女头饰用品，其上沿比下沿宽，是可以将梳好的头发放入的无底细长之物。用黑色平绒或用其他黑色结实的材质做里子。希比尔立各的上沿展开的尺寸约色日么·托（serem tʂ:，约 20cm），下沿的宽度约索么（sʂ:m，17—18cm），长度约 2 托（36—40cm）并且在面料的表面刺绣各种花草纹样装饰，用较厚的材质做衬里，上下边沿用黄色库锦做较宽的镶边，并与其平行镶金丝绦子（库素么，kysym❶），还用金线做出直线、曲线的装饰线。……托克各是一种头饰用品，长度约 2 托（36—40cm），将约拇指宽的粗黑芯子用黑布包缝，下端结上拴挂的绳子，并在其上垂挂约 2 托（翁各如·托，ʂŋgery:tʂ:，36—40cm）长的黑色丝线穗子，其顶端与头发低端连结并有编连的带子。有些拴挂绳子的地方用纯银制作并直接垂挂穗子，这种托克各特称为孟根·托克各（myŋgyn tɔkʊg，银托克各）。通常希尔郭勒、希比尔立各、托克各三者组合形成蒙古妇女的整体头饰。将头发洗梳之后在前额、头顶、后颈上放 3 个希尔郭勒分别编好，然后把头发分别从希比尔立各的上沿装入，再把托克各连在头发的末端，这样希比尔立各的上沿就与衣领平齐，下沿在托克各拴挂绳子的位置。然后把希比尔立各的上沿与头发固定，这样希比尔立各就与头发连为一体。将这样形成一体的希比尔立各、托克各套入胯侧的挂钩（塔夏因·额勒固尔，也称孛勒因·额勒固尔），两个漂亮的托克各就会随着妇女的步伐摆动显得庄重高贵"❷。与此说法接近的是"希孛尔格勒也称希孛尔格或希比尔立各，它是起到将编梳好的头发穿入作用的长筒状物体，上沿尺寸约色日么·托（约 20cm），下沿的宽度约索么（17—18cm），长度约 2 托（36—40cm），其外表用各种丝线进行刺绣装饰。它一般是黑色的或者里外都用红色布料制作并在其上镶嵌各种珠宝，或者用黑色平绒缝制，口沿或底部用黄色库锦镶边，并用红色、绿色、白色丝线进行刺绣装饰。……希尔郭勒约 1m 长、4 指宽，是用黑色布料絮少量棉花，中间略宽，两端较细的一种整体缝制的构件。希尔郭勒分为祖莱因·希尔郭勒（dʒʊlæn ʃʊrgʊ:l，头顶的希尔郭勒）、奥锐因·希尔郭勒（ɔræn ʃʊrgʊ:l，顶部的希尔郭勒）、格吉根·希尔郭勒（gidʒigen ʃʊrgʊ:l，头发的希尔郭勒）3 部分，用这些希尔郭勒把头发盖好与希孛尔格勒连接。……托克各是指用布做的约 2 托（36—40cm）长、拇指宽，下端挂坠用黑色丝线做成的穗子的头饰构件。托克各是与梳好的头

❶ 乌恩奇,齐·艾仁才.四体卫拉特方言鉴(蒙古文)[M].乌鲁木齐:新疆人民出版社,2005:121.
❷ 才仁加甫,玉孜曼.新疆巴音郭楞土尔扈特与和硕特礼俗(蒙古文)[M].乌鲁木齐:新疆人民出版社,2009:291-292.

发连接后垂挂于希孛尔格勒低端的，因此希孛尔格是指头发套，并且托克各是与编梳好的辫子连接垂挂于希孛尔格底端的物件"[1]。

但是有些精英人士在其著述或采访中只提到这三种发饰中的某一个，有的人甚至一个都没有提及。

2. 包德各（bɔdɔg [2]）

"包德各是未婚女子的头饰，冬天与布奇来齐搭配着穿戴"[3] "把头发分梳三股放入包德各，包德各是一种发套"[4]。还有提到："包德各分为高勒·包德各（gɔ:l bɔdɔg，中间的包德各）、郭尔班·萨拉·包德各（gʊrban sala bɔdɔg，三支包德各）等，并且女子在 15 岁之前先戴高勒·包德各，15 岁之后戴郭尔班·萨拉·包德各。高勒·包德各是由三块银饰（哈达拉嘎）和三部分珊瑚、东珠、珍珠串组成并各在低端坠饰穗子，最上端有可以挂在头发上的挂钩，下端有三个小孔，另外两个在两边各有三个小孔。有的会有两个或三个小宝石镶嵌，或者三块用珊瑚、东珠、珍珠串装饰的纯银板，其下再坠饰珊瑚珍珠串，并在底端坠饰丝线穗子。"[5]

另有较详细的描述："过去未婚女子将头发分梳成 20 条辫子，并用凯热·包德各（kæræ: bɔdɔg）、高勒·包德各、额么字齐·包德各（e:mtʃ bɔdɔg，锁骨处的包德各）等多种样式的头饰包头发。凯热·包德各是女子将分梳的头发向后梳并在三处用孟根·包德各（银包德各）交替包住的部分。这三个凯热将用于压头发的珠串横向交织串联并在下垂的珠串底端坠饰一点小银珠串。高勒·包德各是将头发从中间开始编梳，并顺着头发装饰银质坠饰，同时如凯热·包德各在几处进行凯热，还在坠饰的底端戴上用各种丝线制作的穗子。额么字齐·包德各是指将编梳的多条辫子包住沿着两侧锁骨垂放。高勒·包德各和额么字齐·包德各在包的方式上基本一致。这两种包德各起始的地方同样有银质三角板，并在其上镶嵌多个宝石，下垂的坠饰与之相连。除包德各之外，在前额的部分也带镶嵌宝石的装饰银板并坠饰短穗子，其长度约垂至眉毛的位置，并且与上述包德各和各种坠饰组成整套的头饰。因此，卫拉特蒙古的头饰主要有包德各和希比尔立各两类，并且这是未婚女子和已婚妇女之区分被识别的主要特征。其中包德各是未婚女子的头饰，希比尔立各是已婚妇女的头饰，上辈的习俗是女子婚嫁之前将头发分梳成 20 条辫子，再三条一股地编好包住戴上用各色宝石装饰的郭尔班·萨

❶ 那木吉拉. 卫拉特蒙古民俗文化:经济生活卷(蒙古文)[M]. 乌鲁木齐:新疆人民出版社,2010:389-390.

❷ 乌恩奇,齐·艾仁才. 四体卫拉特方言鉴(蒙古文)[M]. 乌鲁木齐:新疆人民出版社,2005:151.

❸ 2014 年 8 月 23 日采访塔城地区和布克赛尔县民族服饰制作传承人孟女士(土尔扈特蒙古)。

❹ 2016 年 8 月 8 日采访巴州和静县塔女士(土尔扈特蒙古)。

❺ 才仁加甫,玉孜曼. 新疆巴音郭楞土尔扈特与和硕特礼俗(蒙古文)[M]. 乌鲁木齐:新疆人民出版社,2009:290-291.

拉·包德各，并且这种包德各长至靴子包跟的位置。"❶

3. 绥克（耳环）、孛古（手镯）、毕勒齐各（戒指）、库尊·祖勒特（kydzy:n dzylt，项链等项饰）

蒙古人都有戴耳环、手镯、戒指、项链等各种首饰的传统，各类首饰在各蒙古部落中的形制大同小异。

"绥克主要是女子的饰品，但有些地方的男子也有带绥克的习俗，一般称男子戴的绥克为'齐么乎尔'（tsemxer）而不是绥克。"❷ 卫拉特蒙古的男子戴耳环的习俗，在本书的上一章中也提到过。"有的男孩子根据迷信在右耳耳垂上打耳洞。"❸ "……当小孩子在五六岁时给他的耳垂打上耳洞戴绥克。……一般给新打耳洞的孩子戴上黑铅做的绥克或插上茶叶梗，这是因为如果打耳洞之后立刻戴金银绥克的话耳垂容易化脓，所以先戴黑铅或茶叶梗使耳洞完全好了之后再戴金银绥克。"❹ "蒙古女子更是每个人都有耳洞，所以从小戴适合自己的小耳环（额么各），这样戴着直到出嫁，因婚礼当天新娘不能从娘家带闪光之物出门，所以绥克被留在娘家。出嫁之后耳垂上戴的绥克被头发上的绥克取代。戴在头发上的绥克一般是纯银制的，有的两个绥克就重达一斤。这些绥克一般都是金银质地，分有镶嵌或无镶嵌的版本，并与各种装饰挂链组合，其底端都用金银制作的链子连缀铃铛。这种绥克的全长可在1托（20cm左右）以上，并且每一个绥克有4-12个铃铛。它的挂钩一般挂在希比尔立各上沿附近的头发里，后面将称为格吉根·克勒克尔（gidʒigen kelkær，头发链，笔者按）的黑色丝线挂在后颈。绥克主要是用白银制作（认为金子太软或者不如白银招福，所以崇尚白银），并在其上镶嵌宝石、玉、玛瑙、水晶、珊瑚、贻贝等装饰物。"❺ 还有人提到"有些地方称妇女戴的绥克为'希孛尔根·绥克（ʃwergen si:k，辫套链，笔者按）'和'齐肯奈·绥克（tsikenæ: si:k，耳环，笔者按）'两种。'希孛尔根·绥克'是带在发饰希孛尔各上的有较大挂钩的绥克，而'齐肯奈·绥克'则指从耳垂上戴的有坠子的小型绥克"❻（图3-29、图3-30）。

孛古是手臂上的主要装饰之物，蒙古人无论男女老少都会戴孛古（即手镯）。孛古可以用金、银、玉石、黄铜、红铜、青铜等材质制作，有的还会在上面做宝石镶嵌。一般妇女比较喜欢戴有各种装饰纹样的金银铜或玉质的手镯，老年人或

❶ 那木吉拉. 卫拉特蒙古民俗文化:经济生活卷(蒙古文)[M]. 乌鲁木齐:新疆人民出版社,2010:388-389.

❷ 同❶391.

❸ 才仁加甫,玉孜曼. 新疆巴音郭楞土尔扈特与和硕特礼俗(蒙古文)[M]. 乌鲁木齐:新疆人民出版社,2009:293.

❹ 同❶392.

❺ 同❸.

❻ 同❷.

者平时手臂关节会酸痛的人常戴红铜手镯，据说有一定的治疗作用。卫拉特蒙古一般认为"给小孩子戴金银手镯会使孩子的福泽承受不起，随着年龄增长就会没事了，所以会根据年龄的情况来选择金银手镯。还有的刚有儿子降生的家庭，有为使儿子的生命力强盛而给他的手脚上戴银或铜制镯子的习俗"❶（图 3-31）。

毕勒齐各（即戒指），也称布各吉（bygedzi），是无论男女老少都会戴的装饰品。一般选用金、银、铜等材质并在上面镶嵌各种宝石。戒指一般都会戴在中指或者无名指上，偶尔有男子会在拇指上戴一种又宽又短的额尔黑孛齐（erxeibtʃi 扳指）。

"卫拉特蒙古对手镯和戒指非常重视，还当它们是爱心的象征。所以恋爱中的男女会互赠手镯、戒指表达心意。"❷"卫拉特蒙古除将绥克、孛古、毕勒齐各作为贵重的礼物送人之外还有世代继承的习俗。一般父母会在女儿的嫁妆中把这类首饰都准备齐全，而婆婆也会在磕头礼上送给媳妇这些首饰。如果婆婆年迈后就将自己长辈留下的首饰传给媳妇。因而这些首饰就会经媳妇们的手世代相传。"❸

库尊·祖勒特一般指项链等项饰，包括"用各种珊瑚、珍珠、玉石、玛瑙、钻石、水晶等宝石制作的项链。通常给男童戴用狼、鹰、豹、猫头鹰的指甲和猪牙、狼牙、虎牙等类串起来的项饰。此外会用金银制成链子戴在脖子上，也有把佛盒、念过经的纸、佛像等放入用布或专门的材质制作的物品内串戴在脖子上"❹。也有称上述为"郭·库族布齐"（gɔ: kydzybtʃi）的，其中"郭"是指"用纯银打制成长方形或圆形并在其两侧穿上链子戴在脖子上的饰品。一般都用纯银打制，上面刻出各种纹样，或者其间镶嵌宝石之类。有的是后片和四周用银

图 3-29
绥克（耳环）
（和丰县文体局提供）

图 3-30
绥克、饰牌
（在和静县博物馆拍摄）

图 3-31
孛古（手镯）
（和丰县文体局提供）

❶ 那木吉拉. 卫拉特蒙古民俗文化·经济生活卷(蒙古文)[M]. 乌鲁木齐：新疆人民出版社,2010：392.
❷ 纳·巴生. 卫拉特风俗(蒙古文)[M]. 呼和浩特：内蒙古人民出版社,2012：118.
❸ 同 ❶393.
❹ 同 ❶394.

子、前片用玻璃制作，是为了中间请佛像之用。有佛像的这种称为博尔罕奈·郭（borxanæ: gɔ:）。库族布齐就是戴在衣领外侧，宽约索么（17—18cm）的布或者绸缎上用各种刺绣装饰并有穗子的饰品"❶。

4. 赏哈各

"赏哈各是少女在额头上戴的一种装饰品。一般用白银打成宽3指、长4指的长方形，并在中间用红色、粉色、绿色、紫色等宝石或者玛瑙镶嵌，四周也镶嵌各种珊瑚并在边缘上装饰各种纹样。戴的时候将连接赏哈各的系带子与少女的头顶的头发编梳在一起。"❷有的地方称赏哈各为沙鲁（ʃalʋ: ❸），而且与上述的赏哈各完全不同，他们提到"女孩子大约在十岁之前与男孩子一样有帖孛各·顾顾勒（tebeg gɸgɸl，一种发型，图2-7，笔者按），十岁之后每年放1指宽的沙鲁，三年之内让头发都长好，之后全部向后编梳成三个顾顾勒，并戴有银饰的郭尔班·萨拉·包德各。一般称头发长齐的女孩子为沙鲁尼·规岑·奥肯，认为沙鲁长齐的女孩子就可以谈婚论嫁了。"❹

（七）装饰品

装饰品是指主要起到装饰作用的，与服饰整体进行搭配的物品。虽然各有其使用功能，但不是必须穿戴之物，会根据不同情况做不同的搭配取舍。

1. 阿拉丘尔（手绢）

阿拉丘尔一般指擦拭手和脸的手绢，是过去蒙古妇女在闲暇时做的针线活之一。如果未婚姑娘有了意中人就会给对方送阿拉丘尔表达心意，因而它也成为一种带有象征性的礼物。

过去用大布等布料或者绸缎制作手绢。绸缎手绢一般裁出边宽约斯日么·托（约20cm）的正方形，沿着边缘用白色、红色、绿色丝线做一指宽（约1cm）的镶边，"制作手绢一般用白色、蓝色、黄色、绿色的绸缎或布料并在上面用各色丝线进行刺绣装饰。每个人都有自己的手绢，所以必须自己用自己的。阿拉丘尔和手镯、戒指一样是代表恋人心意的珍贵礼物，所以妇女尤其是到了适嫁年龄的姑娘必须学会做刺绣手绢。做刺绣手绢的时候用各种颜色的丝线在手绢的四角绣出蝴蝶、燕子、树木、松柏、般吉德瓦、莲花等飞禽、花朵、植物的纹样，送给未婚恋人做礼物"❺（图3-32、图3-33）。

---

❶ 才仁加甫,玉孜曼.新疆巴音郭楞土尔扈特与和硕特礼俗(蒙古文)[M].乌鲁木齐:新疆人民出版社,2009:294.
❷ 那木吉拉.卫拉特蒙古民俗文化:经济生活卷(蒙古文)[M].乌鲁木齐:新疆人民出版社,2010:394.
❸ 乌恩奇,齐·艾仁才.四体卫拉特方言鉴(蒙古文)[M].乌鲁木齐:新疆人民出版社,2005:195.
❹ 同❶290.
❺ 同❷406.

图 3-32
阿拉丘尔（手绢）
（和丰县乌女士制
作，笔者拍摄）

图 3-33
阿拉丘尔（手绢）
（和丰县孟女士制
作，笔者拍摄）

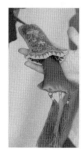

图 3-34
祖布齐（针线包）
（和丰县孟女士制
作，笔者拍摄）

卫拉特蒙古妇女随身带的手绢一般是白色、绿色、青色等颜色，在穿毕希米德时垂挂于左侧腋下方的位置（也有人说是带在衣服的左前襟的位置 [1] ），既实用又有装饰作用。老年妇女随身携带的手绢一般是沉稳的深色手绢，中年妇女则喜欢用颜色鲜亮并且有镶边的手绢。还有一种称为孛勒因·阿勒丘尔（belin altʃʊ:r）的手绢，指的是在腰侧挂的手绢，制作时"将边缘向里翻折之后用希敦·额热（牙齿纹）或匝各森·努如（鱼脊纹）锁边，在边角或中间刺绣花草，四周再坠饰穗子，戴在左侧腰部的位置进行装饰" [2] 。

2. 祖布齐（dzy:btʃ，也称哈孛塔各 [3] xabtag，针线包）

蒙古妇女一般都有随身携带针线包的传统，由于针线包的做工通常精细漂亮，也成为妇女的一种装饰品，同时也是表现着她们心灵手巧的一个载体。

卫拉特蒙古中祖布齐是"已婚妇女随身带的针线包" [4] "在泰尔立各右侧佩戴" [5] （图 3-34）。祖布齐可以用各种布料制作，并在其外罩的表面用各种颜色的丝线刺绣纹样进行装饰，边沿从外侧进行明线缝合并装饰刺绣纹样，口沿部分刺绣希敦·额热（ʃidʊn eræ:，牙齿纹）装饰，顶端给带子留有缝隙，然后里面填充一些可以把针插进去的柔软的材

---

❶ 2014 年 8 月 23 日采访和布克赛尔县的非物质文化遗产继承人孟女士（土尔扈特蒙古）。

❷ 才仁加甫，玉孜曼. 新疆巴音郭楞土尔扈特与和硕特礼俗（蒙古文）[M]. 乌鲁木齐：新疆人民出版社，2009：293.

❸ 纳·巴生. 卫拉特风俗（蒙古文）[M]. 呼和浩特：内蒙古人民出版社，2012：120. 另有那木吉拉在《卫拉特蒙古民俗文化·经济生活卷》中提到哈孛塔各是放鼻烟壶、火镰火石等的小袋子。参阅那木吉拉. 卫拉特蒙古民俗文化·经济生活卷（蒙古文）[M]. 乌鲁木齐：新疆人民出版社，2010：402.

❹ 2014 年 8 月 23 日采访和布克赛尔县的非物质文化遗产继承人孟女士（土尔扈特蒙古）。2016 年 8 月 8 日采访巴州和静县塔女士（土尔扈特蒙古）。

❺ 2016 年 8 月 8 日采访巴州和静县塔女士（土尔扈特蒙古）。

质。其制作方式一般是在两块面料上涂抹面浆，晾干之后衬在面料内，再于面料的表面进行各种刺绣等装饰，之后围成筒状，中间填塞一些棉花使其鼓起来，再在底端坠饰穗子，顶端用彩色线做带子戴在身上❶。平时挂在身上时祖布齐的带子全部被抽到外面，要取出针线用的时候就从低端将带子抽出，针线随即被带出来，而针线包的外部筒状主体向上移动，把顶端的带子拉进筒内。也有些布制祖布齐的形制，"类似撇口的扁的铃铛，由铃铛的外罩和舌头两部分组成。缝制的祖布齐的长度为莫合尔·索么（mɔxɔr sɸːm，6指），上端的宽度3指，下端的宽度6指。裁剪时顶端向里微缩，然后直裁约3指左右将下端散开，到底端时宽度到6指。外表可用各色蟒缎，上面做刺绣装饰，用2块衬布衬里。作为一种装饰品，对祖布齐的裁剪和缝制尤为谨慎小心。"❷

有些地方还有银质的祖布齐，做工精巧、装饰繁多，甚至还会镶嵌宝石，属于盛装时才会搭配用的装饰品。纯银质的祖布齐"内放入装好针的大型禽类的羽管，并戴在前襟的挂钩上。在银质的祖布齐上雕刻各种装饰纹样，或者镶嵌珊瑚……形制方面常有钝角的方形或梯形"❸。

3. 托布齐（tobtʃiː，衣扣）

蒙古人对托布齐即服饰扣子的制作和选用有格外重视的传统，衣扣不仅有扣合衣襟的重要使用功能，也是服饰不可缺少的装饰品。在衣扣使用的数量、位置、材质的选择和色彩的搭配等方面都会一丝不苟。

卫拉特蒙古服饰中对衣扣也是非常重视，有些地方的女子袍服上除用于扣合衣襟的衣扣之外还另有装饰的扣子。这种扣子通常坠连在10cm左右的珠链底端，挂在衣襟的衣扣之上，如巴州地区、塔城地区土尔扈特蒙古妇女的泰尔立各常装饰这种额外坠饰的扣子（图3-35）。还有称为浩莱因·浩伊尔·托布齐（xɔːlæn xɔjɔr tobtʃiː，喉咙的两个扣子）的装饰扣子，它们也"不是扣合衣襟的衣扣，而是在袍服领口的位置坠饰的装饰之物。一般用纯银制成盘扣的形状，或者将各种宝石用银丝穿孔固定并吊坠于用带子

图3-35
浩莱因·托布齐
（领口的扣子）
（和静县塔女士制作，笔者拍摄）

---

❶ 那木吉拉. 卫拉特蒙古民俗文化：经济生活卷（蒙古文）[M]. 乌鲁木齐：新疆人民出版社，2010：396.
❷ 才仁加甫，玉孜曼. 新疆巴音郭楞土尔扈特与和硕特礼俗（蒙古文）[M]. 乌鲁木齐：新疆人民出版社，2009：292.
❸ 同❷.

串联的小珊瑚链上"❶。据说，装饰这种扣子"象征一对佳人永不分离"❷。

除此之外，卫拉特蒙古人传统的随身装饰品还有男子常用的物品，如搭令（da:liŋ，褡裢）、霍图合（xʊtʊg，刀）、赫德·恰乎尔（xet tʃexʊ:r，火镰·火石）。此外还有各种烟具，包括抽烟的钢萨（gaŋsa，烟袋）、达么肯·通格尔齐各（damken tyŋgertʃig，装烟具的袋子），以及纳斯麦因·呼尔（nasmæn xʊr，鼻烟壶）、库尔因·搭令（kφ:rin da:liŋ，鼻烟壶袋）等。这些物品是各部落蒙古男子都会用到的物品，它们本身都会被装饰得犹如工艺品，既实用又美观，如果有专门的袋子也会对袋子进行美化修饰，在穿好全套服饰之后根据需要再搭配上这些物品，显得相得益彰。

二、青海卫拉特蒙古的传统服饰

青海卫拉特蒙古也称为德都蒙古❸，青海卫拉特蒙古的传统服饰是指至今生活于青海省内的卫拉特蒙古各部落的传统服饰，也称德都蒙古服饰。直至青海建省，蒙古人的居住地区仍袭用最早由清政府制定的盟旗组织形式，分为左右二翼，共 29 旗，如今主要的卫拉特蒙古部落有和硕特部、土尔扈特部等，绝大多数是 17 世纪 30 年代随和硕特部固始汗南下青海的卫拉特蒙古人后裔。

（一）袍服

1. 拉布西各

拉布西各即"棉布长袍"❹，是男女都穿用的春夏季袍服❺。

在形制方面，青海蒙古"称夹层泰尔立各为拉布希格，而拉布希格的形制又与乌齐相同"❻。男子的拉布西各为圆领、右衽，根据袖型分有马蹄袖的拉布西各和无马蹄袖的拉布西各两种（图 3-36）。关于女子的拉布西各，有人认为主要是已婚妇女穿用的❼，但也有人提到未婚少女也会穿用，少女所穿的拉布西各高领、垂襟、前后开衩，袖口从肘部往下要用另一色面料缝制。

在材质与装饰方面，有人提到："拉布希各的面子一般用棉布、绸缎、平绒，里子用碎花棉布、白布或单色的棉布。袍边用锦缎、水獭皮镶边。"❽也有人提

---

❶ 才仁加甫,玉孜曼. 新疆巴音郭楞土尔扈特与和硕特礼俗(蒙古文)[M]. 乌鲁木齐:新疆人民出版社,2009:294.

❷ 2016 年 8 月 8 日采访巴州和静县塔女士(土尔扈特蒙古)。

❸ 青格力,萨仁格日勒. 德都蒙古历史文化(蒙古文)[M]. 呼和浩特:内蒙古人民出版社,2016:总序 2.

❹ 纳·才仁巴力,红峰. 青海蒙古族风俗志 [M]. 西宁:青海民族出版社,2015:40.

❺ 2017 年 8 月 17 日在德令哈市伊女士家中采访。

❻ 布林特古斯. 蒙古族民俗百科全书·物质卷:中册(蒙古文)[M]. 呼和浩特:内蒙古教育出版社,2015:1056.

❼ 同❺.

❽ 同❹41.

到，"拉布希格主要用库锦、绸缎做面料，用布料做衬里。男子的拉布西各主要用黑色、蓝色、紫色绸缎制作，在前襟、袖口和下摆的最外沿用青鼬皮镶边，其内侧用粗细相间有金色花纹的库锦、绦子等进行装饰，其宽度约1托（18—20cm）。在领子内侧用库锦绸缎衬里，并用1—3指宽的青鼬皮镶嵌边缘。在腋下钉1枚盘扣，还用红色、黄色等细的装饰飘带系结。袖子的长度要没过手指并用库锦绸缎衬里，袖口装饰的粗绳约1索么（17—18cm）的镶边

图 3-36
青海卫拉特蒙古男子拉布西各
（左图引自布林特古斯《蒙古族民俗百科全书·物质卷》中册，2015）

做成可以像马蹄袖一样翻折的形式。女子的拉布希格用红色、绿色、青色、粉色等鲜艳颜色的绸缎制作并用布料衬里，形制与乌齐相同。前襟、下摆、袖口的边沿装饰约3指宽的青鼬皮镶边，里侧再用库锦、绸缎、绦子等进行粗细相间的层层装饰，宽度达到约1索么（17—18cm）。并像乌齐一样，腋下钉1枚盘扣或腋下1枚、前襟3枚盘扣。将翻折出来的领子的衬里用红色布料或绸缎制作。女子的拉布希格的衣长也同乌齐一样达到脚踝的位置，用较细的各色绸带做成腰带系扎，并把带子的两端别在身后使其自然下垂。"[1] "少女的拉布希各在袖口、领座、大襟、垂襟和下摆之缘加各种颜色库锦组成的窄条绲边，在绲边外缘还要镶嵌彩条和金银曲线条等装饰。少妇所穿的拉布希各在马蹄袖、领边、领缀、大襟、垂襟和开衩处镶有镂金彩条、金银曲线彩条或直线彩条。"[2]

　　青海省河南蒙古族地区称冬季穿着的马蹄袖长袍为"苏乎则"（藏语），它是该地区较有代表性的蒙古服饰之一。"苏乎则"是青海省河南蒙古男女老少都会穿用的袍服，这种服饰似乎没有男女服饰的区别。但在缝制袍服的蒙古族妇女的眼里，男人和女人的长袍在尺寸、裁剪、选色、纹样等方面都是有区别的。河南蒙古族地区的妇女通身袍身，继承了蒙古族服饰的传统款式，与其他地区的蒙古族服饰无大的区别：领子用白色羊羔皮缝制成交领，右衽的宽大襟，皮袍下摆以深红、天蓝、金黄三色绒线镶边。在缝制镶边时，用藏族地区特有的氆氇（藏族传统的羊毛织品）、貂皮、水獭（过去王公贵族和富裕人家使用动物皮，现均用氆氇）等做边饰，其形制与藏袍无异。

❶ 布林特古斯. 蒙古族民俗百科全书·物质卷：中册（蒙古文）[M]. 呼和浩特：内蒙古教育出版社，2015：1056.
❷ 纳·才仁巴力，红峰.青海蒙古族风俗志 [M]. 西宁：青海民族出版社，2015：40-41.

男子穿"苏乎则"长袍时，将皮袍或长衫套上袖子，将后身顶在头上，把前后的大小襟提到膝盖上下，然后腰带系紧再把它放下来，腰带以上的胸前背后形成两个大包，可以将所需的一些小东西放在胸前、背后。妇女一般把小孩放在胸前，方便携带。无论男女老少，穿"苏乎则"时总要束一条长约一丈的腰带，腰带多半用红色或紫色的布或皮制成。过去富人家的腰带则用绸子制成❶。

2. 特尔立各

特尔立各与泰尔立各（新疆卫拉特蒙古对袍服的称法）也是同一蒙语不同的汉语音译。特尔立各是青海蒙古春夏装的统称，是一种男女都会穿用的夹层长服❷，即有衬里的袍服。青海卫拉特蒙古特尔立各的形制就是传统蒙古袍的右衽长袍形制（图3-37）。也有的解释是青海卫拉特蒙古："特尔立各的样式与拉布希格相同，仅在制作面料和工艺方面有微小的差异。……男女夏季的特尔立各用库锦、绸缎、布料、褡裢布吊面，用大布衬里，并称之为拉布希格。……拉布希格的形制、镶边、穿着方式等基本与乌齐相同，由于是夏季袍服所以比乌齐紧窄、衣长短一些。"❸

在材质方面，有人提到，"特尔立各是用布料和绸缎做成的夹层长袍"，也有人提到，"特尔立各一般不用绸缎做面料，而用平绒、褡裢布等布料做面料，

图 3-37
青海卫拉特蒙古
男女特尔立各
（左图引自布林特古斯《蒙古族民俗百科全书·物质卷》中册，2015。右图伊女士制作，笔者拍摄）

---

❶ 纳·才仁巴力，红峰.青海蒙古族风俗志 [M].西宁:青海民族出版社,2015:42.

❷ 同❶38.

❸ 布林特古斯.蒙古族民俗百科全书·物质卷:中册(蒙古文)[M].呼和浩特:内蒙古教育出版社,2015:1056.

用蓝色或白色的洋布做衬里。前襟和袖口不做拉布希格似的青鼬皮、平绒镶边。直接做粗细两条绲边，内侧用五色线做窄绦子镶嵌，下摆进行缉缝。一般好的缉缝有 7 条，少的也有 5 条、3 条不等。特尔立各和拉布希格的领子都用红色布料或绸缎做衬里。领子的边沿用青鼬皮或平绒做成窄边装饰，夏秋之际穿着。"

在色彩、装饰方面，特尔立各的颜色以暖色为主，常用红色、橙色、黄色等颜色，而袖子、前襟、领子的镶边一般用绿色、蓝色，或者用较为明亮的红色、黄色等暖色中间加入一种冷色（如蓝色）进行冷暖对比的搭配装饰❶。"男子夏季的特尔立各主要用紫色、黑色、蓝色等颜色的面料吊面，领子的里侧用红色底子上有金黄色纹样的库锦、绸缎或条纹大布、蓝色绸缎等做衬里。……女子夏季的特尔立各主要用红色、绿色、粉色等鲜艳色的库锦、绸缎吊面，用深色大布衬里，将水獭皮、库锦、绸缎间隔搭配镶边。……环绕型的宽领子主要用红色、粉色等颜色的布料或绸缎做衬里。"

此外，还有名为匹拉的衣服，青海卫拉特蒙古"称库崩（棉）·特尔立各为匹拉，其形制长短宽窄与乌齐相同。匹拉是春秋季节男女老少都会穿用的服装。一般用蓝黑色、蓝色的布料作为面料，是平时日常穿用的袍服"❷。

3. 乌齐

乌齐是男女都穿用的冬季大衣❸，是一种羊羔皮长袍❹，一般用绸缎、布料等材质吊面。乌齐大襟长袍的形制，一般在冬季穿用，可以日穿夜盖。乌齐根据吊面的材质称：陶尔干（绸缎）·乌齐、布斯（布）·乌齐、开令（平绒）·乌齐或者根据里子的材质称：讷开（老羊皮）·乌齐、霍尔干（羊羔皮）·乌齐、僧森（seŋsen，出生三个月后的羔羊皮）·乌齐等（图 3-38）。

在形制方面，"男子的乌齐下摆较短，领子较长。男子的乌齐约 5—7 托（90—140cm），往上提起之后扎上腰带穿好，下摆到膝盖上下。……袖子长，马蹄袖翻折下来的话，仅仅比穿好的乌齐下摆短 1 托左右（18—20cm）。乌齐的形制大致与古代蒙古的斜襟袍服接近，领子宽约 4—5 指，一直延伸至腋下，……穿着时主要将右手臂袒露，领子是绕身穿着，因而领子在喉咙的位置约 4—5 指宽，往下到腋下的位置时逐渐增宽，在最下端宽度达到 1 托哈左右（tɔxæː，手肘至指尖的长度，40—45cm），形成一个三角形的尖底。……女子乌齐的领子不是

---

❶ 纳·才仁巴力，红峰. 青海蒙古族风俗志 [M]. 西宁: 青海民族出版社, 2015: 38.
❷ 布林特古斯. 蒙古族民俗百科全书·物质卷: 中册 (蒙古文)[M]. 呼和浩特: 内蒙古教育出版社, 2015: 1063.
❸ 2017 年 8 月 17 日在德令哈市伊女士家中采访.
❹ 青海省德令哈市地方志编纂委员会. 德令哈市志 [M]. 北京: 方志出版社, 2004: 340.

图 3-38
青海卫拉特蒙古
男子乌齐
（引自布林特古
斯《蒙古族民俗
百科全书·物质
卷》中册，2015）

男子乌齐的那种长领子，其领长与蒙古袍的领子一样，领宽比蒙古袍的领子宽一些，宽度约 1 托（18—20cm）以上，并用羊羔皮衬里。前襟与蒙古袍的前襟基本一致，也是经常将右手臂袒露出来。"❶

　　在装饰方面，男子的乌齐"将前襟、下摆、袖口的边沿用约 4 指宽的青鼬皮或紫色、海骝色的平绒镶边，它的内侧同样用 4—5 指宽的库锦、绸缎装饰，最里面用绦子等材料镶边。衬里的前襟、下摆、袖口的边沿还用皮毛贴边，是裁成约 1 指宽的各种羔羊的漂亮皮毛，并使其露在面料上所有的镶边之外。由于男子乌齐的领子长，所以在腋下缝制 1 枚盘扣。……女子乌齐的前襟、下摆的镶边一般是最外侧边沿用约 3 指宽的青鼬皮，内侧用 4—5 指宽度的各色库锦，最里面用金银线或各色绦子装饰镶边。马蹄袖口作同样的镶边之后袖长做到刚好与手指尖平齐，大多穿着时将其翻折上去。衬里的前襟、下摆的边沿用羔羊皮毛等漂亮的皮毛镶边，也使其露在面料上所有的镶边之外。……女子的乌齐在前襟钉 1 枚盘扣、腋下钉 1 枚盘扣，也有的在前襟钉 3 枚盘扣。"❷另外，乌齐在装饰方面还通常在"大襟、下摆之缘镶有大绒水流，在绲边儿的外缘还有白羊羔皮的贴边，以稍露出白毛为美，并镶嵌有珊瑚、宝石托盘的银扣子。"❸乌齐的各种镶边中，除水獭皮之外还有彩色氆氇镶边。

　　在色彩方面，"男子的乌齐主要用紫色、黑色、蓝色布或者绸缎吊面，用较细的红色、黄色等颜色的绸缎带子做腰带往上提着扎好，两端夹在身后自然下垂。……女子乌齐一般用青色、蓝色、绿色、紫色等的库锦、绸缎、布料吊面，

❶ 布林特古斯. 蒙古族民俗百科全书·物质卷：中册（蒙古文）[M]. 呼和浩特：内蒙古教育出版社，2015：1061.

❷ 同❶.

❸ 纳·才仁巴力，红峰. 青海蒙古族风俗志 [M]. 西宁：青海民族出版社，2015：35.

衣长到脚踝的位置，用红色、绿色、粉色等鲜艳的绸缎做出较细的腰带，扎在胸部以下，两端夹在身后并使其自然下垂。"❶

4. 德午勒（dewel）

德午勒就是"德博勒"或"德勒"，是同一个蒙语词的不同音译，前文中提到过"德博勒"是蒙古语中对衣服的统称。

奈凯·德午勒是用白板皮制作的长袍，男女老少都会穿用，在青海蒙古族服饰中占据重要的地位。也有人说青海蒙古族称"用羊皮做的不吊面的长衣服为德午勒。用山羊皮制作的称为亚曼（jaman，山羊）·德午勒，用冬季老羊皮制作的又厚又大的德午勒称为乌克尔（yker，牛）·奈凯·德午勒。……德午勒都用大羊的羊皮制作，而不会用羔羊的皮制作"❷。奈凯·德午勒即新疆卫拉特蒙古服饰中的讷开·德勒、阿尔森·德勒。

在形制方面，"德午勒的形制与乌齐是一样的"，如果在奈凯·德午勒外面罩上面料，就成为乌齐了。奈凯·德午勒的裁剪制作有一定的比例，一般是"下摆的宽度和肩宽的比例为3∶1；整个身长同下摆的宽度的对称比例为4∶3；身长的直径和其长度的对称比例为2∶3；袖子的宽度同长度的比例为1∶3。皮袍的长度达到踝部（脚背）。青海蒙古族的皮袍比较明显的特点是没有垫肩，所以不用考虑肩部的裁剪和缝制。后身和前身两大片的长度和宽度是一样的，前身由两大部分组成，但其右襟使用的原料比左襟多。蒙古人穿皮袍时，一般有右襟掩向左边的习惯。缝制时，其袖口、袖围都是严格按中心线纵向和横向对称缝合。缝制的针脚均朝内，领条是从内襟片上部开始略成半圆，再从外襟片向右斜边线缝合，成为翻领的形式。"一般男子的"德午勒同乌齐一样在腋下钉1枚盘扣。……女子德午勒也同样在腋下钉1枚盘扣或者腋下钉1枚、前襟钉3枚盘扣。"❸ 奈凯·德午勒一般用皮制或布制的扣襻。

在色彩方面，奈凯·德午勒本身为白色的鞣制皮料，它的领子一般用红色平绒做面子、白羊羔皮做里子，并用彩色丝线装饰长方形的领子边缘。

在装饰方面，奈凯·德午勒的领座、大襟、垂襟、下摆边缘用青绒、青布或黑羊羔皮镶边，袖口用蓝色、红色两种颜色的布或绒镶边。"男子的德午勒在下摆和袖口的位置用白羔羊皮镶边，并用宽度为1索么（17—18cm）的黑色平绒镶边。……女子的德午勒在前襟、下摆和袖口也用白羔羊皮镶边并从镶边的边沿露出，还用红黑两色平绒作宽度为1托（18—20cm）的镶边，或用黑色镶边，

---

❶ 布林特古斯. 蒙古族民俗百科全书·物质卷：中册（蒙古文）[M]. 呼和浩特：内蒙古教育出版社，2015：1061.
❷ 同❶1062-1063.
❸ 同❶1062.

用红黑两色做领子。"❶

此外，青海卫拉特蒙古还穿呢子因·乌尔图·德午勒（nitsen ɔrt dewel，呢子长袍），"用紫色的呢子做袍服面料，用蓝色绸缎做斜领襟的面料，形制宽大，衣长到膝盖，袖长到下摆。前襟、下摆、袖口边沿用银色库锦镶边，其外侧再用水獭皮镶边。它是男女都会穿用的袍服。"❷

5. 凯木勒格（kemneg，毡袍）

《卫拉特法典》中就出现过开么讷各，是指毡制的雨衣，而在现代新疆卫拉特蒙古中很少提及，有人提到开么讷各是一种儿童袍服。

青海蒙古族中的凯木勒格与开么讷各也是同一个蒙古词汇的不同音译，它是指一种毛毡制作的袍服。"一般在夏天当雨衣穿，是一种薄毡子做成的雨衣。还有一种骑马时披的，没有袖子的毡袍，叫'章奇'。'凯木勒格'的特点是没有领子，只有袖子和开襟。一般用两三岁羊羔毛剪下后，擀制而成。这种衣服冬季可以做冬装，轻便防寒，夏季也可以作雨衣用，不变形不透雨，男女老少均可穿用。古时候，这种毡袍也用来做战袍，据说把毡袍用水浸湿，然后拌上细砂和泥土，号称'刀枪不入'。"❸

青海卫拉特蒙古服饰中还有一种"以西开·德午勒"即毡袍，"毡袍是用白羊毛擀制的毡子缝制的。领型为右衽（喇嘛领子），下摆宽大，衣长约到靴勒的位置。前襟和袖口用青色镶边，领尖的下端装饰吉祥纹样。此袍不钉扣子，在腋下缝上飘带，穿着时系结"❹（图 3-39）。

此外，青海卫拉特蒙古服饰中还有奥格丘尔（ɔgtsɔr，袄）、黑秘勒（ximel，男子服装，用毡子制作）❺等。

综上所述，青海卫拉特蒙古的袍服形制主要有两种，一种是传统的蒙古袍服的形制，即圆领、右衽，分别在领口、前襟、腋下有盘扣。在穿着方式上，常将右边的袖子脱下来穿着，而其他蒙古部落中没有这样穿着的习俗。另一种是藏式袍服的形制，即右衽斜襟、大翻领，通常在腋下有盘扣或者用带子系结。而在穿着方式上，也是常把右边的袖子脱下来穿着。在对袍服的名称方面，主要有拉布希格、特尔立各、乌齐等，其中拉布希格、特尔立各几乎是可以通用的春夏季穿用的袍服，而乌齐是冬季穿用的袍服，奈凯·德午勒就是没有吊面的乌齐。

❶ 布林特古斯. 蒙古族民俗百科全书·物质卷：中册(蒙古文)[M]. 呼和浩特：内蒙古教育出版社,2015：1062.
❷ 同❶1063.
❸ 纳·才仁巴力,红峰. 青海蒙古族风俗志 [M]. 西宁：青海民族出版社,2015：37.
❹ 同❶.
❺ 2017 年 8 月 17 日在德令哈市伊女士家中采访.

（二）其他服装品类

1. 齐格德各（tsigdeg）

齐格德各就是新疆卫拉特蒙古服饰中的策格德各，内蒙古的蒙古人称为奥吉，指长款的坎肩（图3-40）。

青海蒙古的齐格德各也是"女子出嫁之时穿用的无袖、有四个衣摆的长衣服。齐格德各的基本形制与鄂尔多斯新媳妇穿的直襟奥吉颇为相似。在双肩、袖笼的边沿位置用锁针绣装饰花草纹样，在四个开衩和下摆的边沿装饰库锦纹样，无领无袖，在左右胯的位置有衣褶并垂挂六色绸缎条。齐格德各的颜色与里面的袍服进行搭配，如青色绸缎拉布希格上穿红色绸缎齐格德各，红色绸缎拉布希格上面穿绿色绸缎齐格德各等。新媳妇一开始要连续穿40天齐格德各，之后仅在过年过节、庆典、婚礼等场合穿着"。

在材质方面，齐格德各"以毛呢、倭缎、堪布缎为面料。其特点为对襟，无袖并且在衣襟、衣边、下摆、开衩处均以绸缎、柞丝绸、库锦、绦带等材料作沿边，在每个开衩处缝制云纹图案。其最外边的一道镶边儿（嵌边）称'其木合尔'（tsimxer）。齐格德各的领边、领座、大襟、袖窿、下摆和开衩之处要镶由各种颜色库锦组成的四指宽沿边儿，并在各色沿边儿之间镶镂金彩条，在沿边里边镶嵌金银曲线，在开衩上角要绣方形图案或云形图案，并讲究用绚丽多彩的库锦组成沿边。传统的'齐格德各'一般用黑色平绒或布料缝制而成。在'齐格德各'两边开衩都必须缝制各三个布条子，叫作'恰恰各'（tsatsag），即穗穗"。

齐格德各是"由娘家人制作，婚礼那天新娘到达婆家换装时，在拉布希格上面套穿的外装。婚后媳妇在公婆面前或公共场合必须穿'齐格德各'，还要佩戴红缨帽。……过去，在德都蒙古人婚礼过程中有一个仪式叫作'喝新娘茶'。婚

图3-39（左）
青海卫拉特蒙古男子毡袍
（引自布林特古斯《蒙古族民俗百科全书·物质卷》中册，2015）

图3-40（右）
青海卫拉特蒙古女子齐格德各
（引自布林特古斯《蒙古族民俗百科全书·物质卷》中册，2015）

礼那天，新娘在新蒙古包里亲自给公婆和婆家人烧茶、倒茶、端茶，这种仪式要在婚礼当天举行。因为新媳妇刚认识公婆和婆家人，婚礼之前还没有改口，无法向婆家要茶叶、盐等食物，所以只好在离开娘家之前把茶叶、盐等急用的小东西放在自己的齐格德各的布条子里包好以备用。'三'这个数字是蒙古族的吉祥数，所以'恰恰各'两边各三个，一共六条"。

另外，青海卫拉特蒙古男子还穿一种罕吉雅尔（坎肩），根据材质称"陶尔干（绸缎）·罕吉雅尔、布斯（布）·罕吉雅尔、查干·阿尔森·罕吉雅尔（白皮坎肩）。查干·阿尔森·罕吉雅尔主要是用不吊面的白板皮制作，并且是圆领、直襟、短款并且前襟和下摆呈三角形，向腋下斜裁，领子、袖笼、前襟和下摆处用 3 指宽、毛朝外的羔羊皮镶边。袖笼在前后是散开的，用带子系结。

没有扣子，用绸缎制作飘带穿着（图 3-41）"❶。

2. 罕达斯（xanda:s，上衣）

青海卫拉特蒙古无论男女都会在袍服内或外加穿罕达斯（图 3-42）。"罕达斯一般都是右衽、立领或者做成环绕型的宽领子，长袖。一般用红色、蓝色、黄色面料制作。"❷

另外，除上述袍服和其他服装品类之外，裤装是青海卫拉特蒙古服装中不可或缺的一部分。但无论实地采访还是相关著述中对裤装总是描写得比较省略，少数提到裤装的也只记述有男女都穿用的单裤、夹裤、羊皮裤等 ❸，但对其具体形制、材质等方面都没有详细描写。这应与裤装几乎全部被袍服遮挡、裤腿也塞进靴筒内，使其关注度和重要性降低有一定关系。

图 3-41
青海卫拉特蒙古男子坎肩
（引自布林特古斯《蒙古族民俗百科全书·物质卷》中册，2015）

图 3-42
青海卫拉特蒙古罕达斯
（左图引自布林特古斯《蒙古族民俗百科全书·物质卷》中册，2015。右图伊女士制作，笔者拍摄）

---

❶ 布林特古斯. 蒙古族民俗百科全书·物质卷：中册（蒙古文）[M]. 呼和浩特：内蒙古教育出版社，2015：1064.

❷ 同❶.

❸ 青海省德令哈市地方志编纂委员会. 德令哈市志 [M]. 北京：方志出版社，2004：341.

（三）帽冠

1. 札拉图·麻勒海（dzalat malag，红缨帽）

札拉图·麻勒海即指红缨帽，藏语称"苏乎札拉"意为"蒙古人的红缨帽"，一般蒙古人也称"乌兰札拉台·麻勒嘎"[1]。其形制是"用白羊羔毛擀制的喇叭形高筒'札拉'帽，帽顶有'顶子'，顶子四周朝下缀以红缨，即'扎拉'，整个喇叭形帽顶是白布为面，红布做里，或者用黑色绸缎或平绒为面，白布作里，宽两寸左右，并用黑丝绒镶边，或用羊羔皮作镶边"[2]。

札拉图·麻勒海也被称为"稍布格尔·麻勒嘎"[3]（ʃɔbgɔr malag），即尖顶帽。"稍布格尔·麻勒嘎是德都蒙古女子盛装时穿戴的帽子，也称霍尔斯罕（xʊrisxan，霍日干，xʊrgan）·麻勒嘎（羔羊皮帽）。这个帽子有圆盘式的帽檐，尖顶，帽顶部有红缨，有可以系在下颌的帽带。制作这种帽子的时候，用硬衬剪出帽檐的形状，中间挖出安装帽顶的圆形，再把尖顶连接上。用白色羔羊皮给帽檐做里子，用红色布或绸缎做面子，尖顶用蓝色或黑灰色的绸缎包缝。帽顶用坠饰红缨子，双耳两侧缝制红色的帽带系于下颌。"

2. 布鲁根·都格图（bulgan dɔgte，水獭四耳帽）

布鲁根·都格图就是水獭皮制作的四耳帽，是过去青海蒙古族普遍穿戴的帽子。在形制方面，布鲁根·都格图"是用圆形呢子做里子，织锦镶边，水獭皮作面子的，带有四个耳沿（左右边的较大，前后边的较小）的冬帽，有的地方也叫'套尔其格·麻勒海'。现在这种质地的帽子已经失传，而是使用布料和羔皮来制作，不再使用水獭皮，所以名称和式样都发生了变化"[4]。

布鲁根·都格图也称"布鲁根·麻勒嘎"，它是"德都蒙古男子穿戴的有大小不等四个帽耳的帽式。帽耳用水獭皮衬里，用库锦等硬挺的面料做面子。两个大的帽耳戴在左右两侧，两个小的帽耳就戴在前后两侧。在帽耳内也衬上硬衬使帽耳硬挺，而帽顶是圆顶，圆帽顶上用银质或铁质的螺丝固定丝质长红缨子。有时妇女也会穿戴布鲁根·麻勒嘎"[5]。

此外，还提到有"托如勒·麻勒嘎（tɸ:ry:l malag），是德都蒙古男子和儿童在冬季日常穿戴的帽子。样式类似领子的形制，长方形的，四角缝制四个盘扣，顶子是敞开的，用羔羊皮做里子，布料做面子。由于托如勒·麻勒嘎戴上之后帽

---

[1] 2017 年 8 月 17 日在德令哈市伊女士家中采访。

[2] 纳·才仁巴力，红峰. 青海蒙古族风俗志 [M]. 西宁:青海民族出版社,2015:44.

[3] 同[1]。

[4] 同[2]45.

[5] 布林特古斯. 蒙古族民俗百科全书·物质卷:中册(蒙古文)[M]. 呼和浩特:内蒙古教育出版社,2015:1066.

顶是敞开的，所以会从头顶灌风，因而常给儿童戴这样的帽子，据说会使儿童更加聪明伶俐；切尔齐各·麻勒嘎，是德都蒙古老年男子戴的帽子。一般用深色布料衬里，用白色绸缎做面子。有圆形帽檐并在其边沿用铁丝撑紧。帽顶坠饰红线缨穗；赏哈尔齐各·麻勒嘎，是德都蒙古男子日常穿戴的针织帽子。赏哈尔齐各·麻勒嘎是织成像羊的胃部褶皱一样形式的编织帽。没有帽顶、边角等就像脖套一样套头戴的；肖木子，是德都蒙古夏季穿戴的帽子，这种帽子类似回族人的白帽子的形制，主要用紫色、绿色等深色绸缎做面子，用金色绦子、珊瑚等进行装饰[1]。"多拉各，是一种男帽，一般在结婚时戴在白帽子上。"[2] 并有各种俄式礼帽[3]、毡帽、托尔齐各、圆帽等也是青海蒙古男女常穿戴的帽子种类（图 3-43）。

图 3-43
青海卫拉特蒙古帽式
（引自布林特古斯《蒙古族民俗百科全书·物质卷》中册，2015）

还有一种头巾，名为凯日，"是德都蒙古男子冬季包头的头巾。凯日由紫色或紫红色的布料制成"[4]。

（四）鞋靴

1. 高都松（高勒皮靴）

高都松即靴子，一般选用鞣制的牛皮、骆驼皮制作，无论男女老少一年四季都可以穿用，有的称"希日·高都苏（皮靴）"。高度松的"靴筒和靴帮都是由两个对称的布片组成。靴筒高度基本相当于胫骨高度，而靴帮较硬，可以保护胫骨及其肌肉不会因冲撞等意外受伤。靴底和靴筒下端用密针缝合而成。靴内一般穿长筒毡袜子，也垫有毡子做成的靴垫儿，也可以用粗布面料或薄毡作里子[5]。青海省河南蒙古族自治县蒙古族穿的靴子称为"苏乎兰木"（藏语，意为蒙古人的靴子），"这种靴子的主要特点是，底子大，靴尖如牛鼻头上翘"（图 3-44）。

图 3-44
高勒皮靴
（引自布林特古斯《蒙古族民俗百科全书·物质卷》中册，2015）

青海卫拉特蒙古男女穿用的靴子主要有"孛力嘎尔（香牛皮）靴子、高勒皮靴、皮靴鞑、毡靴子、沃登（ɸ:deŋ，倭缎）靴子等。平时穿孛力嘎尔靴子和沃登靴子。一般高勒靴的靴筒高，在靴

---

❶ 布林特古斯.蒙古族民俗百科全书·物质卷：中册（蒙古文）[M].呼和浩特：内蒙古教育出版社，2015：1066-1067.

❷ 2017 年 8 月 17 日在德令哈市伊女士家中采访.

❸ 青海省德令哈市地方志编纂委员会.德令哈志 [M].北京：方志出版社，2004：341.

❹ 同 ❶1067.

❺ 纳·才仁巴力，红峰.青海蒙古族风俗志 [M].西宁：青海民族出版社，2015：46.

帮靴筒的位置用黑色或红色的皮夹条，靴尖用红色夹条。这种靴子的靴底又粗又长，靴帮柔软，靴筒很高。用薄毡子衬里，靴尖略上翘，用羊皮或鹿皮制作。孛力嘎尔靴子主要是红色的，靴尖是圆的。……在鞋帮和靴筒上还会装饰各种纹样。……牧民用生皮制作靰鞡鞋，用细皮绳做带子与布袜子、羊毛袜以及毡袜一起穿用"❶。

2. 帕尔达各（pa:rdag）

"帕尔达各是德都蒙古人在野外工作时穿用的制作简便的靴子。帕尔达各在古代称为恰尔嘎。制作帕尔达各时用马牛等牲畜的皮裁成圆形，再沿着边缘穿若干孔洞，串上细皮绳，皮毛向里穿着脚上抽紧皮绳使其塑形。帕尔达各的鞋帮约到脚踝，穿着时轻便、制作简单，非常适合野外作业。"❷

帕尔达各、靰鞡其实在形制与穿着方式方面与新疆卫拉特蒙古穿用的恰日各非常接近。

3. 威莫苏

青海卫拉特蒙古也在鞋靴穿用自制的袜子，"用平绒等较厚的布料做面子，用较薄而柔软的布料做里子绗缝成袜子。形制和裁剪方式与毡袜形同，有的还会进行纳缝，并装饰各种纹样。纳缝的袜子既美观又结实。还会用薄毡子做成靴子形制的袜子，然后套穿在靴子里面。"❸

（五）配饰

1. 毕司（bis，腰带）

毕司即腰带，与新疆卫拉特蒙古的"布斯"是同一蒙古词语的汉语音译。青海卫拉特蒙古男女老少都在袍服之上系腰带，而且已婚妇女也同样系腰带。一般蒙古已婚妇女称为"布斯郭"（内蒙古的蒙语发音"布斯贵"），即没有腰带的人，因而新疆卫拉特蒙古已婚妇女也是不扎腰带的。而青海的卫拉特蒙古已婚妇女也都扎腰带，甚至有在齐格德各外扎腰带的情况（图3-45）。但是也有的人提到："'特日勒格'穿在里面，用绸带扎紧腰身，外边套上'才格德'（即齐格德各，笔者按），不扎腰带。"❹根据笔者分析，或与青海蒙古人穿袍服时常露出右手臂的"藏式"穿着方式有关，扎上腰带以防止袍服滑落（图3-46）。

在材质方面，20世纪50年代之前青海卫拉特蒙古普通百姓用"其斯九"（柞丝绸）和"布热"（丝绸）制作腰带，其颜色不用黑色、白色、金黄色，因为白

❶ 布林特古斯. 蒙古族民俗百科全书·物质卷：中册（蒙古文）[M]. 呼和浩特：内蒙古教育出版社，2015：1067-1068.
❷ 同❶1068.
❸ 同❷.
❹ 青海省德令哈市地方志编纂委员会. 德令哈市志 [M]. 北京：方志出版社，2004：341.

色不耐脏，黑色被认为不祥，金黄色为活佛专用色，一般老百姓不能使用。如今普遍使用丝绸腰带，这些腰带一般都颜色鲜艳，喜欢用红色、蓝色、绿色等颜色，男子在扎腰带时总是把袍子向上提起，前后留出宽松的余量并以此为美观，同时腰带上均挂腰刀（图3-47）。

"除丝绸腰带之外成年妇女又加一条既有装饰作用，也有束腰揽衣作用的牛皮腰带。牛皮腰带宽约半寸，长短因人而异，一端装有藏语称为'千木果'的环扣，一端洞孔若干。环扣后端或连接另装镶银饰一块，长约二三寸，宽与皮带相等，铜骨银面，银面镂花，并以珠翠、珊瑚等镶嵌，显于'月笼''朗果'之间，十分耀眼。"❶

2. 图仁凯（tɸreŋkæ:）

青海卫拉特蒙古中也有"在靴子中裹脚的长布，称之为图仁凯。也称库林·奥日亚德各（kɸ:lin ɔra:dag，裹脚布）或郭图林·奥日亚德各（gotʊlin ɔra:dag，靴子的裹脚布）。布制的裹脚布一般用旧衣裤的下摆边缘等废旧布料制作。布制的裹脚布没有什么具体的形制，只要是可以缠裹脚的长条形布料就可以，一般在夏、春、秋季缠裹好脚之后再穿上靴子"❷。

图3-45
在齐格德各外扎腰带的青海卫拉特蒙古妇女
（笔者拍摄）

图3-46
在拉布西各外扎腰带的青海卫拉特蒙古妇女
（引自布林特古斯《蒙古族民俗百科全书·物质卷》中册，2015）

图3-47
腰带上挂腰刀的青海卫拉特蒙古男子
（引自布林特古斯《蒙古族民俗百科全书·物质卷》中册，2015）

---

❶ 河南蒙古族自治县地方志编纂委员会. 河南县志：下 [M]. 兰州：甘肃人民出版社，1996：887.

❷ 布林特古斯. 蒙古族民俗百科全书·物质卷：中册（蒙古文）[M]. 呼和浩特：内蒙古教育出版社，2015：1068.

（六）首饰

1. 乌斯乃·格尔（ysnæ: ger，发套）

乌斯乃·格尔是青海卫拉特蒙古妇女戴的发套，与新疆卫拉特蒙古妇女戴的希孕尔格勒（希比尔立各）是同一类头饰，其功能一致，即把分梳好的长发放入其中，只是在与其他头饰组合、装饰细节等方面存在差异。也有人提到妇女的头饰中还有包德各❶，但对它的描述不多。

乌斯乃·格尔一般与"苏乎则"袍服配套穿戴，其形式一般是中间分开梳成两条辫子，分别装入辫套内。辫套一般是在黑色绸缎、布料、平绒等面料上用银质装饰牌装饰，在其上下用库锦装饰，用彩色线缝制装饰纹样并坠饰穗子的长发套用腰带压住系扎❷。

青海卫拉特蒙古的乌斯乃·格尔"宽度约10cm、长度约120cm，用青色的绸缎或倭缎制作，用厚的布料做面子，用红色的布料做里子。在其上下边沿用约15cm的彩色库锦镶边，在中间的位置装饰5—7块圆形或方形的银质雕刻饰牌并在其底端坠饰红色缨穗。德都蒙古人忌讳披头散发地待人接物，并且忌讳戴有补丁的帽子"❸。青海卫拉特蒙古已婚妇女在佩戴乌斯乃·格尔时"将头发梳成双辫，装入一双辫套内，垂于胸前，压于腰带下，长及膝盖或连衣裙脚面，这是青海蒙古族妇女与藏族妇女在服饰上的一个明显区别"❹（图3-48）。

未出嫁少女的头饰是"把头发分梳成几条小辫子，并把辫子装入布制的辫套中直垂到臀部，在辫套上面链挂用丝线串起来的珊瑚、松石、马线等配饰品"❺，也有人说"未婚姑娘的头发梳成双条辫子，垂于脑后，辫梢扎红绸缎"❻。

2. 尕斡（go:，护身符）

尕斡即护身符，与新疆卫拉特蒙古服饰中提到的"郭"也是同一个蒙语词的不同汉语音译。青海卫拉特"蒙古男女普遍喜欢在颈上挂戴叫'尕斡'的护身符。护身符的形状像是一个小盒子，有方的，也有圆的，大小约三四寸，也有五六寸见方的，厚约一寸，一般用金、银或铜等金属制作，银制的最多，其正面雕刻着花纹，嵌有珊瑚、松石等宝石，其里面装有小佛像和经文，经喇嘛念经开光后，挂吊在颈上，垂于胸前，昼夜不离身。戴护身符的主要目的是护身，其次是一种装饰"❼（图3-49）。

---

❶ 2017年8月17日在德令哈市伊女士家中采访。
❷ 布林特古斯.蒙古族民俗百科全书·物质卷:中册(蒙古文)[M].呼和浩特:内蒙古教育出版社,2015:1057.
❸ 同❷1069.
❹ 纳·才仁巴力,红峰.青海蒙古族风俗志[M].西宁:青海民族出版社,2015:46.
❺ 纳·才仁巴力.德都蒙古服饰文化[J].德都蒙古.2016(12)81
❻ 青海省德令哈市地方志编纂委员会.德令哈市志[M].北京:方志出版社,2004:341.
❼ 同❹47.

3. 绥克（耳环）

青海卫拉特蒙古妇女的绥克主要用纯银打制，两端较细，中间呈较粗的柱状并在其上镶嵌珊瑚、珍珠等。上端做出挂钩，挂钩上把额么各（e:meg，耳环或耳环的吊坠）挂住，为防止挂在耳垂上过重就用两条细线从头顶连上，下端还有圆环，再从圆环挂坠 4—6 条珊瑚、珍珠等串连的吊坠组成绥克。绥克中间银质的部分长度约 1 索么（17—18cm），下端的坠饰长度约 1 索么（34—36cm）。有些地方将下的端坠饰直接下垂，而有些地方则把下端的坠饰底端连起来并挂上尕斡。

另外，青海卫拉特蒙古的首饰还有松都尔（sɔndɔr，项链），一般用珊瑚、松石、琥珀、象牙等材料串连挂戴。也有的称旭仁·浩勒孛（ʃʊren xɔlbɔː，珊瑚链），主要由珊瑚、绿松石、玛瑙、琥珀等材料串连组成 3 条链子挂戴。手镯有玉石、玛瑙、琥珀或银质的手镯和用珊瑚、松石、琥珀等串连的手链等❶。男女青年还喜戴金银、宝石、象牙、钢质手镯和戒指❷。

（七）装饰品

青海卫拉特蒙古男女服饰的装饰品较多，如别勒（bel，腰侧挂坠的装饰，一种银饰）以及女子腰带上挂坠的祖布齐（针线包）、小刀和银、铜等金属制成的挂手巾的挂钩、阿拉丘尔（擦碗的毛巾），还有男子的阿亚干·格尔（ajagan ger，男子放碗的袋子）、呼呼而因·格尔（xuxurin ger，男子放鼻烟壶的袋子）

---

❶ 纳·才仁巴力，红峰. 青海蒙古族风俗志 [M]. 西宁：青海民族出版社，2015：47.

❷ 青海省德令哈市地方志编纂委员会. 德令哈市志 [M]. 北京：方志出版社，2004：341.

以及荷包等装饰品 ❶。其中，女子在腰带上，尤其是皮制腰带上挂坠各式装饰物，例如，"腰挂'朗果''月笼'。'朗果'，为银质饰品，有圆形、方形、杏叶形多种，厚约半寸，大小 2 至 3 寸不等。铜骨银面，银面周边雕镂花纹，居中镶嵌珊瑚、松石或红绿赛璐珞宝珠，每副上下两枚，中间铰链连接，悬于身体右侧。'月龙'为由奶桶挂钩变形而成的饰品，铜骨银面，镂花镶珠，形如三股杈头，但两傍枝秃钝外曲，呈'山'形戴在身体左侧。'朗果'内侧系带'阿笼'。'阿笼'银、铜为质，形曼长上端洞孔，以细皮绳系于腰带，下端洞孔穿环，拴结巾布，具有装饰、实用的双重作用。与之对称，'月笼'近前另带牛角做成的真正用于挤牛奶的奶桶挂钩。此外，有些牙齿脱落的老年妇女还悬戴'索结'（藏语），可以以刀代齿的女式腰刀。有些年轻女性还装饰有针线包、花手帕等小饰物。"❷

三、甘肃卫拉特蒙古的传统服饰

甘肃卫拉特蒙古主要聚居于肃北蒙古族自治县内，"肃北蒙古族自治县位于甘肃省河西走廊西段的南北两侧，是一个以蒙古族为主体的少数民族自治县，也是甘肃省唯一的边境县。"❸ 由于"1929 年甘肃与青海分省以前，甘肃蒙古族与青海蒙古族是一个统一体"❹，所以肃北卫拉特蒙古"基本上源于青海和硕特部，还有少部分从新疆和硕特部及土尔扈特部迁徙而来。这些蒙古贵族的后裔大约从 18 世纪 60 年代起就陆续进入了今天的肃北地区"❺，因而肃北卫拉特蒙古服饰与青海卫拉特蒙古服饰在各方面都很接近。

（一）袍服

1. 拉布西各、特尔立各

拉布西各，是肃北卫拉特蒙古男女老少都会穿用的夏季长袍。其形制与传统的蒙古袍服一致，一般以各种布为面料，有单、夹之分。在装饰方面，领子、袖口、前襟、下摆的边沿常用库锦镶边，辅以各色丝线装饰并在最外侧用水獭皮镶边。特尔立各，在形制方面与拉布西各一致，也是用各色布帛缝制，短领（女式方领），单、夹长袍。特尔立各在装饰方面也是沿着领子、前襟、袖口和下摆用各种金银线绦饰边。特尔立各有特制的 8—10cm 宽的腰带，是妇女们的盛装之一 ❻（图 3-50）。

❶ 2017 年 8 月 17 日在德令哈市伊女士家中采访。

❷ 河南蒙古自治县地方志编纂委员会.河南县志：下 [M].兰州：甘肃人民出版社,1996：887.

❸ 任文军.肃北史话 [M].兰州：甘肃文化出版社,2010：3.

❹ 查干扣.肃北蒙古人 [M].北京：民族出版社,2005：26.

❺ 王锡苓.肃北蒙古族宗教弱化探析 [J].科学·经济·社会,1997(3)：62.

❻ 同 ❹ 184-185.

也有人提到，"答吾合尔·特尔立各"（dawxar terlig，夹袍），肃北卫拉特蒙古男女都会穿用。在形制方面，"女子的答吾合尔·特尔立各有环绕型的领子（额尔古勒森·匝么，ergy:lsen dza:m）和大襟。领子用红色绸缎做面子，大襟整个边沿都用约4寸的红色绸缎进行镶边，下摆与大襟的镶边方式一致。袖口有两种形制，即有马蹄袖和无马蹄袖的。无马蹄袖的袖口用红色绸缎镶边，内侧用金色绦子装饰。领子、前襟、下摆和袖口边沿用水獭皮镶边。未婚女子穿特尔立各时扎腰带，并把腰带的两端垂饰于两侧。已婚妇女在扎腰带时将发套压在腰带里戴上，将发套垂于胸前。……男子的答吾合尔·特尔立各有右衽的喇嘛领，用红色或蓝色绸缎做领子的面子，领子和大襟上装饰4寸宽的镶边，在其内侧还用金线和金色绦子等镶边。并且领子、大襟、下摆和袖口的边沿再用水獭皮镶边。"[1] 从以上描述可以了解，答吾合尔·特尔立各与拉布西各、特尔立各基本指的是同一种袍服，也与青海卫拉特蒙古的拉布西各、特尔立各在形制方面基本一致。

　　肃北卫拉特蒙古还穿一种名为"粗吾"的袍服，即用氆氇缝制的长袍。"氆氇袍子一般用深红色或枣红色，男女都穿用。氆氇袍一般单做，不做夹里。男女式氆氇袍领沿、袖口、摆饰以库锦、绦子和水赖皮，缝制的式样与单夹布帛袍相似"[2]（图3-51）。

　　还有一种名为"敖格茨日"的袍服，"即用各色布帛缝做的妇女四开权单夹

图3-50（左）
肃北卫拉特蒙古
男女拉布西各
（引自布林特古
斯《蒙古族民俗
百科全书·物质
卷》中册，2015）

图3-51（右）
肃北卫拉特蒙古
妇女袍服
（引自布林特古
斯《蒙古族民俗
百科全书·物质
卷》中册，2015）

❶ 布林特古斯. 蒙古族民俗百科全书·物质卷：中册(蒙古文)[M]. 呼和浩特：内蒙古教育出版社，2015：1071-1072.

❷ 查干扣. 肃北蒙古人 [M]. 北京：民族出版社，2005：184-185.

袍。裁缝的方法与缝'特日勒格'相似，做时搭配好绦子的颜色，把"敖格茨日"的各边缘装饰起来即可。着"敖格茨日"时在身两侧要挂五彩绸缎，左侧还要挂环佩，环佩上挂餐刀、铜制硬币，还要挂各种图案的针苞。"敖格茨日"一般在重大节庆上着穿。"❶

另外，肃北卫拉特蒙古有一种"阿斯·恩格尔台·特尔立各"（as eŋgertæ: terlig，直襟袍服），在形制方面是"小圆领，有类似马蹄袖一样的细窄的袖子。在直襟上钉并排的盘扣，腰际线上抽褶形成裙装式的下摆。在直襟和腰际线上装饰用布料制作的方形连续纹样。在领子、前襟、袖口的边沿用彩色绸缎、库锦镶边或用各色丝线刺绣的各种纹样进行装饰。并且崇尚用水獭皮在前襟和袖口边沿进行装饰。"❷还有一种名为"再吾腾"的袍服，"即用布帛缝做的妇女四开衩单夹袍。'再吾腾'袍有马蹄袖并对袖口边儿、领座边儿、下摆及袍子缘上缝饰库锦和五彩绦子等装饰。再吾腾是妇女们在喜庆节日或婚礼上穿着的衣物。"❸

2. 乌齐

乌齐即吊面羔羊皮袍。肃北卫拉特蒙古的皮袍主要用熟制的羔羊皮作里子，也可用熟制的秋皮或山羊羔皮，面料以各种布料缝制。吊面皮袍短一些的称"且吉莫格"，长的称"乌齐"，一般要用水獭皮或羔皮条镶边，若无水獭皮就用同色幼马驹皮顶替，同时用金丝绦装饰边沿。肃北卫拉特蒙古的乌齐也称"角孛恰"（dzɔbtʃa:），女子的乌齐"一般用红色或蓝色的绸缎、倭缎吊面，用羔羊皮作里子，主要作为礼服穿用。乌齐在形制方面有两种，一种是有方形领子，大襟，衣长及靴面。大襟、袖口、下摆用4指宽的黑色、红色两种颜色库锦镶边，最外沿用水獭皮、羔羊皮或马驹皮镶边。另一种是袖口接缝马蹄形连接片，其上用各色丝线进行纳缝。春秋时节穿薄毛皮乌齐，冬季穿厚毛皮乌齐。……肃北卫拉特蒙古男子的乌齐一般是蓝色、紫色绸缎、锦缎作吊面的大羊皮或羔羊皮衣。其领型也是右衽的喇嘛领，通常用羔羊皮做领子，用水獭皮作镶边。乌齐又宽又大长及膝盖，袖长几乎与衣长相等。前襟、下摆、袖口用4寸宽的库锦镶边，其内侧用金线、金色绦子等装饰，最边沿用水獭皮镶边"❹。

3. 德午勒

肃北卫拉特蒙古的德午勒也与青海卫拉特蒙古的德午勒一样，主要指奈凯·德午勒，"即用熟羊皮剪裁做出的白茬皮袍。这种白茬皮袍缝制时，大襟、

❶ 查干扣. 肃北蒙古人 [M]. 北京:民族出版社,2005:185.
❷ 布林特古斯. 蒙古族民俗百科全书·物质卷:中册(蒙古文)[M]. 呼和浩特:内蒙古教育出版社,2015:1072.
❸ 同❶.
❹ 同❷1071-1072.

袖口、下摆缘，都要用青、红（枣红）、深蓝色的布（约宽 2 寸）镶边。沿边的布上用红黄等色棉线绣条形的图饰，名曰卡子。同时，皮袍领口边、下摆缘、袖口等部位，都用长条羔皮缝压、饰边。白茬皮袍的缝连处一般都用刮去毛的薄皮挟缝。另外，这种皮袍不加以缝镶花边，也可直接缝后穿用。"❶ 在形制方面，肃北卫拉特蒙古女子的奈凯·德午勒是"大襟，用羔羊皮制作领子，是一种又宽又大的皮制袍服"❷。

肃北卫拉特蒙古还穿库绷台·德午勒（棉衣），形制、装饰等方面与特尔立各一致，是在面料中间夹絮羊绒或驼绒制作的袍服。一般会戴红色、绿色、蓝色等颜色的绸缎腰带或者皮腰带，也有的戴针织的腰带。

此外，还有"山羊得吾勒"，也称"亚麻音·达胡"（jaman dax）。"即用山羊熟皮从反面剪裁，用"卡子"装饰缝做的皮袍。这种皮袍的羊皮，缝做前一般用马粪熏制，不怕雨水浸湿，冬季穿着能避寒，夏季翻披可作雨衣。"❸

4. 和莫里格（xemneg，毡袍）

肃北卫拉特蒙古的"和莫里格"与青海卫拉特蒙古的"凯木勒格"是同一个蒙语词的不同汉语音译，即用较细的羊毛毡缝制的袍服。"和莫里格"的裁剪与德午勒的裁法相似，但缝针却不同，先要将各片边缘里边对缝一遍，翻过来再缝一次外缘，这样缝好的缝口不凸，穿起来舒适。这种"和莫里格"不吊面，是牧人用于御寒避雨的服装❹。和莫里格"有斜领，右衽，下摆宽大，不钉扣子，仅在腋下缝制带子系结固定。袖口用蓝色做细细的镶边，领尖的位置装饰折角的纹样"❺。

5. 乔孛（tʃɔb，雨衣）

肃北卫拉特蒙古男女还有名为乔孛的袍服，也是一种雨衣。肃北卫拉特蒙古女子的乔孛一般"用紫色的粗呢子布做面料，大襟用绸缎、库锦做较宽的镶边，再用水獭皮镶边，并不作衬里。……肃北蒙古男子的乔孛也用粗呢子布制作，领子又长又宽，右衽，衣长没过膝盖。领子和大襟用蓝色和红色的绸缎镶边，内侧用两条金线绦子装饰，边沿再用水獭皮镶边"❻。

（二）其他服装品类

1. 才格德各（tsegdeg，长坎肩）

肃北卫拉特蒙古的才格德各与青海蒙古的齐格德各、新疆蒙古的策格德各是

❶ 查干扣. 肃北蒙古人 [M]. 北京:民族出版社,2005:184.
❷ 布林特古斯. 蒙古族民俗百科全书·物质卷:中册(蒙古文)[M]. 呼和浩特:内蒙古教育出版社,2015:1072.
❸ 同 ❶185.
❹ 同 ❸.
❺ 同 ❷.
❻ 同 ❷1071-1072.

同一个蒙语词的不同汉语音译。才格德各是无袖、夹腰开杈长袍，一般都用绦子装饰边沿，并且加用"卡子"的装饰。才格德各的形制近似于鄂尔多斯妇女节日礼服中的奥吉，才格德各也是一种结婚礼服。❶

才格德各"通常套穿在皮衣外面……主要用深蓝、黑、红、绿等颜色的各种花色绸缎或布料吊面。它的形制是圆领、直襟，肩部上翘形成马鞍式造型，袖笼宽大，腰部细窄并有抽褶，在腰线的位置装饰刺绣纹样，两侧的腋下缝缀绳套，衣身后片有开杈。在领口、前襟、袖笼以及开杈的边沿都用金黄色、绿色、红色的库锦做成4指宽的镶边进行装饰。然后在其外沿用水獭皮镶边，内侧用红色、黄色和金色丝线装饰。下摆用红色或白色的库锦镶边，其边沿再用水獭或旱獭皮镶边。"❷

2. 罕达斯（上衣）

肃北卫拉特蒙古的罕达斯是一种短上衣，一般与袍服套穿。"罕达斯有单和夹之分，并且有大襟和直襟的形制。单罕达斯常用白色、粉色、淡黄色绸缎制作；夹罕达斯用浅蓝色、绿色、红色、粉色等颜色的绸缎或有暗花的绸缎做面料。直襟的罕达斯做成单的，领子是弧形领尖的立领，在领子、袖口、前襟的边沿用绸缎、库锦镶边，并钉上5枚盘扣。大襟的罕达斯通常做成夹的，衣长到腰际，下摆平直，袖子是上袖的，衣身宽松，袖子较长。领子是环绕型的领子，前襟上装饰4寸宽的镶边，袖口用绿色、红色的库锦装饰4寸宽度镶边。前襟和袖口的边缘是一样的，同时领口、前襟、袖口的边沿还用水獭皮镶边。"❸ 还有人提到一种名为"赫里格"❹的上衣，其形制与罕达斯一样，应该是同一种服装的不同指称。而"赫里格"应是与新疆卫拉特蒙古服饰中"克依立各"的同一蒙语词汇的不同汉语音译，"克依立各"也是指一种上衣、衬衣。

3. 鄂莫得（фmde，裤子）

鄂莫得，内蒙古蒙古称乌木都，是裤子的一种统称。肃北卫拉特蒙古所称的鄂莫得是指"用去毛的绵山羊皮、毛褐子及布料缝做的皮裤和单夹布裤。肃北蒙古人，过去大多都用绵山羊熟皮做裤子。缝制皮裤，先将羊皮用奶水泡熟了后，晒干鞣好，然后从反面裁制，对接时中间挟薄皮，缭缝成皮裤。夏秋季穿的皮裤要剪去长毛，冬季穿的皮裤则留长毛，除裤腿用青布镶一道边儿外，不加任何修饰。用布料做的夹裤子，用攻针缝合，不缝镶边"❺。

---

❶ 查干扣.肃北蒙古人 [M].北京:民族出版社,2005:185.

❷ 布林特古斯.蒙古族民俗百科全书·物质卷:中册(蒙古文)[M].呼和浩特:内蒙古教育出版社,2015:1074.

❸ 同 ❷1074-1075.

❹ 同 ❶186.

❺ 同 ❹.

（三）帽冠

1. 肖布格尔·玛拉嘎（Jobgor malag，红缨尖顶帽）

肃北卫拉特蒙古的肖布格尔玛拉嘎即红缨尖顶帽，青海卫拉特蒙古也称之为札拉图·麻勒海。肖布格尔玛拉嘎"高约一尺，用帛做面子，在专用的模子上呈锥形，檐周贴白色幼羔皮，有拴于下颌的结带，是肃北蒙古妇女特有的帽子。另外，还有用秋毛或羔羊毛手工擀出的毡帽，顶呈锥形，戴时将帽口上翻为檐"❶。这种帽子通常在其"外面用绿色或蓝色绸缎做面子，帽檐用红色或黄色绸缎做面子。从帽顶坠饰红色丝线缨穗，红缨穗下垂至帽檐的上端"❷。

2. 布鲁根·玛拉嘎（水獭帽）

布鲁根·玛拉嘎是指一种水獭帽，其形制与青海卫拉特蒙古帽中的布鲁根·都格图基本一致。

肃北卫拉特蒙古的布鲁根·玛拉嘎是男女都穿戴的帽式，"是一种平顶的圆帽。此帽一般用毡子制作，帽檐可以向上翻折，帽耳、帽檐用黑色呢子作底再缝上水獭皮。帽子的上下边沿用金色库锦或金色绦子进行装饰。女子布鲁根·玛拉嘎的帽顶比男子的稍窄，在帽顶和边沿装饰黄色的绸缎镶边和顶饰。其外延再用金色绦子或双曲线镶边装饰。"❸

此外，肃北卫拉特蒙古的帽式还有男女均戴的托尔次各，帽顶有珊瑚或珍珠做的顶珠并坠饰红色丝线长缨穗；男子戴的乌讷根·玛拉嘎（狐狸皮帽），帽顶高约30cm，帽顶部分有抽褶缝合或不缝合之分，其形制似铃铛，可直接穿套在头上；男子戴的霍日干·玛拉嘎（羔羊皮帽），通常用绸缎做面子，尖顶，帽后有帽披，做成类似缝上羔羊皮的露顶围帽的样式。此外，夏季男女都带藏式呢子礼帽，轻便遮阳。女子还有圆帽、金毡帽等帽式❹。

3. 卡日伊（头巾）

肃北卫拉特蒙古有的部落男女都用"卡日伊"，即头巾。这种头巾长约丈余，颜色有红、褐、粉红等色，忌用白色。"卡日伊"由布、麻、绸、绢等料子制作，可以根据用头巾人的年龄和性别自行选择。老人、妇女以及十几岁的少年，都有缠头巾的习俗。妇女缠头巾封头，留穗头约1尺许垂及左肩，男子缠头巾封头，留穗头垂于脑后及右肩，都顺缠，不左缠❺。青海卫拉特蒙古也戴这种头巾。

---

❶ 查干扣. 肃北蒙古人 [M]. 北京:民族出版社,2005:186.

❷ 布林特古斯. 蒙古族民俗百科全书·物质卷:中册(蒙古文)[M]. 呼和浩特:内蒙古教育出版社,2015:1075.

❸ 同 ❷1073-1074.

❹ 同 ❸.

❺ 同 ❶.

（四）鞋靴

肃北卫拉特蒙古男女老少通常穿牛皮、香牛皮制作的靴子。男子穿用的靴子有翘尖高帮的香牛皮靴子、靰鞡靴子、毡靴等。高帮靴子的靴筒近膝盖附近，靴帮比较宽。女子也穿用高帮香牛皮靴子，圆头、厚底，有三条细的黑色鞣皮夹条，靴帮比男靴短一些。牧民一般穿自己制作的皮靰鞡鞋。靴内还穿布袜子、针织袜子、毡袜等 ❶。

"早时，肃北蒙古人中有专做各种高低靴的靴匠。到近代多由青海西宁等地来的靴匠，就近收购牛皮后制作靴子，民众用羊只换来穿用。其中的香牛皮靴、条绒或平绒做的靴子，主要从外地商贩手中购之，自己并不会做。许多人由于买不起靴子，一双靴子穿了又穿，到春、夏、秋季，多光着脚片，舍不得用靴。" ❷

（五）首饰

1. 乌斯乃·格尔（发套）

肃北卫拉特蒙古已婚妇女的发套分为"哈达布日图乌苏乃格尔"（缝制银盘的发辫套）和"哈它嘎玛拉图乌苏乃格尔"（刺绣的发辫套）两种 ❸。其制作工艺大同小异，均"用一对长约一米五左右，宽四指的青布、青平绒缝做。做时将布料用面浆贴衬平展晒干，在其上口用五色丝线绣回纹及其他图案，上中段隔二指绣吉祥图案或寿字图案各 4 个，下段（指系腰以下）也绣同样的图案各 2—3 个，末端口边绣云纹或山水图案，口边钉缝 2—3 寸长红穗子。……过去富有人家妇女，发袋不但有刺绣的，而且还有更昂贵的银饰发袋。这种发袋用布帛缝制，不同的是，在其上端和下端用色彩鲜艳的库锦镶边，发袋上下绣图案的地方钉 7 对银质吉祥或寿字牌。如今，肃北蒙古妇女就用这种银牌发袋" ❹，发套是已婚妇女的头饰，未婚姑娘在出嫁的当天，由伴娘将发套给新娘戴上。这种发套或发袋与青海卫拉特蒙古的发套形制基本一致。

2. 虽开（syi:k，耳环）

"虽开"，即纯银制的耳坠，在青海和新疆卫拉特蒙古首饰中写作"绥克"。"肃北蒙古妇女的头饰除发袋以外，银质镶以各色宝石的耳坠、护身符盒，是妇女盛装的组成部分之一。耳坠（虽开）呈 '?' 形，有坠环（吊环）、坠面、坠柱、坠权和串珠。坠环面上（朝前面）镶有珊瑚、绿玉的小珠眼子三个；坠柱面（环前壁）镶有红珊、绿玉、黄珀的大珠眼三个；坠柱上穿串银环、珊珠、玉珠等四个；串珠有几十根为两对，全是红珊瑚串成，长约一尺。坠权纯银制的方形

---

❶ 布林特古斯. 蒙古族民俗百科全书·物质卷：中册（蒙古文）[M]. 呼和浩特：内蒙古教育出版社，2015：1075.

❷ 查干扣. 肃北蒙古人 [M]. 北京：民族出版社，2005：187-188.

❸ 徐犀. 甘肃肃北蒙古族传统服饰制作工艺的田野调查 [J]. 艺术探索，2014(8)：32.

❹ 同 ❷186-187.

或圆形较多，镶有珐琅并在其面上也有各色宝石眼 3—4 个不等。"❶

3. 尕吾（gɔ:，护身符盒）

"尕吾"，为纯银制圆形或方形盒，在青海卫拉特蒙古首饰中写作"尕幹"，新疆卫拉特蒙古首饰中写成"郭"。"尕吾内装护身符或香料，其正面也饰有各种花纹，镶着红绿蓝宝石的三个饰眼。在其上环串带，戴于脖颈上，其下环垂许多穗子，护身符合挂于耳坠的串珠之间胸前。同时，妇女们在脖颈上还要戴数串琥珀、玛瑙、翠、玉、蚌等组配的项链。在无名指、中指上戴银质、玉质戒指，手腕上戴象骨、琥珀、玉石、玛瑙质手镯。"❷

（六）装饰品

肃北卫拉特蒙古的装饰品也比较丰富，其中孛勒是女子喜爱的银质装饰品，一般戴在德午勒、特尔立各和才格德各的胯部两侧，有时也会坠饰几条颜色鲜艳的绸缎别勒的 ❸。

四、内蒙古卫拉特蒙古的传统服饰

内蒙古的卫拉特蒙古，主要指现今阿拉善盟额济纳旗的土尔扈特部、阿拉善和硕特部蒙古人，另外还有少数聚居于黑龙江省的卫拉特蒙古后裔。

额济纳旗位于内蒙古西部边缘，它的全称是额济纳旧土尔扈特部。17 世纪初，土尔扈特部率众西迁游牧，于 1630 年到达今苏联境内伏尔加河下游一带定居，在那里生活长达 140 余年。1698 年，额济纳旗的第一世祖阿拉布珠尔（土尔扈特部首领阿玉奇汗的侄子），同其母亲、妹妹一起率五百余人从伏尔加河去西藏朝拜。阿拉布珠尔在西藏居住五年，返回时到达北京觐见康熙皇帝，被封为固山贝子，清廷安置阿拉布珠尔率众在嘉峪关附近放牧，雍正九年（1731 年）又移牧到额济纳河 ❹。现今内蒙古额济纳的土尔扈特蒙古即其后裔。

内蒙古卫拉特蒙古的传统服饰即指阿拉善额济纳土尔扈特部服饰和阿拉善和硕特部落服饰。

（一）袍服

1. 拉布西各、毕希米德、浩尔莫台·德勒（xɔrmɸtæ: de:l）、阿日·浩尔莫台·德勒（ar xɔrmɸtæ: de:l）、霍达苏（xɔ:das）

阿拉善和硕特部的袍服较为简洁、镶边等装饰相对少，多以单边为主。男子

---

❶ 查干扣. 肃北蒙古人 [M]. 北京:民族出版社,2005:187.

❷ 同❶.

❸ 布林特古斯. 蒙古族民俗百科全书·物质卷:中册(蒙古文)[M]. 呼和浩特:内蒙古教育出版社,2015:1076.

❹ 王龙耿. 额济纳旗的历史变迁 [J]. 内蒙古社会科学,1982(3):109-111.

袍服左右下摆有开衩，主要用蓝、绿、橘黄等颜色的绸缎作为腰带。而女子的服装样式也基本与男子的相同，但在面料材质、颜色、镶边装饰等方面比男子的服饰丰富、华丽，同时下摆是没有开衩的。阿拉善和硕特部落蒙古男女穿用拉布西各，"春秋季穿以布帛为面料的棉袍，名曰'厚层拉布希格'。夏季穿以布帛为面料的夹袍，名曰'薄层拉布希格'"❶（图3-52）。

阿拉善土尔扈特蒙古中"男子和少女的尊奈·德勒（dzɔnæ: de:l，夏袍）、已婚妇女的袍服和毕希米德都称为拉布西各（喀尔喀人称特尔立各）"❷，据说拉布西各是"指称特尔立各的来源于藏语的词汇"❸，而"毕希米德是指称德勒的哈萨克语词汇"❹。

在形制方面，阿拉善土尔扈特蒙古男子的拉布西各"圆立领、右衽，有小型马蹄袖，在衣身两侧的开衩长度约1托哈（40—45cm）。装饰1条较宽的镶边（约3cm），在领子、前襟、腋下分别钉一枚扣子。拉布西各的领子用与大身颜色不同的绸缎（不用柞丝绸、库锦）制作，马蹄袖用与领子颜色不同的绸缎、库锦或堪布缎、平绒等制作（后来也有用同样颜色制作的了）并且拉布西各的领子、前襟、马蹄袖必须用同一个颜色的绸缎或者库锦镶边。……男子的拉布西各在两个侧缝分别缝2个、前襟缝1个，共缝上5个西格西各（贴衩），缝上西格西各是指在袍服的侧缝夹入小的三角形布料，使袍服更加的宽大"❺。

阿拉善土尔扈特蒙古女子的拉布西各分未婚女子和已婚妇女的拉布西各。"未婚女子的拉布西各在形制方面与男子的拉布西各基本一致，细节的区别在于男子的拉布西各两侧有开衩，而女子的没有。已婚妇女拉布西各的领子是方立领，而未婚女子的是圆立领。已婚妇女的拉布西各的两个腋下都有贴毕恰（用不同颜色的布缝制的方形，其上有一个倒着缝的盘扣的纽，可以挂孛勒等装饰物件，笔者按），未婚女子的没有。过去未婚女子拉布西各的领子用其他颜色的绸缎或者库锦制作，还分为有马蹄袖和无马蹄袖的两种形制，后来领子的颜色也用同色材质制作并且都做成无马蹄袖的形制。未婚女子的拉布西各外面常扎腰带，并且可以穿罕吉雅尔（坎肩，笔者按）。已婚妇女的拉布西各有浩尔莫台·德勒（有长下摆的袍服）和毕希米德两种。浩尔莫台·德勒一般是参加婚礼庆典、过年过节、祭敖包、秋祭、孩子成人礼、祭拜、女儿出嫁等时候穿着，毕希米德是

❶ 内蒙古自治区民族事务委员会. 蒙古民族服饰 [M]. 赤峰:内蒙古科学技术出版社,1991:146.
❷ 娜·阿拉腾其其格. 额济纳土尔扈特民俗传承与变迁(蒙古文)[M]. 海拉尔:内蒙古文化出版社,2013:39-40.
❸ 同❷56.
❹ 同❸.
❺ 同❷40.

日常穿着的袍服。这两种袍服的前襟基本一致，都是直襟到腰际之后直角向右翻折到腋下（直角形前襟，笔者按）。拉布西各的领子、马蹄袖、贴毕恰用同一个颜色的绸缎或库锦（用与拉布西各大身的颜色不同的布料）制作并且腋下都有贴毕恰。两种拉布西各的领子、前襟、马蹄袖、贴毕恰的边缘装饰恰勒玛（tsalam，吉额各，dze:g，即镶边，笔者按），也常用夏格拉日（绢缝）、希尔郭勒嘎（ʃʊrgʊlag）、浩斯·希格拉日（xɔs ʃaglaːr，双排绢缝）或者左日字齐进行装饰。浩尔莫台·德勒和毕希米德都有小型的马蹄袖并且奴都尔各因·沃莫各（nʊdʊrgin ɔmɔg，马蹄袖的尖头部分）不同于喀尔喀德勒的圆弧形而是梯形的，而额济纳土尔扈特有马蹄袖的袍服都是这种沃莫各（ɡɔmɔc）。拉布西各的领口钉2枚（有的1枚）扣子，门襟4枚（有的3枚）扣子，前襟2枚扣子，腋下1枚扣子，一共7—9枚扣子，扣襻用恰勒玛或用绸缎镶边制作。浩尔莫台·德勒和毕希米德这两种拉布西各在形制上的细节差异在于浩尔莫台·德勒的上半身和下半部分是单独剪裁之后再缝合在一起的，同时在腰线周围用恰勒玛、吉额各或者用夏格拉日、希尔郭勒嘎（有的用左日字齐或浩斯·希格拉日）、桑格尔齐各（saŋgertsag）进行装饰，而且在前襟下摆的位置制作巴嘎·道格勒。毕希米德没有腰际的缝合线，腰线的周围没有恰勒玛、夏格拉日、希尔郭勒嘎、左日字齐、桑格尔齐各的装饰，前襟下摆也没有巴嘎·道格勒"（图3–53）。

　　阿日·浩尔莫台·德勒（后面有长下摆的袍服），解放以前只有少数人穿这种袍服，其形制"有上述两种已婚妇女袍服的所有特点。它的前襟与毕希米德一样，后身与浩尔莫台·德勒一样，上身与下摆分别裁制后进行缝合，在腰线周围还用夏格拉日、希尔郭勒嘎、桑格尔齐各进行装饰。"

图 3-52（左）
内蒙古阿拉善和硕特部男女袍服
（左1、左2引自布林特古斯《蒙古族民俗百科全书·物质卷》中册，2015）（右1内蒙古额济纳旗博物馆陈列品，笔者拍摄）

图 3-53（右）
内蒙古阿拉善土尔扈特女子袍服
（引自布林特古斯《蒙古族民俗百科全书·物质卷》中册，2015）

霍达苏，是指用单面布料制成的袍服。"在夏季，男女老幼都会穿用霍达苏，男子、未婚女子的霍达苏的形制与男子的拉布西各一样，已婚妇女的则与毕希米德的形制一样。霍达苏主要用机布，有的用大布、褡裢布制作，并不进行绲边。"

另外，在形制方面，儿童的拉布西各"衣襟右衽，有马蹄袖，下摆没有开衩。裁领口时裁出的裁片留在后领，并在边缘镶边，有的没有镶边，然后再裁出圆立领缝合。留下领口的裁片在民间据说有防止孩子迷路的作用。在领口两侧通常钉上贻贝以及黄羊角、狼踝骨、铃铛、噶萨尔瓦尼（一种中间有孔的石头）等饰物。……给幼儿专门做左衽的袍服，女孩子袍服的袖口用绸缎或布料进行装饰"❶。

2. 乌齐

阿拉善土尔扈特蒙古的乌齐与其他地区卫拉特蒙古的乌齐基本一致，也是"用大羊皮作里子，用绸缎、柞丝绸、褡裢布、大布做面子的长袍。根据面子可分为陶尔干（绸缎）·乌齐、齐斯丘（柞丝绸）·乌齐、答令布（褡裢布）·乌齐、布斯（布）·乌齐，根据里子可分为奈凯（大羊皮）·乌齐、霍尔斯干（羔羊皮）·乌齐、色各苏热各（segsereg，长毛羔皮）·乌齐、乎绷台（棉）·乌齐等"❷。

阿拉善土尔扈特蒙古的乌齐在形制方面，男子的乌齐"与男子的拉布西各样式相同，即圆立领、右衽前襟、大身两侧有开衩，在领口、前襟、腋下分别钉1枚扣子。未婚女子的乌齐没有开衩。过去男子和未婚女子乌齐领子的面料与大身用不同的颜色做，后来开始用一个颜色制作了。领子的内侧通常用羔羊皮或少数用山羊羔皮制作。乌齐的下摆的内侧用布料制作2—3指宽的卡子镶边，并在卡子下面絮棉花增厚，同时从男子的乌齐表面有缭缝1条，女子的有缭缝2条，并称为乎孛·乎热。卡子镶边之后用大羊皮压住，这样大羊皮的绒毛就不会露出来，显得更加美观。已婚妇女的乌齐有桑格尔齐各台（有接缝）和桑格尔齐各郭（无接缝）。桑格尔齐各台乌齐与浩尔莫台·德勒一样，桑格尔齐各郭乌齐与毕希米德一样。桑格尔齐各台乌齐在腰线附近有恰勒玛、连续的夏格拉日、希尔郭勒嘎、桑格尔齐各，而桑格尔齐各郭乌齐因没有腰际接缝所以没有这些装饰。领子同浩尔莫台·德勒和毕希米德一样是方立领，在领子的外侧、贴毕恰与浩尔莫台·德勒一样用与大身不同颜色的绸缎或库锦制作。领子的内侧与乌齐的下摆形制与男子的乌齐相同。富裕人家在乌齐的领子、前襟、下摆用水獭皮、貂皮镶边，贫困一些的人家用黑色或白色羔羊皮镶边，也有的做成黑白相间的镶边。一般已婚妇女用羔羊皮给乌齐的下摆做镶边。……男女乌齐都有小型的马蹄袖，富

---

❶ 娜·阿拉腾其其格. 额济纳土尔扈特民俗传承与变迁（蒙古文）[M]. 海拉尔：内蒙古文化出版社，2013：42-43.
❷ 同❶43.

裕人家用水獭皮、貂皮制作，贫困一些的人家用黑色羔羊皮制作，并且有可拆分和不可拆分两种。可拆分的马蹄袖可以装饰哈吉，即用其他颜色的材质镶边"❶。

3. 德勒

阿拉善额济纳土尔扈特蒙古的德勒也主要是指奈凯·德勒，即没有吊面的大羊皮衣。"一般用白色的奈凯制作。过去无论男女都有小型马蹄袖，男子大身两侧有开衩，后来年轻人不做马蹄袖了，无论老少都穿没有开衩的袍服了。已婚妇女奈凯·德勒的领子还是做成方立领，前襟与浩尔莫台·德勒和毕希米德一样制作。随着时代发展变迁，年轻人们也做圆立领、右衽大襟形制的了。奈凯·德勒的领子、前襟、袖口通常用黑色、紫色或蓝色布料做 1 条宽的镶边，有的镶 2 条边，有的还用白色、黑色羔羊皮相间进行镶边装饰或者用纯黑色镶边。手巧的人还会用白色羔羊皮镶边之后旁边再用黑布平行装饰 1 条装饰线。德勒的下摆有的用布镶边，有的用皮绳压线装饰，也有的将羔羊皮裁成细条绗缝。"❷

亚曼·德勒，即用山羊皮做的没有吊面的袍服。这是家境贫寒的人穿用的服装，形制与制作方法与奈凯·德勒是一样的。

阿尔森·褡护，是"用蓝色、黑蓝色山羊皮制作的，有较宽的方立领，直襟、有 5 枚扣子（用动物角做的扣子，用鞣制的皮做的扣襻），后身有开衩，没有马蹄袖和吊面的一种男子常用的宽大袍服。阿尔森·褡护的领子用短毛的皮制作，褡护的缝缝是朝外的并且上面用皮子压缝认为结实。褡护的领子、门襟、袖口和边缘都用皮子镶边。一般狩猎或长途跋涉的人穿用，套穿在袍服上面，晚上还可以盖。马背上可以把腿和膝盖盖住，冰雪天可以将皮毛翻出穿用。平时总是把褡护放在马背上，……一般衣长比奈凯·德勒长，下摆约到靴跟的位置"❸。

（二）其他服装品类

1. 齐格德各（tsigteg）、罕吉雅尔、额立孛齐（e:libtʃi）

齐格德各、罕吉雅尔、额立孛齐的共同特点是无袖，但长短不同，穿着场合也有所不同。

齐格德各，阿拉善额济纳土尔扈特蒙古妇女的齐格德各有时也称奥吉，其形制与其他卫拉特蒙古的齐格德各基本一致。"齐格德各是姑娘出嫁之日、已婚妇女在参加庆典、祭拜之时穿在浩尔莫台·德勒上面的礼服。齐格德各有两种，其相同的方面是：直襟，无袖，大身两侧、后身均开衩（约 1 套哈 5—8 寸），领子、前襟、开衩、袖口、下摆的边缘用 2 指宽的红色库锦镶边，在其内侧（旁

❶ 娜·阿拉腾其其格. 额济纳土尔扈特民俗传承与变迁（蒙古文）[M]. 海拉尔：内蒙古文化出版社，2013：44.
❷ 同❶.
❸ 同❶46.

边）用 3 条 5 股线进行刺绣装饰。其不同的地方是：一个是低圆领，一个是 V 领；一个是大身整体裁剪，一个是上身和下摆分开裁剪然后缝合；一个有 5 枚扣子，一个有 2 枚扣子；一个没有上翘的肩型，一个则有上翘的肩型；一个在领子、前襟、袖口、下摆、开衩周围有希尔郭勒嘎纹样，一个在腰线周围有塔么根·合（tamagan xɔ:，印章）纹样，即加格森·合（dzagsen xe:，鱼形）纹样；一个在腋下只有孛勒（bel）的挂钩，一个有孛勒的贴毕恰和挂钩；一个用青色作面料、用红色作衬里，一个用黑色作面料、用红色作衬里。在过去，尤其是官太太、贵妇人都有穿肩型上翘的黑绸缎齐格德各的习俗"（图 3-54）。

罕吉雅尔，在阿拉善额济纳土尔扈特蒙古中是除已婚妇女之外男女都会穿用的套穿在袍服之上的一种礼服。在形制方面，"圆立领（与衣身的材质一样），右衽前襟，两边侧缝有短的开衩（未婚女子的没有开衩），领口、前襟、腋下、侧缝各有 1 枚扣子，领子和前襟用其他颜色的库锦或绸缎镶 1 条宽边，也有的没有镶边。富裕人家夏季穿用绸缎、柞丝绸做面料，用薄布料衬里的罕吉雅尔。冬季穿用赞布做面料，用厚的衣料衬里的罕吉雅尔。家境一般的用褡裢布、大布做罕吉雅尔穿用"❶（图 3-55）。

额立孛齐，与罕吉雅尔的形制接近，是男女老少都会穿用的一种内穿的衣服。"过去额立孛齐的领子、右衽前襟没有镶边，后来做的在领子和前襟边缘镶边，并且是圆领、直襟的款型。右衽前襟的额立孛齐钉 3 枚扣子，直襟的钉 5 枚扣子。有布制的、去毛鞣革制的、棉制的额立孛齐，一般布制的夏季穿用，去毛鞣革制的、棉的冬季穿用，并且用绸缎、褡裢布、大布做面子，用薄布做里子。"❷

图 3-54
内蒙古阿拉善土尔扈特蒙古妇女齐格德各正面、背面
（引自布林特古斯《蒙古族民俗百科全书·物质卷》中册，2015）

图 3-55
罕吉雅尔（坎肩）
（引自布林特古斯《蒙古族民俗百科全书·物质卷》中册，2015）

❶ 娜·阿拉腾其其格. 额济纳土尔扈特民俗传承与变迁(蒙古文)[M]. 海拉尔:内蒙古文化出版社,2013:46.
❷ 同❶47-48.

另外，阿拉善和硕特部的坎肩作为装饰和礼仪性的服装，男子和已婚女子均穿与长袍相搭配的直襟短坎肩。

2. 呼尔莫（xyrem）

呼尔莫是过去"政府官员、大臣、上层喇嘛等人士穿用的礼服和盛装。早前呼尔莫的衣长约到膝盖，后来成为短的上衣了。呼尔莫有低圆领和立领两种领型，低圆领的呼尔莫为直襟，立领的为右衽前襟，这两种呼尔莫都在侧缝有短的开衩。右衽呼尔莫在领子、前襟、腋下和侧缝各钉 1 枚扣子，直襟的呼尔莫钉 5 枚扣子。由于是套穿于袍服外面，所以袖子宽大而且较短。一般用黑紫色、黑蓝色、深青色面料制作。富裕人家也有用水獭皮、貂皮、貉子等珍稀动物皮制作的呼尔莫"❶。

3. 切吉么格（tsedzmeg）、克依立各（ki:lig）

切吉么格，是一种男子的服装，切吉是前胸的意思，所以是短上衣的形制，"圆立领，右衽前襟，无开衩和马蹄袖。切吉么格分为切吉么格和莫仁（马上的）·切吉么格。切吉么格与查么查的衣长一样，莫仁·切吉么格的衣长约到膝盖。过去主要是穿在上身，所以这样命名。此服装用大羊皮、山羊皮或鞣制皮革制作，有的用蓝色褡裢布吊面，有的不吊面。大羊皮、山羊皮制作的切吉么格的领子用大羊皮，鞣制皮革切吉么格的领子用鞣制皮革。切吉么格的领子、前襟、袖口用其他颜色的布料镶边，下摆一般用鞣制皮革条镶边。这种服装在领子、前襟、腋下各有 1 枚扣子。"

克依立各，在新疆卫拉特蒙古服饰中也有这一服装，称克依令，喀尔喀人称为查么查。"克依立各是右衽，侧缝有长度约缩么（17—18cm）的开衩，无上肩，是穿在里面的短衣服。……主要用白色、蓝色褡裢布、洋布、色布等布料制作，男女老少都会穿着。男子和未婚女子的克依立各是圆立领，已婚妇女的是方立领。并且过去全部用于大身不同颜色的面料制作领子，但后来又用一样的颜色制作了。克依立各的领子、前襟、腋下各钉 1 枚扣子。男子和未婚女子克依立各领子、前襟尽量用其他颜色的布料镶边，或者不做镶边直接向里折进去缝制。已婚妇女的克依立各在前襟有红色布料制作的小长方形的贴毕恰，过去沿着贴毕恰的边沿用绿色的线做花边，其旁边再进行连续的缉缝，然后再装饰左日字齐，后来有的就不做贴毕恰，领子、前襟边沿用绿色丝线做花边，再缉缝，然后装饰左日字齐。以前已婚妇女克依立各的下摆有不向里翻折进去缝制的习俗（据说影响生育），后来习俗产生变迁，也可以向里翻折缝制了。给幼儿穿用的克依立各式

❶ 娜·阿拉腾其其格. 额济纳土尔扈特民俗传承与变迁（蒙古文）[M]. 海拉尔:内蒙古文化出版社,2013:45.

的衣服称幼儿的别日郭字齐，并且不钉扣子扣襻，而是缝上短带子。"

4. 沙勒布尔

新疆卫拉特蒙古也称裤子为沙勒布尔。额济纳土尔扈特蒙古"在过去常说沙勒布尔，也称郭尔班·阿么图（三个口的，笔者按），后来称乌木都的逐渐多起来。沙勒布尔除了喇嘛其他人都会穿用。沙勒布尔有布斯（布）·沙勒布尔、阿尔森·沙勒布尔（包括奈凯、伊立肯沙勒布尔），并且布斯·沙勒布尔在夏天穿用，奈凯、亚曼·阿尔森（山羊皮）沙勒布尔在冬天穿用，伊立肯（去毛鞣革）·沙勒布尔春秋穿用，后来也做乎绷台（棉）·沙勒布尔。阿尔森·沙勒布尔分有吊面和无吊面两种，富裕人家用绸缎、柞丝绸或褡裢布、大布吊面。沙勒布尔的形制是：宽腰口，胯部宽松，裤腿裁片前后尺寸一样，不像现在的裤子裤腿的后片较宽，前片较窄。裤腰单独剪裁后缝合并且在裤腰四周缝制 4 个裤襻用毛线绳做裤腰带，后来用布做裤腰带了。给 1—2 岁的幼儿穿开裆裤，名为以西么。也给穿肚兜裤，是上衣和裤子连体的一种衣服。"❶

还一种套裤，形制像皮制的裤腿，一般男子套穿在裤腿之上。"大腿的部分作出像马蹄袖一样形制并在其上缝制带子固定在腰带上。即是里子用去毛鞣革做并吊面的护膝，也有直接称护膝的。也用山羊、羚羊的去毛鞣革或带毛的山羊皮制作，用于长途跋涉时护膝和保暖。"❷

（三）帽冠

1. 托尔次各

内蒙古额济纳土尔扈特蒙古的托尔次克，原来的帽顶是圆形，20 世纪 30—40 年代开始帽顶逐渐变尖。在形制方面，"有夏季托尔次克和冬季托尔次克之分，夏季托尔次克：头盔型的帽子。此帽由六个帽瓣组成，每个帽瓣连接的位置都有夹条，有的没有。里子和面子分别裁剪，并在中间贴衬使其硬挺。六片帽瓣最前面的一个上用金线刺绣火焰或钱纹，帽顶装饰楞次（类似蒙古包顶装饰，笔者按）纹样，上面钉上红色的顶结，顶结下面坠饰长的红缨穗。过去女子的托尔次各在火焰纹样的周围不再装饰其他纹样，但是后来钱纹、吉祥结、兰策纹、汗孛古、哈屯遂合等纹样任意选择刺绣。托尔次克的边沿会装饰 2 指宽的镶边。喇嘛的托尔次克用黄色绸缎制作，并用红色绸缎镶边，其他认定一般用黑色绸缎制作，普通百姓用黑色库锦镶边，已婚妇女用蓝色库锦、儿童用绿色库锦镶边，并且里子都用布制作。齐合台·麻拉嘎（冬季的托尔次克）：此帽主要是男子穿戴。

❶ 娜·阿拉腾其其格. 额济纳土尔扈特民俗传承与变迁(蒙古文)[M]. 海拉尔：内蒙古文化出版社，2013：48.
❷ 同❶55.

帽顶的样式与夏季的托尔次克一样，由于是冬季穿戴，所以在面子和里子之间夹棉再使其硬化。帽子的 4 个耳分别裁剪再缝合，而且帽子的前后耳较小，两侧的耳较大，虽然 4 个耳都可以翻下来，但平时前后耳并不翻下来，也有向里披进去穿戴的。富裕人家会用水獭皮、貂皮、河狸皮做 4 个耳的里子，家境一般的用黑红羔羊皮做里子，面子的材质与帽顶的一样。主要选用黑色、紫色、褐色、黄色，并把喇嘛帽和普通人的进行区分。除特别寒冷时节将帽耳放下来，其他时候都是翻上去穿戴的"[1]（图 3-56）。

2. 布奇来齐

布奇来齐是"古代的一种四方顶的冬帽。此帽从帽顶到帽檐为正四方形，高度约莫合尔·索么，将帽片分别裁剪再进行缝合。帽檐的部分分别缝合上护额、护耳和帽披。在护耳底端缝上红色的带子，在不需要护耳放下来的时候用带子向后系结在帽披上面。在帽子的面子和里子中间夹薄呢子或棉絮加厚，并从帽顶到帽檐的部分均用粘衬使其硬化并进行绗缝。帽顶和帽顶以下至帽檐的部分、护额的里侧、护耳、帽披的外侧用同一个颜色的材质制作。喇嘛用黄色、红色，其他人以蓝色、青色为主。而富裕人家将护额的面子、护耳的里子（翻上去之后毛皮朝外了）用水獭、貂、青鼬、貉、水貂等动物的皮制作，而家境一般的则用羊羔、狐狸皮制作。帽子的顶端钉上玉石并在上面装饰红色顶结或短的红缨穗。在帽披的边沿（外侧）缝上 2 条红色的长飘带。四方顶的一角朝前，相对的另一角朝后，另外两个角分别朝向两个耳朵。有些老人也称此帽为升森·奥锐台·麻

图 3-56
内蒙古阿拉善土尔扈特蒙古托尔次各、希尔郭勒、托克各
（引自布林特古斯《蒙古族民俗百科全书·物质卷》中册，2015）

---

[1] 娜·阿拉腾其其格. 额济纳土尔扈特民俗传承与变迁（蒙古文）[M]. 海拉尔：内蒙古文化出版社，2013：50-51.

拉嘎，据说应为扁平的帽顶到帽檐的部分是四方形，很像称粮食的升，所以得此名"❶。

3. 居木立各（dzumlig）

居木立各是阿拉善额济纳土尔扈特蒙古的一种筒状的帽子。"这个帽子由顶部和色乎各齐（帽子两侧帽片）组成。帽子的顶部折叠若干小褶缝合，有的还用红色布做圆形顶饰并装饰短缨穗。色乎各齐是指筒状帽的下端可以向上翻折的部分，其后侧还会有一个小的开衩。夏季的居木立各仅由面子和里子组成，并将色乎各齐向上翻折穿戴。冬季的居木立各夹棉絮增厚，在色乎各齐面子上缝上黑色、红色的羔羊皮或貂皮、水獭皮，将色乎各齐放下来之后毛皮就会到里侧。帽顶可以用任何颜色的面料（主要是蓝色、青色），但是色乎各齐用黑色或红色，主要是黑色，用绸缎、柞丝绸、褡裢布做面子，用布料做里子。以前这种帽子无论男女老少都会穿戴，并且自己制作。"❷

4. 奥孛加（ɔːbɔdz）

奥孛加是一种冬帽。"帽顶似托尔次克（圆顶），帽子的护额、护耳和帽披是连着的并且整体称为麻拉嘎因·切孛斯各。切孛斯各的里子（即护额的面子），用狐狸皮、羊羔皮或者用水獭皮、貂皮缝制，平时都是翻上去穿戴的，特别寒冷时才把它放下来。切孛斯各的面子用与帽顶不同材质的面料制作，帽顶和切孛斯各接缝的位置用其他颜色的材质制作哈吉（夹缝）。而如果是用绸缎、柞丝绸、褡裢布制作面子，就会全部（帽顶、切孛斯各、哈吉）都用这种面料。在帽耳的底端缝上短的带子，把帽耳向上翻折之后系结在帽披上方。此帽还会在托尔次克部分夹棉增厚，在帽顶中央钉上红色顶结，帽披的后端也缝上两个红色的短带子。此帽由大护耳、长帽披的特此安，男女老少都会穿戴。"❸

5. 黑令·麻拉嘎（xiːliŋ malag）

黑令·麻拉嘎是内蒙古额济纳土尔扈特蒙古穿戴的帽子，在春季、夏季和秋季使用。此帽"有扁圆形的托尔次各帽顶，外沿有圆形帽檐，有的称乎热·黑令·麻拉嘎。此帽是参领（清代官名，笔者按）以上官职的大臣、上层喇嘛和富裕人家的妇女穿戴的。托尔次各顶子由六瓣组成，在最前面的一瓣上装饰钱纹或火焰纹，大臣官员们的帽顶有顶戴、其他的装饰红色顶珠。政府官员、县令的黑令帽顶装饰红缨（在帽檐内侧）。梅林、参领没有缨子。妇女在帽顶的顶珠上垂饰长红缨子。帽檐的高度约4指宽，男子的帽檐面子都用黑色黑令制作（黑令是

---

❶ 娜·阿拉腾其其格. 额济纳土尔扈特民俗传承与变迁(蒙古文)[M]. 海拉尔:内蒙古文化出版社,2013:50.

❷ 同❶49.

❸ 同❶49-50.

平绒的意思，可能是常用黑令做所以称为黑令帽），女子的用黑色绸缎制作。男子帽檐的内侧边沿装饰镶边，女子的是外沿用其他材质或者库锦制作。男子帽檐的面子上没有任何装饰纹样，是纯黑色的，女子的在正中间用金线刺绣火球并在两侧刺绣盘龙纹样。帽檐的内侧与帽顶的颜色一致。帽顶的面子，喇嘛用黄色，其他人用蓝色、紫色、黑色"❶。

6. 甘登·麻拉嘎（gandaŋ malag）

甘登·麻拉嘎是内蒙古额济纳土尔扈特蒙古穿戴的一种冬帽。"此帽是章京（清朝的官职，笔者按）及以下大臣、侍卫以及富裕人家的妇女穿戴的。此帽有托尔次克式的帽顶，外沿有帽檐（不同于黑令帽的帽檐）。帽檐的上沿从前到后到耳侧后方向上以弧线形立起来再折回，到帽后侧有一个小的开口，并在开口的两侧分别缝上红色的长带子。托尔次克顶的样式和装饰纹样与黑令帽的托尔次克顶子一样。由于甘登帽是冬帽，所以在帽顶夹絮棉花并贴衬硬化。妇女的帽顶会钉上珊瑚顶结（不一定是真珊瑚），大臣侍卫等人的帽顶有顶戴，在顶戴和顶珠周围刺绣 4—6 个楞次纹样。作为商品的甘登·麻拉嘎帽顶都是绗缝的，帽檐向上翻的面子上都给缝紫色的毛皮，并且不能翻下来。所以冬天寒冷季节人们穿戴有帽耳的帽子。帽子的顶子和帽檐的里子都用绸缎制作。富裕人家的妇女在帽子的两个飘带上用金线刺绣龙凤的纹样装饰。"

7. 堂森·麻拉嘎（taŋsen malag）

堂森·麻拉嘎是"像蒙古包造型的夏帽。这种帽子是政府官员、所有的大臣和侍卫等人穿戴的。帽顶有库锦制作的小圆形装饰，并从帽顶坠饰丝制红缨，长度到帽檐的位置。大臣和侍卫们在帽顶装饰上钉顶戴，并且政府官员帽子帽檐的正前方还装饰大念珠般的白珍珠"❷。

8. 伊森·奴合图·麻拉嘎（jisen nyxet malag）

伊森·奴合图·麻拉嘎是一种"托尔次各型帽顶，有四个帽耳的毡帽。帽顶的正前方和左右两侧都装饰 9 孔纹样，因而称为伊森·奴合图·麻拉嘎。托尔次各帽顶和四个帽耳（前后帽耳小，两边的帽耳大）用薄呢子制作，并且帽顶的圆形装饰、帽子边沿、9 孔等部位都用青色制作。此帽一般是儿童穿戴的帽子"❸。

9. 尤登·麻拉嘎（ju:den malag）

尤登·麻拉嘎是喀尔喀蒙古冬帽，其形制"像两只鸟的翅膀合起来的造型，

❶ 娜·阿拉腾其其格. 额济纳土尔扈特民俗传承与变迁(蒙古文)[M]. 海拉尔:内蒙古文化出版社,2013:52.
❷ 同❶53.
❸ 同❷.

将两部分分别裁制后缝合。帽顶的部分夹絮棉花增厚，其他部分的里子用狐狸皮制作，少数用绵羊羔皮或山羊羔皮做里子。帽子的面子用棕色、蓝色、紫色、青色、黄色等颜色的绸缎、柞丝绸、褡裢布制作。帽耳的部分向后的内沿用其他颜色的布料制作哈吉，在护耳的底端缝制带子，用于向后系结于后颈，内侧缝制帽带，用于放下帽耳之后系结于下颌。帽披（没有奥字加的帽披长）并不向上翻折，总是放下来的。这种帽子是额济纳土尔扈特 20 世纪 40 年代开始普遍穿戴的，并且都是自己缝制"❶。

10. 齐合孛齐（tsixebtʃi 护耳）

齐合孛齐是一种没有帽顶，形制类似尤登帽的护耳。"齐合孛齐是男女老少都会穿戴之物，主要是已婚妇女在夏季托尔次克外面套着穿戴。男子的齐合孛齐有护额、护耳和护颈。已婚妇女为了露出希日郭勒·乌素而将护耳和护颈分开制作。在形制方面，耳朵两侧有细长的护耳，后侧护颈的下面稍宽，上面细一点，也就是有格吉格孛齐（环箍），在其两侧的中间部分分别缝制带子或扣子，两个护耳后面的中间部分分别缝制带子和扣子，将护耳和护颈从耳朵下方系结或扣上。护额、护耳、护颈的里子用羔羊皮或去毛鞣革制作，并用柞丝绸、布料、褡裢布做面子。齐合孛齐的两端分别缝制飘带系结在下颌。"❷

11. 阿勒丘尔（头巾）

内蒙古额济纳土尔扈特蒙古的阿勒丘尔主要是未婚女子戴的，而已婚妇女没有戴头巾的习俗。阿勒丘尔一般用"绿色、粉色、青色春绸制作，也用纺绸、柞丝绸、褡裢布制作，并且做成长方形，而贴毕恰（已婚妇女的）的阿勒丘尔则是正方形的。非常忌讳头戴白色头巾……过去女子的母亲去世后有头戴 7 天白色头巾表达哀思的习俗"❸。

（四）鞋靴

1. 郭图勒（靴子）

内蒙古额济纳土尔扈特蒙古过去常穿的靴子有卡么青、森等耶兹、梳若各等圆头靴子，20 世纪 30 年代以来常穿额登·郭图勒了。靴子一般不会自己制作都是买来穿的，如果底子穿了就补上底子接着穿❹。

2. 恰日各

恰日各是用牛皮、骆驼皮（主要是牛皮）自己制作的一种鞋子，后来迁徙至

❶ 娜·阿拉腾其其格. 额济纳土尔扈特民俗传承与变迁（蒙古文）[M]. 海拉尔：内蒙古文化出版社，2013：53-54.
❷ 同❶54.
❸ 同❷.
❹ 同❷.

额济纳的土尔扈特日常穿用这种鞋子。其制作方法是"将皮革浸泡之后在毡袜外包住裁剪，在上面边沿穿孔，用皮绳或筋绳穿上孔洞，在口沿留下可以放进脚的宽度，其他的都收紧之后晾干塑形。恰日各没有专门的鞋底，就用一片皮革材质整体制作成型，其特点是既结实又轻便。额济纳土尔扈特还称恰日各为巴尔都各"❶。

3. 威莫苏

一般会在郭图勒、恰日各里面穿毡袜，"毡袜用薄毡子剪裁后用驼毛线缝制。也会用秋季的短毛绒做成袜子的形状直接压制成型。但是这种压制的手艺很晚才被人们掌握。给女童用薄毡制作袜子，并且说这是儿童的孛依德各，也会给老年人制作这种袜子。"❷

（五）配饰

布斯（腰带）

"布斯用春绸、柞丝绸、褡裢布、大布、机布制作，并且除了黑色、白色、黄色之外的其他颜色都可以做布斯，与袍服的颜色搭配选择。男子、未婚女子通常在袍服上扎腰带，已婚妇女在参加那达慕、祭拜、祭祀、过年等时期人多聚集的场合必须遵守穿袍不系腰带的礼俗。在面见达官贵族、上层喇嘛、台吉驸马、家乡德高望重的长辈和婆家人时都要解下腰带，在进入人家之时有将腰带放在马上或放在蒙古包顶上后再进门的礼俗。"❸

（六）首饰

1. 乌斯乃·格尔（发套）

内蒙古额济纳土尔扈特蒙古的乌斯乃·格尔与新疆土尔扈特蒙古的乌斯乃·格尔基本一致，而且在戴这种发套之前还要戴希尔郭勒·乌斯，与新疆卫拉特蒙古妇女的希尔郭勒一致，只是中华人民共和国成立后妇女逐渐不再戴这种希尔郭勒，而是把自己的头发分梳成两条辫子放入发套。也有人称内蒙古额济纳土尔扈特乌斯乃·格尔为希合尔么各❹。

乌斯乃·格尔是"用黑色绸缎、黑色平绒或黑色布料制作的细长筒状头饰。发套的口沿为三角形，口沿两侧边沿用绿色细线装饰或用窄绦子镶边，旁边再用绿色线缉缝。……发套有面子和里子，里子的口沿用线做绳带，将头发放入发套之后，正面口沿的绳带穿过头发扣在背面口沿里子上钉的扣子上固定。发套的下

❶ 娜·阿拉腾其其格. 额济纳土尔扈特民俗传承与变迁(蒙古文)[M]. 海拉尔:内蒙古文化出版社,2013:55.
❷ 同❶.
❸ 同❶43.
❹ 布林特古斯. 蒙古族民俗百科全书·物质卷:中册(蒙古文)[M]. 呼和浩特:内蒙古教育出版社,2015:893.

端是正方形的"，其边沿用绿色线进行各种刺绣装饰，下端并不封口。"大部分发套都长到膝盖的位置，如果扎腰带就习惯把头套压在腰带下。"❶

额济纳土尔扈特蒙古妇女在发套上还会装饰哈达勒嘎（装饰牌），"富裕的人家用金、银制作的吉字图因·陶勒嘎（在寺庙门口装饰的圆形的铜把手，这里指装饰在发套上的有动物头形的装饰物），至中华人民共和国成立前才开始普遍装饰珊瑚、珍珠、扣子形镶嵌或者有吉祥结纹样的三角银饰牌。"❷

此外，有人提到在发套下面还有托克各❸，与新疆卫拉特蒙古的形制一样。但是在很多描述阿拉善土尔扈特头饰的著述中常被忽略，而如今制作的额济纳土尔扈特传统服饰中托克各几乎消失。

2. 绥克（耳环）、布勒吉各（bɔldzeg，戒指）、孛古孛齐（buɡubtʃi，手镯）

绥克也称额么各，卫拉特蒙古妇女均戴耳环。"绥克、额么各主要是把银、铜、黑铅交给银匠制作而成的，它主要是银质的。妇女有必须要戴耳环的习俗，女孩子10岁以后就要穿耳洞戴耳环。绥克、额么各中有牌子·绥克、孛热·绥克、散吉拉嘎·绥克、嘎日罕·额么各、苏尽·额么各、奥其尔·额么各、浩尔勒·额么各、赞丹·额么各、赞丹·浩尔勒·额么各、孟根·乌塔森·额么各等，其中赞丹·额么各、赞丹·浩尔勒·额么各、孟根·乌塔森·额么各是较后期才开始普遍戴的。"❹

布勒吉各，即戒指，"额济纳土尔扈特蒙古也称孛勒吉各或孛勒斯各，用金、玉石、银、黄铜、红铜、琥珀制作，金、银、黄铜的由银匠制作，红铜、琥珀是购买得来的，并且多数是戴银戒指。……女孩子10岁以后就戴戒指，女子一般不能空着手指（除中指之外）。男子一般不戴戒指，戴戒指的也是在无名指上戴。无论男女都不在中指戴戒指，认为在中指戴戒指是服丧的象征。"❺

孛古孛齐，即手镯，主要有用"金、玉石、银、颇里亚斯、黄铜、红铜、琥珀等材质制作的手镯，金、银、黄铜、红铜的由银匠制作，玉石、颇里亚斯、琥珀等材质的是购买得来的，并且多数戴银镯子（有实心和空心之分）。琥珀手镯有黄、红、绿、斑点等多种颜色，手镯不镶嵌装饰物。女子即使不在双手上都戴手镯，也有必须在一个手上戴手镯的习俗，男子一般不戴手镯"❻。

❶ 娜·阿拉腾其其格. 额济纳土尔扈特民俗传承与变迁(蒙古文)[M]. 海拉尔:内蒙古文化出版社,2013:61.
❷ 同❶61-62.
❸ 布林特古斯. 蒙古族民俗百科全书·物质卷:中册(蒙古文)[M]. 呼和浩特:内蒙古教育出版社,2015:893.
❹ 同❶63-64.
❺ 同❶64.
❻ 同❶64-65.

（七）装饰品

1. 孛勒

孛勒，与青海、甘肃卫拉特的别勒是同一个蒙语词，是用玉石、银、颇里亚斯、黄铜或铁做的饰品。"无论男女都常戴圆形孛勒，男子还戴月亮形孛勒、鼻烟壶形孛勒，妇女有的也戴转筒形孛勒，而且表面都有装饰镶嵌……男子在皮带的挂钩上面戴孛勒，左侧的孛勒上挂火镰，右侧孛勒上挂刀。已婚妇女在浩尔莫台·德勒、毕希米德或乌齐的腋下贴毕恰挂钩上戴孛勒，并且在右侧孛勒上挂克特孛齐（妇女的鼻烟壶袋子）、左侧孛勒上挂浩沃勒（针包）、都热·霍若孛齐（顶针），有些妇女还会系上各种手绢作装饰。"[1]

2. 尕斡（护身符）

尕斡也是与其他卫拉特蒙古一样在妇女在脖子上挂的一种银饰。"有浩尔勒图·尕斡（有法轮的护身符）和包尔罕图·尕斡（有佛像的护身符）两种，包尔罕图·尕斡是中空的扁圆形物，在中间常放置纸上绘制的佛像，认为有护身消灾的作用。"[2]

此外，额济纳土尔扈特蒙古的装饰品还有浩沃勒（针盒）、呼呼尔因·褡裢（男子的鼻烟壶袋子）、达么肯·东古尔齐各（烟袋）、阿亚干·哈孛塔嘎（碗袋）、克特孛齐等。

第二节　跨国卫拉特蒙古的传统服饰

跨居国外的卫拉特蒙古主要分布于蒙古国、卡尔梅克共和国，也有少量分散于法国、美国等地。

一、蒙古国卫拉特蒙古的传统服饰

蒙古国的蒙古人从大的分布上可分为喀尔喀部落、卫拉特部落、布里雅特部落、来自内蒙古各部的蒙古人四个部落。卫拉特部落中包括杜尔伯特、巴雅特、厄鲁特、乌梁海、土尔扈特、扎哈沁、明嘎特等部。卫拉特杜尔伯特是蒙古国的第二大支，主要居住在蒙古的科布多河东岸至唐努山脉、乌布斯湖及特斯河下游地区，在语言、服饰、风俗习惯方面与喀尔喀有明显差异，从事农业、手工

❶ 娜·阿拉腾其其格. 额济纳土尔扈特民俗传承与变迁(蒙古文)[M]. 海拉尔:内蒙古文化出版社,2013:62-63.
❷ 同 ❶63.

业者居多，人口有 5.5 万人 ❶。本书将蒙古国的卫拉特蒙古服饰仍按前文叙述的方式，按服饰种类进行分类，在阐述过程中根据具体情况说明有明显区别的部落服饰特征。

（一）袍服

1. 拉布西各

蒙古国的蒙古人通常称袍服为拉布西各，也称特尔立各。从总体的形制来看，蒙古国的卫拉特蒙古虽然通用拉布西各、特尔立各这两个名字，但是拉布西各的形制主要倾向传统右衽蒙古袍的形制，而且指代男子袍服和未婚女子袍服时运用特尔立各的情况较多，而特尔立各在已婚服饰中则倾向于指称直角形门襟的袍服（即毕希米德，图 3-57）。

蒙古国杜尔伯特蒙古"男子穿用黑色平绒作镶边，圆领，有马蹄袖的白色拉布西各。拉布西各的下摆没有镶边，侧缝有开衩，并用有花纹的大布衬里。"

"卫拉特蒙古称 16 岁以上未婚女子为赛吾格尔（Seweger）❷，赛吾格尔穿用的拉布西各（特尔立各）主要有绿色、青色并且用黑色平绒镶边。此特尔立各无马蹄袖（或有马蹄袖），圆领，是冬季穿在白皮奈凯（去毛鞣革皮）外用平绒吊面的袍服。"❸ 蒙古国扎哈沁蒙古赛吾格尔穿用的拉布西各也在形制上与上述的拉布西各基本一致。此外，还有一种立领、直襟、前后开衩的长袖袍服。

蒙古国巴雅特蒙古的拉布西各一般是"白色袍服用黑色镶边，并在拉布西各背后腰际到臀部的位置装饰用黑色平绒做的一对蝴蝶。拉布西各为圆领，环绕的马蹄袖，侧缝的开衩为长方形，在开衩上方有悖合勒（一种圆形纹样，笔者按）。年轻人穿用蓝色的拉布西各，而边缘并不作镶边装饰"❹（图 3-58）。

蒙古国厄鲁特蒙古的袍服就是传统右衽的袍服，"男子穿圆领，无镶边，有青色马蹄袖的蓝色袍服，并且仅在前襟做镶边。袍服的门襟是方形的……女子穿窄袖有青色马蹄袖的紫红色袍服。"❺

蒙古国明嘎特蒙古男子的袍服也就是传统右衽的袍服，"男子穿有黄色的立领，黑色的镶边，没有恰勒玛（绕领的镶边），有青色的马蹄袖的白色袍服。前襟的镶边在前片中缝的缝迹线停止，侧缝没有开衩。"❻

❶ 图门其其格,恩和. 蒙古国的民族问题与民族政策 [J]. 西北民族研究,1999(2):199-205.
❷ 音标参考乌恩奇,齐·艾仁才. 四体卫拉特方言鉴(蒙古文)[M]. 乌鲁木齐:新疆人民出版社,2005:185.
❸ 布林特斯. 蒙古族民俗百科全书·物质卷:中册(蒙古文)[M]. 呼和浩特:内蒙古教育出版社,2015:1199.
❹ 同 ❸1202.
❺ 同 ❸1233.
❻ 同 ❸1240.

2. 特尔立各

阿吾盖因·特尔立各是杜尔伯特妇女的主要袍服，"主要用黑色、蓝色、青色面料制作，并在领子和马蹄袖上用库锦镶边、装饰彩虹色绦子。特尔立各的下摆没有镶边并且是可以敞开的，象征不被禁锢于一个地方，可以自由行走。"❶另外，这种袍服还有附加的白色披肩式领子，并在领子边缘刺绣彩色的平行丝线进行装饰（图3-59）。

蒙古国卫拉特蒙古妇女的特尔立各，在形制方面"立领，开襟，前襟直开至腰际再以直角向右折。这种特尔立各的前襟、领口、袖口都用逾2指宽的库锦镶边，并在胸前的位置用与镶边同样的材质横向装饰。在前襟钉5枚扣子，在腰际直角的位置钉3枚扣子"。这款特尔立各在款型上与阿吾盖因·特尔立各基本一致，与新疆、内蒙古土尔扈特部的毕希米德款型相同。

蒙古国巴雅特蒙古的特尔立各一般用"紫红等亮色的绸缎制作，其上用白色绸缎或布制作约5指宽的圆领（沿着立领缝制，似小型披肩，笔者按），直襟。在领口以下直开襟约2缩么（34—36cm），再呈直角向右开襟（横襟、笔者命名）至侧缝。在直角门襟边缘用2指多宽的绿色、蓝色等颜色的库锦、罗当（一种绸子，笔者按）镶边，通常在直襟上钉4枚扣子、横襟上钉3枚扣子。袖子在袖笼处宽松，袖口细窄且长，袖口接缝马蹄袖，并在其外沿同门襟一样作2指多宽的镶边，放下马蹄袖穿着"❷（图3-60）。

图3-57（左）
蒙古国的蒙古通常称袍服为特尔立各

图3-58（中）
蒙古国巴雅特蒙古的拉布西

图3-59（右）
蒙古国杜尔伯特妇女阿吾盖因·特尔立各

（图3-57~图3-59引自布林特古斯《蒙古族民俗百科全书·物质卷》中册，2015）

❶ 布林特古斯. 蒙古族民俗百科全书·物质卷：中册(蒙古文)[M]. 呼和浩特:内蒙古教育出版社,2015:1190.
❷ 同❶1204.

蒙古国巴雅特蒙古的女子婚礼服装中有一种乌兰·乔巴（红色外衣），其款型特点也是类似毕希米德，有直角形前襟，立领，也称哈勒嘎尔·德勒（图3-61）。女子出嫁之时穿上此衣"到兄弟家、亲戚家做客7天"❶。蒙古国扎哈沁蒙古中也有与此类似的浩日么因（婚礼的）·乔巴，另有一种浩日么因·诺木尔格（披风）。

蒙古国扎哈沁蒙古的阿吾盖·特尔立各是"圆领，上袖（袖子单独剪裁再与大身缝合，笔者按）的一种特尔立各。这种特尔立各有青色、蓝色、绿色等颜色。边缘用红色、绿色库锦镶边，也可以用彩色绦子替代镶边。袖子宽大，袖口接缝马蹄袖，下摆宽松肥大。与喀尔喀蒙古的阿吾盖·特尔立各不同之处在于袖子虽为上袖，但没有高耸的肩头形制，袖子长而宽，袖子上没有接缝或环形装饰带。在立领的下方缝制约1托（18—20cm）宽的白色环绕的圆领并且前襟有与土尔扈特妇女的特尔立各前襟相似的特点"（图3-62）。

蒙古国扎哈沁蒙古已婚妇女的德勒，虽称之为德勒但从款型来看与新疆土尔扈特毕希米德非常接近，是一种"有立领、直开襟至胸下方后向右折的前襟、灰白色的长袍。领口、前襟、侧缝、下摆、马蹄袖的边缘都有3—4指宽黑色布料镶边，内侧再平行装饰1指宽的镶边，在胸下方右折的横向门襟、肩周用红色、绿色、青色的材质装饰花形的纹样"❷（图3-63）。

蒙古国乌梁海妇女的特尔立各"上身和袖子宽大，前襟的边缘用红色、彩虹色的绦子。主体颜色为紫色、粉紫色，圆领、下摆有黑色平绒镶边，其上用白色

图3-60
蒙古国巴雅特蒙古的特尔立各

图3-61
蒙古国巴雅特蒙古的女子婚礼服

图3-62
蒙古国扎哈沁蒙古的阿吾盖·特尔立各

（引自布林特古斯《蒙古族民俗百科全书·物质卷》中册，2015）

---

❶ 布林特古斯. 蒙古族民俗百科全书·物质卷：中册(蒙古文)[M]. 呼和浩特：内蒙古教育出版社,2015:1205.
❷ 同❶1215.

线绲缝大雁脚。一般袖子宽大、右衽、马蹄袖下垂、有白色的领子"❶。

蒙古国明嘎特蒙古妇女的阿吾盖因·德勒，虽称为德勒，但因其形制以及穿于奥吉之内的组合方式与其他部落特尔立各的功能一致，所以归类在特尔立各之内。明嘎特蒙古妇女的阿吾盖因·德勒"立领，有隆起的肩头（类似泡泡袖，笔者按），是腰际有缝合线的袍服。这种袍服如果大身用红色制作，袖子就用青色制作，如果大身是青色，袖子就用红色。袖笼处隆起的造型称为屯图格尔，纯青色的袖子部分称为希那·绦萨，有库锦的部分称为希那·套尔，腰线上的装饰称为霍尼亚丝。喀尔喀阿吾盖因·德勒隆起的肩头用两片毡子贴合制作，而明嘎特阿吾盖因·德勒隆起的肩头是用将骆驼的鬃毛绕在芨芨草上穿入绗缝的间隙当中再把芨芨草抽出制作而成的。这样做的肩头柔软圆蓬，凉快轻便。隆起的肩头下端在肩的位置作了固定，所以能够保持造型。此袍袖筒正直，有马蹄袖，立领，长摆，在腰际有霍尼亚丝，用各种亮色线交替缝制。……这种霍尼亚丝宽约3指，长约1托，用各种色线搭配刺绣。明嘎特蒙古称为霍尼亚丝，喀尔喀蒙古称为当克孛"（图3-64）。

另外，蒙古国巴雅特蒙古有左衽的袍服，主要是给幼儿穿用的，至今仍保留了这个习俗。

3. 德勒

蒙古国扎哈沁蒙古的德勒，有时也称特尔立各，"在边缘有黑色平绒镶边，有马蹄袖，在侧缝开衩约1托（18—20cm）或莫合尔·缩么（13—14cm），圆领，用白色等颜色制作。"❷

图 3-63
蒙古国扎哈沁蒙古已婚妇女的德勒

图 3-64
蒙古国明嘎特蒙古妇女阿吾盖因·德勒

（引自布林特古斯《蒙古族民俗百科全书·物质卷》中册，2015）

蒙古国扎哈沁蒙古男女都穿奈凯·德勒（冬季穿用）、匝日格（dzareg，春秋穿用的薄毛皮的奈凯·德勒）。它们在形制方面基本是立领的传统右衽蒙古袍的形制，"有围绕圆领装饰的黑色平绒镶边（有绕到后片肩甲位置的部分），黑色马蹄袖，侧缝的开衩约1托（18—20cm）或莫合尔·缩

❶ 布林特古斯. 蒙古族民俗百科全书·物质卷：中册（蒙古文）[M]. 呼和浩特：内蒙古教育出版社，2015：1228.
❷ 同❶1214.

么（12—14cm），开衩的上端也用装饰纹样加固。匹日格·特尔立各有圆领，一般是蓝紫色的，领子用狐狸前腿的皮制作，领子的颜色与大身的颜色不同。西部蒙古德勒前襟的镶边做成有托古勒（应是沃莫各的意思，即领口下方的镶边有一个突出的结构，笔者按）的，土尔扈特人还称镶边为绦子。男子的奈凯·德勒一般用约 7 块奈凯。"❶ 女子的阿吾盖因·奈凯·德勒是"有披肩式的白色领子，边缘有黑色平绒镶边，白羊羔皮领子，用各色线抽褶缝制的裙形下摆，右衽托古勒·恩格尔（tɔgɔl eŋger，直角形前襟，笔者按），下沿用红色边饰装饰的黑色平绒镶边，其内侧再平行装饰细黑边、用红色线缝制的芨芨草褶皱，用各色线刺绣装饰褶皱袖子的白色皮袍"❷（图 3-65）。

蒙古国乌梁海蒙古男子的德勒的形制一般是用黑色平绒镶边，前襟有托古勒（即新疆厄鲁特袍服中提到的沃莫各），没有马蹄袖，有高至胯部的开衩，整体用白色等颜色的布料制作。冬季也与其他卫拉特部落蒙古一样穿用奈凯·德勒，形制方面"男子的奈凯·德勒相较于乌珠穆沁的奈凯·德勒大身较窄，下摆约到膝盖，下摆两侧有高至大腿根的开衩，长袖，袖口无马蹄袖，皮毛制小圆领，沿领口、侧缝、开衩、袖口都用约 4 指宽黑色布料镶边，内侧再平行装饰 1 指宽的装饰线。袖口和领口的镶边比前襟、侧缝、下摆的镶边略宽，连接外侧门襟的部分作出托古勒，使前襟和侧缝的镶边变窄。开衩的上端用镶边作出云头纹样。这个纹样在右侧缝作出与左侧对称的半个纹样，当与右侧开衩上端的纹样合在一起时就成为一个整的纹样了"❸。乌梁海女子的奈凯·德勒在形制与装饰方面与男子的几乎完全一致（图 3-66）。

（二）其他服装品类

1. 齐格德各

蒙古国卫拉特蒙古普遍穿用齐格德各，并与奥吉一词通用。杜尔伯特阿吾盖·齐格德各（awaga tsigdeg）一般是"用黑色、蓝色、青色绸缎做面子，用绸缎、库锦、绦子镶边，用有花纹的大布做里子，前襟没有扣襻，后身有开衩至腰际，下摆的连接片折叠出褶皱来制作"（图 3-67）。

蒙古国巴雅特蒙古的齐格德各形制为"圆领，有类似土尔扈特奥吉的翘肩头，袖笼宽大，腰际有连接线。如果穿红色特尔立各就配绿色奥吉，选用与特尔立各面料颜色对比强的材质制作奥吉。长款奥吉的领子、前襟、下摆、袖笼、腰际线的周围都用 3—4 指宽的金黄等颜色的库锦、罗当镶边，在腰际线以上钉 5

---

❶ 布林特古斯. 蒙古族民俗百科全书·物质卷：中册（蒙古文）[M]. 呼和浩特：内蒙古教育出版社,2015:1214.

❷ 同 ❶1217-1218.

❸ 同 ❶1227.

枚扣子。巴雅特齐格德各也有与特尔立各颜色做成一致的，这种齐格德各的下摆
用黑色平绒镶边，其他的用库锦镶边"（图 3-68）。

　　蒙古国扎哈沁部妇女的齐格德各"属于礼服，其颜色一般与特尔立各的颜色
相同，形制宽松肥大。这种齐格德各的胸部粘贴多层大布使其硬化，据说是有防
箭的功能，而齐格德各腰侧缀挂五色绸手巾是象征女子的福泽长存。身后下摆之
腰际的长开衩据说是便于骑乘，而且两侧的衣片可以护住双腿。后开衩上方横向
齐各达（插关儿）称为托西亚（羁绊）。蒙古妇女认为人的福气都在服装里，所
以所有的服装都进行绲边、镶边，意为将福气收集留存在服装之内，因而很多服
装都用绲边、镶嵌等装饰工艺"（图 3-69）。

　　"其颜色与特尔立各的颜色一样，边沿镶边也一样，肩部比穿着者的肩宽约
宽出 4 指。袖笼非常大，所以腰部就细窄了，大袖笼使特尔立各的袖子宽松肥
大。其他部落的笑称乌梁海妇女穿希尔郭勒斤（蚂蚁似的）·策格德各，即穿蚂
蚁一样的细腰的策格德各之意"❶（图 3-70）。

　　蒙古国厄鲁特蒙古妇女穿黑色的齐格德各，并且有长短两种。"据说是因满
清时期巨大的哀痛而穿着黑色的奥吉。"❷ 厄鲁特蒙古妇女将"长款的黑色绸缎齐
格德各缝上白色领子作为礼服穿用，而其他部落把白领子缝在特尔立各上。用于
扣合齐格德各的扣子钉在内侧，而外侧的扣襻上装饰有缀子的漂亮扣子。在两侧
腰际有刺绣装饰（类似阿拉善土尔扈特妇女袍服的贴毕恰，笔者按），并戴上飘
带（绦子）作为装饰。身后有开衩，并没有镶边。……厄鲁特妇女日常穿短的黑
色齐格德各。短齐格德各的前面两片衣摆较短，后面两片衣摆较长。没有白色衣

---

❶ 布林特古斯. 蒙古族民俗百科全书·物质卷：中册（蒙古文）[M]. 呼和浩特：内蒙古教育出版社，2015：1230.
❷ 同❶1233.

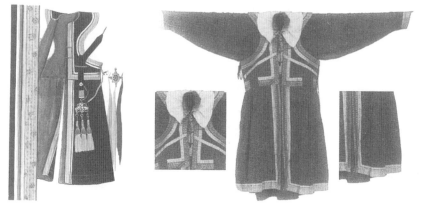

图 3-68（左）
蒙古国巴雅特蒙
古的齐格德各

图 3-69（右）
蒙古国扎哈沁部
妇女的齐格德

（引自布林特古
斯《蒙古族民俗
百科全书·物质
卷》中册，2015）

图 3-70
蒙古国乌梁海妇
女的齐格德各
（引自布林特古
斯《蒙古族民俗
百科全书·物质
卷》中册，2015）

领，后片开衩，开衩顶端有回纹图案，但没有镶边。有六个金色扣襻，戴银质赛吉"（图 3-71）。

蒙古国明嘎特蒙古妇女有一种切吉么各（护胸），也称李根·罕达吉（bɔgɔn 短 xandadzi 衣服）。切吉么各"有 6 个金色的扣襻儿和银扣子，无边。纯黑的切吉么各钉 6 个扣子，用浅色、明亮颜色的手巾装饰"❶。还有一种莫仁（mɔrin，骑马的）·奥吉"是明嘎特妇女重要场合穿用的礼服，用纯黑色制作的曳地长奥吉"❷（图 3-72）。

2. 奥吉

蒙古国卫拉特蒙古妇女也穿奥吉，其形制是"圆领，翘肩，直襟，在腰线的位置拼接缝合的奥吉。

---

❶ 布林特古斯. 蒙古族民俗百科全书·物质卷：中册（蒙古文）[M]. 呼和浩特：内蒙古教育出版社，2015：1241.
❷ 同❶1242.

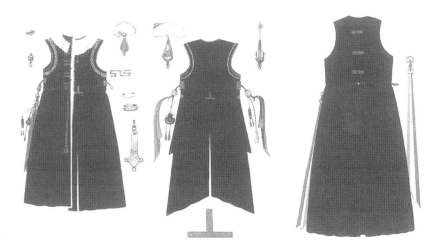

图 3-71
蒙古国厄鲁特蒙
古妇女穿黑色的
齐格德各

图 3-72
蒙古国明嘎特蒙
古妇女切吉么各
（护胸）

（引自布林特古
斯《蒙古族民俗
百科全书·物质
卷》中册，2015）

（三）帽冠

1. 托尔次各

蒙古国杜尔伯特部的男女都会戴托尔次各帽，帽子口沿装饰细库锦，有的还有三角形帽檐和红缨子（图 3-73）。

蒙古国巴雅特部妇女也戴一种陶布·托尔次克（tɔb tɔːrtsʊg），其顶结上有一个较大的提环，可以刚好放进去两个手指头。巴雅特托尔次各由六片组成，并坠饰红缨。

蒙古国乌梁海部妇女戴托尔次各，其帽顶钉上金刚石并坠饰长红缨子。此托尔次各的形制与喀尔喀妇女的托尔次各相比帽顶的三角形稍尖一些，所以帽顶会比较高。前额的中央有宝石镶嵌装饰，帽子的口沿部分用库锦、绦子装饰，并在帽顶上装饰吉祥结的纹样。蒙古国乌梁海部妇女另有冬夏之季参加礼仪活动时会穿戴的盛装托尔次各，此帽两侧有帽耳，有小型的护额并且有帽披。帽顶由六片帽片组成，而且在帽子的前部必须要有装饰，护额象征可以上下翻折的毡门，此帽的形制类似蒙古包 [1]（图 3-74）。

蒙古国厄鲁特部妇女的托尔次各在前面装饰萨仁·多贵（一种纹样），没有夹条，用漂亮的库锦制作。而男子的托尔次各则颜色沉稳，用一般的大布制作 [2]（图 3-75）。

蒙古国卫拉特男子的托尔齐各基本与卫拉特女子的相同，只是帽顶稍微低矮一些，帽后有飘带和红缨坠饰。

---

❶ 布林特古斯. 蒙古族民俗百科全书·物质卷：中册（蒙古文）[M]. 呼和浩特：内蒙古教育出版社，2015：1232.

❷ 同❶1235.

图 3-73（左）
蒙古国杜尔伯特
部托尔次各帽

图 3-74（中）
蒙古国乌梁海部
妇女戴托尔次各

图 3-75（右）
蒙古国厄鲁特部
妇女的托尔次各

（引自布林特古
斯《蒙古族民俗
百科全书·物质
卷》中册，2015）

2. 劳孛加（lɔbɔ:dz）

蒙古国乌梁海部男女冬季戴狐狸皮、羔羊皮做的劳孛加。其形制类似头盔，帽顶为蓝色、有一对红色飘带，护额很高，因而帽顶只能露个头。另外，蒙古国乌梁海部中还有名为德勒孛格尔·玛拉嘎的帽子，主要指缝上了毛皮的帽子，也称德勒登·齐合图（直译意为帽耳上翘的，笔者按）[1]。

3. 各类帽顶和帽檐组合的帽冠

（1）通莱·玛拉嘎（tɔŋlæ: malag）

蒙古国杜尔伯特部冬季戴一种名为"通莱"的帽子，此帽有三角形帽檐，并在帽檐部分用貂皮做面子。在形制方面，此帽有较高的、纳缝的圆形帽顶，环形帽檐整体的高度约 1 托（18—20cm），在帽檐下端微斜着向上裁出约 3 指高，再朝着帽檐中部向上斜裁出逾 1 托高并作出使其向前倾斜的造型。护耳也从与帽檐连接的位置朝上斜着收窄，长度约到下颌的位置，帽披做约 4 指宽。通莱帽主要用深红等颜色光亮的面料做面子，用暗色布料做里子，帽檐、护耳、帽披上缝制貂皮。飘带、帽带、顶结等部分与其他冬帽一致。

蒙古国厄鲁特部男女冬季穿戴通莱·玛拉嘎，其帽顶为蓝色，有一对蓝色的飘带，帽檐、护耳以及帽披的部分缝制黑色羔羊皮[2]（图 3-76）。

（2）陶如乐·玛拉嘎（tɕɔ:ry:l malag）

蒙古国杜尔伯特部的冬帽，有较低的圆形帽顶和较窄的帽檐。此帽的特点是帽顶扁圆，帽顶中央用与面料颜色对比强的材质做酒杯大小的圆形贴布（顶饰）并作镶边装饰，其上再缝制红色顶结。帽檐高度约 4 指，到护耳的位置向上斜裁约 1 缩么（17—18cm）高之后向下直裁到底。这个帽檐和护耳连裁的部分与帽子缝合时预留帽披的位置后沿着帽檐环形缝和。在帽子的后侧缝合宽逾 1 缩么、

---

[1] 布林特古斯. 蒙古族民俗百科全书·物质卷：中册（蒙古文）[M]. 呼和浩特：内蒙古教育出版社，2015：1231.
[2] 同[1]1235.

图 3-76（上）
蒙古国厄鲁特部男女冬季通莱·玛拉嘎

图 3-77（下）
蒙古国杜尔伯特部陶如乐·玛拉嘎

（引自布林特古斯《蒙古族民俗百科全书·物质卷》中册，2015）

高度约莫合尔·缩么（12—14cm），上端略窄、下端较宽的帽披。在帽披和帽子缝合的接口中间夹 2 个略宽的红色飘带，旁边再加 2 个略窄的青色飘带并缝上彩艳的 4 条平行飘带。帽子的面料主要用青色、绿色等光亮的绸缎，并在帽檐上缝制貂皮 [1]（图 3-77）。

蒙古国杜尔伯特部的妇女还有一种冬季穿戴的帽冠，其形制是圆形平顶，有向上翻折的窄帽檐。此帽高度约 5 指，后面开一个缺口，有环形向上翻折的帽檐。在裁制帽顶时先要测量好穿戴者的头围，根据尺寸等分 8 片，加上缝缝，裁出帽片，距帽子底边约 5 指的位置缝合三角形帽片。此帽主要用黄色、绿色等鲜艳颜色的绸缎做面子，在圆形平顶的中央装饰青色等与帽子颜色为对比色的碗口大小的贴字，并镶上红色的夹条，其上缝制红缨和红色顶结。帽檐上缝制用紫貂或其他羔羊皮镶边的黑色羔羊皮，在后面的缺口上坠饰 2 条红色飘带 [2]。

（3）尤登·玛拉嘎（jɔ:den malag）

据说 20 世纪 40 年代以来换掉阿吾盖·德勒（妇女袍服）之后，无论男女都开始戴红色的尤登·玛拉嘎，因而成为如今穿戴最普遍的帽子了。此帽的形制虽与劳孛加比较接近，但与之相比前额的部分更加向下，帽顶只比较尖的鸡蛋型。可以翻折的帽檐和帽披比劳孛加窄，帽耳更长，并且缝制与帽子面料一样材质的帽带，将帽檐翻折上去时把帽带系在上面，帽檐放下来时把帽带系在颌下。此帽一般用红色、黄色等光亮的绸缎做面子，帽顶的部位用与面料颜色接近的布料衬里。可以翻折的帽耳和帽檐的部分用面料做里子并用相近颜色的线交叉缉缝（图 3-78）。

蒙古国杜尔伯特部的尤登·玛拉嘎还有另外一种款型，其特点是将两层布料叠放在一起剪出直角形的帽顶，再裁出宽度与可翻折的帽檐一样约 5 指、长度可放在帽后的帽耳裁片，将其与帽顶缝合。帽子的底端前部比后部短约 1 托，并将底端裁剪成自然的弧形。此帽主要用红色、紫色等绸缎作面料，用近似颜色的布料给帽顶部分衬里，可翻折的帽檐和帽耳同样用面料衬里。再用绿色、青色绸

---

❶ 布林特古斯. 蒙古族民俗百科全书·物质卷：中册（蒙古文）[M]. 呼和浩特：内蒙古教育出版社，2015：1194.

❷ 同 ❶1196.

缎、柞丝绸做细的夹条或镶边装饰。帽子底端用青色、粉色、绿色、红色等几种颜色的飘带装饰，而且是两侧等间距对称缝制各4条。帽顶装饰顶结，在帽耳一端钉上4枚银扣子，另一端缝上扣襻，将帽檐向上翻折时将扣子扣在帽后。帽子的尺寸以穿戴者的头围为准，要测量颈部到脸颊的尺寸，然后在量好的尺寸上加上帽檐的宽度和帽耳的长度。其长度是从前额的中心点量到脖子的位置上，再加可翻折帽檐的长度❶。

（4）沙吉嘎·玛拉嘎（ʃadzigæ: malag）

蒙古国巴雅特男子的冬帽，有青色的帽顶、红色的缨子、一对红色的飘带，没有帽披。因像喜鹊落在某处而得名（图3-79）。

（5）卓·玛拉嘎（dzɔ: malag）

蒙古国巴雅特人冬季穿戴的一种帽式，在帽檐上缝制羔羊皮等短毛皮，帽檐高、帽耳长，还有短而尖的帽顶。卓·玛拉嘎的特点是缝制毛皮的帽檐硬挺并呈弧形偏尖的造型，所以将帽檐翻上去戴时像燕子的翅膀。帽檐的中间约1托高，帽耳朝后倾斜，长度也逾1托，帽檐的正中部位、帽耳的尖部都是秃尖的尖角。表面的颜色一般用强对比色的绸缎或布料制作，如帽顶是红色或黄色，帽檐和帽耳用粉红色。帽顶间隔1指竖向纳缝，帽檐、帽耳和帽披等部位用交叉缉缝工艺。帽檐和帽耳都贴上硬衬，再用与面料接近的线密密缝制。前额部分缝上长逾1托，宽约2指的貂皮或是其他漂亮的皮毛，帽檐和帽耳上缝黑羔羊皮等毛皮。帽披的后面缝上2条长飘带，帽带用青色、蓝色等颜色的绸缎制作，帽顶用面料制作顶结。缝制帽檐和帽耳皮毛时向下留宽度1指左右的细边压缝（图3-80）。

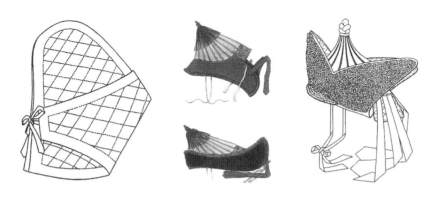

图3-78
蒙古国杜尔伯特部的尤登·玛拉嘎

图3-79
蒙古国巴雅特男子沙吉嘎·玛拉嘎

图3-80
蒙古国巴雅特卓·玛拉嘎

（引自布林特古斯《蒙古族民俗百科全书·物质卷》中册，2015）

❶ 布林特古斯. 蒙古族民俗百科全书·物质卷：中册（蒙古文）[M]. 呼和浩特：内蒙古教育出版社，2015：1206.

蒙古国巴雅特部有一种冬帽，与卓·玛拉嘎接近，此帽虽有类似于卓·玛拉嘎的稍低矮的尖顶，但在顶结下面装饰红缨子，帽檐上端比卓·玛拉嘎稍微弧一点，并且帽檐、帽耳的连接处也不裁成倒三角形。帽檐的上端从中间向两侧向下微弧，再将帽耳部分向上翘出约 1 托裁剪。前额的部分用其他的皮毛，帽披、飘带、帽带的制作都与卓·玛拉嘎相同。在缝制帽檐、帽耳的皮毛时，先用与面料颜色接近或呈对比色的绸缎、布料斜裁出宽度约 1 指的布条，再沿帽檐、帽耳的边缘与帽子的面子一同缉缝之后熨平 ❶（图 3-81）。

（6）扎哈沁·玛拉嘎（dzaxatsin malag，哈拉班·玛拉嘎，xalban malag）

蒙古国扎哈沁部的扎哈沁·玛拉嘎也称哈拉班·玛拉嘎，扎哈沁部无论男女都戴哈拉班·玛拉嘎。这种帽子的帽顶是窄扁的，有小的顶结，由两个面（相当于帽檐，笔者按）组成，并在其上缝制黑貂皮或者黑色平绒，边缘装饰水獭皮 ❷（图 3-82）。

图 3-81
蒙古国巴雅特蒙古帽
（引自布林特古斯《蒙古族民俗百科全书·物质卷》中册，2015）

图 3-82
蒙古国扎哈沁部的扎哈沁·玛拉嘎
（引自布林特古斯《蒙古族民俗百科全书·物质卷》中册，2015）

（7）海留·玛拉嘎（xæiʋln malag，门德·奥锐台·玛拉嘎，mend ɔruitæ: malag）

蒙古国扎哈沁部冬夏都会穿戴的海留·玛拉嘎也称门德·奥锐台·玛拉嘎，此帽有蓝色的圆形平顶，做放射状的纳缝线，在放射线的中心点有圆形红色贴字（顶饰），其上再装饰银质的贴字，用珊瑚做顶结，从银质贴字坠饰银质达如勒嘎（一种坠饰），并在其下连缀红缨穗，以及一对红色飘带。在帽子的围檐部分缝上黑貂皮，再用水獭皮缘边，并在帽耳的位置做出水獭皮的护耳。❸

（8）托各·奥锐台·玛拉嘎（tʋg ɔruitæ: malag，多拉各·奥锐台·玛拉嘎，dʋ:lag ɔruitæ: malag）

蒙古国扎哈沁部托各·奥锐台·玛拉嘎是一种有拱形帽顶的帽子，也称多拉各（头盔）·奥锐台·玛拉嘎，无论男女都要穿戴。此帽帽顶为蓝色，有红色的顶结，有一对红色飘带，帽檐用黑羔羊皮制作（图 3-83）。

---

❶ 布林特古斯. 蒙古族民俗百科全书·物质卷：中册（蒙古文）[M]. 呼和浩特：内蒙古教育出版社，2015：1208.

❷ 同❶1220.

❸ 同❷.

（9）吉仁台·玛拉嘎（dzirentæ: malag）

蒙古国扎哈沁部穿戴的一种冬帽，帽顶圆形平顶，有半环绕型的窄帽檐，帽耳较长。此帽的特点是环绕的帽檐根据头围设计，宽度约莫合尔·索么（13—14cm），把帽檐和帽顶边缘连接，在后颈的位置留下豁口，围合出帽檐和帽耳的部分。在圆形平顶上纳缝出放射状线条，中央装饰几层红绿相间的小圆形装饰，然后缝上顶结。帽披的部分一般交叉缉缝，后面再缝上两个红色飘带，帽檐和高出帽檐 2—3 指的帽耳上缝制黑色羔羊皮，帽檐前额的部分缝上宽度约 2 指的貂皮和水獭皮。帽子用青色或蓝色等光亮颜色的绸缎制作，用红色或绿色做顶结或飘带。帽顶部分一般会夹薄毡或羊绒、棉絮等，所以纳缝的时候会形成略微凹陷的线迹（图 3-84）。

图 3-83
蒙古国扎哈沁部托各·奥锐台·玛拉嘎
（引自布林特古斯《蒙古族民俗百科全书·物质卷》中册，2015）

蒙古国扎哈沁部还有一种冬帽，有尖顶，用羔羊皮等短毛皮制作。此帽的特点虽与托各·奥锐台·玛拉嘎接近，但帽顶是低矮的尖顶，帽檐和帽耳较细窄，缝制的皮毛一般为短毛的。帽披不是太长，约莫哈尔·索么左右，与帽耳连裁。可翻折的帽檐宽 3—4 指，帽耳向下略窄到下颌的位置时宽度仅为 3—4 指。帽顶间隔 2—3 指竖向绗缝，帽披也是交叉缉缝的。此帽一般用红色、黄色等光亮颜色的绸缎或布料制作面子，用暗色衬里，通常帽檐用短毛的黑色羔羊皮，可以上下翻折。飘带、帽带等部位都与蒙古国男子的冬帽一致 ❶（图 3-85）。

图 3-84
蒙古国扎哈沁部吉仁台·玛拉嘎
（引自布林特古斯《蒙古族民俗百科全书·物质卷》中册，2015）

（10）克依令·玛拉嘎（kiliŋ malag）

蒙古国厄鲁特部妇女的克依令·玛拉嘎有蓝色的帽顶，红色的贴字，帽顶还有提环，提环是用于取下帽子或挂帽子时用的。此帽用黑色平绒作帽檐，并装饰一对飘带，帽顶还坠饰红色缨穗，一般在夏季穿戴 ❷（图 3-86）。

蒙古国的卫拉特男子夏季也戴克依令帽子。在形制方面，克依令有高尖顶，向上翻折的帽檐。此帽的特点是高约 1 托，帽顶垂直向上逐渐变得细窄。帽顶的中心钉上顶结，一般用光亮的面料做面子。帽檐的高度约 3 指多，有点向外敞，用

---

❶ 布林特古斯. 蒙古族民俗百科全书·物质卷：中册（蒙古文）[M]. 呼和浩特：内蒙古教育出版社，2015：1221.
❷ 同 ❶1236.

黑色平绒衬里。制作工艺与喀尔喀黑令帽基本一致 ❶。

（11）斯格德各尔·玛拉嘎（segdeger malag）

斯格德各尔·玛拉嘎是蒙古国明嘎特妇女作为礼帽穿戴的一种貂皮帽。因此帽在冬季戴的时候也不会将帽檐翻折下来，所以还有专门的额柔孛齐（护下颌的配件）。此帽有一对红色飘带和一对红色缨穗，并装饰珊瑚顶结和银质顶饰。男子的斯格德各尔·玛拉嘎用貂皮和河狸皮制作，有蓝色的拱形帽顶并由四片组成，帽后装饰一对红色飘带 ❷（图 3-87）。

（12）东格尔齐各·玛拉嘎（dyŋgertseg malag）

蒙古国卫拉特妇女冬天戴东格尔齐各·玛拉嘎，此帽的特点是制作简便，穿戴时柔软又保暖。将边宽约 1 托的四方面料裁成圆形，并根据穿戴者的头围做出等宽的褶子在顶部收成圆形。此帽一般用有纹样的面料裁制，帽顶部分用布料衬里，中间还夹棉絮从内侧纫缝，再用宽 3—4 指的上羊羔皮镶边，并在上面装饰花草纹样。

另外，蒙古国卫拉特各部的冬帽还有低矮的圆顶帽，有较窄的向上翻折的帽檐，此帽的形制与东格尔齐各·玛拉嘎接近，但帽顶是分片缝合的，并且帽顶的高度与帽檐的宽度接近，帽顶中心装饰顶结。帽檐比东格尔齐各·玛拉嘎稍显外敞，其他制作工艺等基本一致。还有一种冬帽，它有高尖顶，在帽檐和帽耳缝上厚实毛皮。此帽的特点是帽顶不是太高，但是帽顶垂直向上，帽檐、帽耳、帽披是连裁，用狐狸等动物毛皮衬里，用暗色布料、绸缎做面子，帽后装饰两条长飘

图 3-85
蒙古国扎哈沁部帽
（引自布林特古斯《蒙古族民俗百科全书·物质卷》中册，2015）

图 3-86
蒙古国厄鲁特部妇女的克依令·玛拉嘎
（引自布林特古斯《蒙古族民俗百科全书·物质卷》中册，2015）

图 3-87
蒙古国明嘎特妇女斯格德各尔·玛拉嘎
（引自布林特古斯《蒙古族民俗百科全书·物质卷》中册，2015）

❶ 布林特古斯. 蒙古族民俗百科全书·物质卷:中册(蒙古文)[M]. 呼和浩特:内蒙古教育出版社,2015:1200.

❷ 同 ❶1242.

带，一般在最冷的时节穿戴。还有一种男子的冬帽，帽顶是较低矮的尖顶，帽后有豁口，帽檐为圆环形。此帽的特点是帽顶约 1 托高，环绕着帽顶有高度约 4 指的高帽檐，帽后装饰短一点的一对飘带，帽子一般用光亮颜色的绸缎作面料，再缝上貂皮，主要是向上翻折穿戴 ❶。蒙古国乌梁海部还有一种男子戴的车日各（军）·玛拉嘎，即军帽，其造型为阿勒泰乌梁海男子穿戴的帽顶类似头盔的帽子。此帽用蓝色面料制作，有帽耳、帽披。

4. 齐合孛齐（护耳）

蒙古国的卫拉特各部普遍有戴护耳或耳套的习惯。其中厄鲁特部的温根·高登·齐合孛齐（狐皮护耳），用各色绸缎裁出约大银碗口沿大小的两个圆形，面子上进行刺绣装饰，里子用貂皮、狐狸皮制作。戴这种护耳时将连接两个护耳的带子套在头上，再用下面的带子系在下颌（图 3-88）。另外，卫拉特女子有时会戴各色阿勒丘尔（头巾），乌梁海部在夏季无论男女都常戴白色头巾。

（四）郭图勒（靴子）

蒙古国扎哈沁、厄鲁特、杜尔伯特、巴雅特等部都会穿孛力嘎尔（香牛皮）靴子，靴底用希日（皮革）制作，所以也称希仁·乌拉台·郭图勒（皮革底子的靴子）。男子的靴子一般为黑色，女子的靴子以红色的居多。他们全部都会在靴子里面穿毡袜。这种郭图勒也称厄鲁特郭孙（靴子）或哈图郭图勒。厄鲁特郭图勒的靴帮和靴筒是整体的，所以一般做出靴帮后再做包莫。包莫在脚踝的位置做出，主要是防止脚在靴内晃动。厄鲁特蒙古也称靴跟为交介，脚踝部分的褶子称为包莫，做鞋底的三层油鞣革称左鲁各，是一种保护脚跟的硬物。厄鲁特靴子用牛筋绳缝三层，从外侧缝合靴底。靴底后侧有与靴尖一样的尖角，据说是为使敌人混淆逃跑方向而设计的。妇女的靴筒一般没有镶边，而男子的会镶边（图 3-89）。

图 3-88
齐合孛齐（护耳）
（引自布林特古斯《蒙古族民俗百科全书·物质卷》中册，2015）

蒙古国乌梁海部有一种玛嘎各·苏乎·郭图勒，也称苏黑。此靴在靴跟的部分从外面加缝靴帮并钉上靴掌。此靴一般是老年人穿的。

图 3-89
蒙古靴
（引自布林特古斯《蒙古族民俗百科全书·物质卷》中册，2015）

---

❶ 布林特古斯. 蒙古族民俗百科全书·物质卷：中册（蒙古文）[M]. 呼和浩特：内蒙古教育出版社，2015：1201.

（五）配饰

1. 布斯（腰带）

蒙古国卫特拉部的袍服腰带通常以大布（粗布）制作，根据大身的颜色一般选用褐色、绿色、青色等颜色的腰带。未婚女子围系的腰带较细窄，并不将腰带一端悬垂于身后。

2. 查干·扎合（白色领子）

蒙古国土尔扈特、扎哈沁、乌梁海、杜尔伯特、巴雅特等卫拉特诸部通常在阿吾盖·特尔立各（与毕希米德款型一致）上缝制白色领子，并从齐格德各的领口翻出来穿用，各部落都根据各自的喜好装饰这种白色领子。"此领一般用纺绸、薄大布制作，并在领尖挂坠银子、珊瑚等重物使其下垂，防止随风摆动，而且白领子要沿特尔立各的领座缝合。以前白领子类似能够盖住全身的披风形制，后来根据实用情况仅保留至领子大小。据说白领子有尊敬上天的含义，源于已婚妇女遮挡自身不让天父看到的礼俗"❶（图 3-90）。

（六）首饰

1. 乌斯乃·格尔（发套）、托克各

蒙古国杜尔伯特妇女的发套的上端不做镶边，下端用库锦、绦子装饰。还戴一种有银质蝴蝶造型的发套，称为托克各。托克各还有骑乘狮兽的人形的银制头部，下端坠饰线穗子的形制❷。

蒙古国巴雅特妇女的发套与杜尔伯特的一样仅装饰底端，还戴有银饰的胫骨托克各，有箭头的托克各等（图 3-91）。

图 3-90（左）
蒙古国卫特拉特阿吾盖·特尔立各的白领子

图 3-91（右）
蒙古国巴雅特妇女的发套

（引自布林特古斯《蒙古族民俗百科全书·物质卷》中册，2015）

---

❶ 布林特古斯. 蒙古族民俗百科全书·物质卷：中册（蒙古文）[M]. 呼和浩特：内蒙古教育出版社，2015：1228.

❷ 同 ❶1197.

蒙古国扎哈沁未婚女子出嫁之后将头发分梳两股编成辫子，然后放入有库锦装饰的黑色平绒制的发套内垂于胸前，下面再装饰银线或金线盘结的纽襻缀连黑色丝线长穗的托克各。托克各的上端有 2 颗银扣子和扣襻，将银扣子穿过辫子的根部扣在另一端的扣襻上固定。扎哈沁、土尔扈特、乌梁海的妇女会装饰辫套的上端，而杜尔伯特、巴雅特妇女仅装饰辫套底端，上端没有装饰，扎哈沁妇女的托克各中还有银制龙形、珊瑚顶结、纽襻等连缀黑色长穗子的造型。

蒙古国乌梁海已婚妇女的托克各的头部有膨起的银质蝴蝶造型，有孔洞（四片苋菜叶）的装饰，并坠饰 3 股双层的缨穗。这种 3 股的双层托克各也称达各因·托克各，中间的一股形制较大，两边的称为达各（马驹）。也有银质蝴蝶饰件连缀双层短缨穗的托克各（图 3-92）。

蒙古国已婚妇女的发套用黑色平绒制作，上端用红色库锦镶边，下端无装饰。在发套下端连缀有黑色平绒头、金线环、双层黑丝线短缨穗的托克各。还有一种黑色平绒头、金线环、用皮子包上胫骨的托克各，有银线环的苏门·托克各，黑马鬃托克各等。

蒙古国明嘎特已婚妇女戴发套时先处理头发使之硬化，仅在下端用阿德各·哈孛齐各（一种头卡子），其下端装饰名为额布都各齐的圆形银质饰件，然后在下端连缀黑色平绒制的发套。发套长至衣摆的位置。

2. 包德各

蒙古国扎哈沁少女戴名为塔纳（珍珠）·包德各的发饰，将珠母扣、珊瑚、贻贝钉在黑色平绒底子上，然后其边缘用金银绦子装饰，用于遮挡姑娘的头发。在珍珠扣子下面连着包德各。包德各是指各色丝线扭成结之后又分出很多枝杈并连缀黑色丝线穗子的一种发饰。塔纳·包德各的长度可从后颈垂至鞋跟，一般用腰带压住以固定。包德各有 8—16 股，男子的包德各不会超过 5 股，而且是用一色材质制作❶（图 3-93）。

蒙古国乌梁海少女不用塔纳，仅戴包德各，用各色丝线缠绕制作并在中间坠饰黑色缨穗。包德各

图 3-92
蒙古国乌梁海妇女的发套
（引自布林特古斯《蒙古族民俗百科全书·物质卷》中册，2015）

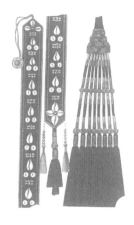

图 3-93
蒙古国扎哈沁少女戴包德各（头饰）
（引自布林特古斯《蒙古族民俗百科全书·物质卷》中册，2015）

---

❶ 布林特古斯. 蒙古族民俗百科全书·物质卷：中册（蒙古文）[M]. 呼和浩特：内蒙古教育出版社，2015：1226.

上端的最长的单股辫子旁边合并了少女的 24 股编辫子，这些辫子相互间用珊瑚联结❶。

蒙古国厄鲁特少女也戴一种没有塔纳的包德各。

3．包勒特（bo:lt）

蒙古国明嘎特妇女的一种头饰，一般在脸颊两侧的饰件上会坠饰银线，后面还有护颈。明嘎特妇女的包勒特还有在香牛皮上缝制银饰、珊瑚的旭仁·包勒特（珊瑚头饰）❷（图 3-94）。

4．绥克（耳环）、布勒吉各（戒指）、孛古孛齐（buɡubtʃi:，手镯）

蒙古国卫拉特各部妇女的首饰中都有绥克、额么各（小型耳环）、布勒吉各、孛古孛齐等，仅在具体形制上有些许的差异。扎哈沁妇女在参加仪式活动的场合戴有恰次各（长坠饰）的绥克，其形制有浩尔勒、狮子、汗·绥克、哈屯·孛古孛齐等多种。恰次各有 3—8 个不等，一般单数的比较多见。富裕家庭的妇女有戴长达 62 苏木❸ 的长坠子耳环，为不至过重而伤及耳朵就用绳带从头顶上挂缀❹（图 3-95）。

蒙古国乌梁海男子在左耳上戴额么各，是一种裁切的细银条或者银环。

蒙古国厄鲁特少女平时戴哈齐各·绥克（一种小耳环），出嫁时仅在左耳戴耳环。

蒙古国明嘎特妇女的绥克通常与称为包勒特的头饰进行整体搭配，从脸颊处垂挂的坠子上挂戴。

图 3-94（左）
蒙古国明嘎特妇女包勒特

图 3-95（右）
绥克

（引自布林特古斯《蒙古族民俗百科全书·物质卷》中册，2015）

---

❶ 布林特古斯. 蒙古族民俗百科全书·物质卷：中册（蒙古文）[M]. 呼和浩特：内蒙古教育出版社，2015：1232.

❷ 同 ❶1243.

❸ 绊子索（连接三个绊套的皮条），参阅内蒙古大学蒙古学研究院蒙古语文研究所. 蒙汉词典 [M]. 呼和浩特：内蒙古大学出版社，1999：951.

❹ 同 ❶1223.

（七）装饰品

1. 孛勒

蒙古国扎哈沁部的妇女穿的策格德各上会装饰策格德各因·孛勒，其形制一般有吊坠和银环的孛勒——有缝制在策格德各因·孛勒上面的牌饰的大布孛勒，这种孛勒是将其绳带通过细孔穿进去从里面固定的。扎哈沁的孛勒有装饰回纹并镶嵌宝石的孛勒、铁铜交叉的孛勒、黄铜孛勒、有镶嵌的银孛勒等。扎哈沁、乌梁海等部的黄铜孛勒还会装饰吉祥纹样或其他各种动物纹样 ❶（图 3-96）。

图 3-96
孛勒
（引自布林特古斯《蒙古族民俗百科全书·物质卷》中册，2015）

蒙古国厄鲁特已婚妇女在策格德各的银质孛勒上挂坠名为格德孛齐的小口袋，里面装入妇女的常用物品。还会在策格德各的前胸的位置缝上一种彩线编织的长带子 ❷。

蒙古国明嘎特妇女在孛勒上挂坠各色手绢，戴于马甲两侧。

2. 尕斡（护身符）

蒙古国扎哈沁妇女在脖子上会佩戴尕斡（有的也译为郭，笔者按），是一种银质的小盒子，与弯曲的银制德各 ❸、与红色、黄色琥珀等进行串联装饰佩戴。这个银质尕斡内放置佛像、神灵，富裕人家的少女也戴小型的尕斡。男子们戴扁平四方形的尕斡，带子用丝线或者哈达制作。

蒙古国明嘎特妇女有一种乌素奈（头发的）·郭。明嘎特妇女一般将发套垂于身后，方形的银质郭垂于腰际，下端坠饰 3 条缨穗。

3. 祖布齐、格德孛齐（gedebtʃi）

蒙古国扎哈沁部的少女会戴一种银质的祖布齐，并垂挂在胸前。

蒙古国乌梁海少女有装针线的格德孛齐（也称祖布齐），通常挂坠在腰带左前侧。

以上的装饰以女子穿戴的居多，男子也有另外的一些随身装饰品，与其他地区的卫拉特蒙古类似，男子的随身装饰品主要是各种烟具。男子的烟袋称达么肯·乌塔（烟袋）、东格尔齐各（有两个分权的阿恰·东格尔齐各）等，此外还会随身带护身、火镰燧石等物品，均有各种银饰搭配或进行刺绣装饰。

---

❶ 布林特古斯. 蒙古族民俗百科全书·物质卷：中册（蒙古文）[M]. 呼和浩特：内蒙古教育出版社，2015：1225.

❷ 同 ❶1238.

❸ 德各指扎哈沁妇女的红黄琥珀、圆形银质盒子、尕斡、银饰等脖子上戴的装饰物、参阅布林特古斯. 蒙古族民俗百科全书·物质卷：中册（蒙古文）[M]. 呼和浩特：内蒙古教育出版社，2015：1225.

二、卡尔梅克蒙古的传统服饰 ❶

卡尔梅克蒙古是今卡尔梅克共和国的卡尔梅克人，"其组成是源自我国西蒙古卫拉特四部中的土尔扈特、杜尔伯特以及和硕特的一部分，是因 17 世纪 30 年代迁徙到伏尔加河一带后被沙俄吞并而形成的一支跨国民族。"❷ 由于他们与现今国内卫拉特蒙古同族分离生活百余年（返回的部分），因而服饰文化产生很多变化。由于相关资料的欠缺仅作以下整理。

（一）袍服

1. 泰尔立各

卡尔梅克妇女的泰尔立各有腰际多褶的款式，这种袍服袖子较长，袖口有马蹄造型，前襟有 6 枚扣子。在前襟、下摆、马蹄袖的边沿要装饰各种镶边。

2. 德勒

卡尔梅克冬季袍服主要为白色的奈凯·德勒，男子的奈凯·德勒有较宽的高领，下摆和袖口用布料、绸缎、羔羊皮镶边，家境富裕的用貂、獾、青鼬等动物皮毛镶边。奈凯·德勒的价值能达数匹马的价格，因而一般都是富裕的牧马人穿用。

女子的奈凯·德勒相较于男子的更宽，在侧缝的位置有接缝，有小羊羔皮领子，下摆较宽，长度约到脚底，右衽前襟，袖长几乎能遮住手。在下摆、前襟、袖口的边缘用羔羊皮镶边，家境富裕的用水獭、獾皮镶边。镶边的材质主要选用 6—7 指宽偏紫色的毛皮。

另外，卡尔梅克蒙古称春秋穿用的库绷台·德勒（棉衣）为哈孛塔各，穿旧的袍服称为哈尚·德勒。

3. 乌齐

乌齐也称卓布恰，是男女都会穿用的冬季皮制袍服。一般用白羔羊、貂、獾、艾鼬、松鼠皮作里子，用大布、粗呢、哆罗呢、平绒布等材料吊面。卡尔梅克蒙古中家境富裕的妇女穿用的乌齐常用狐狸、艾鼬、雪兔、黑白羔羊等动物毛皮作里子，用毛呢大布吊面。

（二）其他服装品类

1. 别尔孜、策格德各

卡尔梅克妇女称长款的策格德各为别尔孜。

2. 克依立各、查么查

卡尔梅克蒙古称穿在里面的查么查为克依立各，其形制特点为直襟，领子做

---

❶ 布林特古斯. 蒙古族民俗百科全书·物质卷：中册（蒙古文）[M]. 呼和浩特：内蒙古教育出版社，2015：1249-1250.

❷ 文化. 卫拉特——西蒙古文化变迁 [M]. 北京：民族出版社，2002：188.

成白色的。一般会在克依立各外面套穿名为霍德钦的服装。

卡尔梅克蒙古的查么查主要是用白色或者灰色的大布制作。年轻人的查么查也用带条纹花色的布料制作。卡尔梅克蒙古的查么查比较宽松，衣长到膝盖上下，领子较低，前襟为直襟敞口，由 1 个后衣片和 2 个前片组成，前襟上钉 2—3 枚扣子。

另外，卡尔梅克蒙古中还有一种穿在坎肩里面的服装称为哈尔玛各·德勒。

（三）帽冠

1. 杜尔本·塔勒台·玛拉嘎（dyrben talat malag，四角帽）

卡尔梅克蒙古称帽顶由四个面组成的帽子为杜尔本·塔勒台·玛拉嘎。这种帽子的帽檐下端用貂皮、上端用獾皮制作，帽顶用黄色、红色的粗呢、蟒缎缝制，顶饰红缨。卡尔梅克蒙古非常重视帽顶的红缨，如果有人损坏帽缨会被认为是对帽主极大的侮辱。

2. 卡尔梅克·玛拉嘎（kalmag malag）

卡尔梅克·玛拉嘎是指卡尔梅克人参加仪式庆典等活动时穿戴的一种帽式。此帽的帽檐用粘衬的布料或绦子制作，在外面罩一层黑色的绸缎，并且用金银丝线刺绣各种纹样进行装饰。帽顶似隆起的四角形，顶部中央装饰红色丝线缨穗（索郭尔玛尔·扎拉）。卡尔梅克·玛拉嘎分为有毛皮和无毛皮两种，有毛皮的帽子在帽檐的位置缝上貂、獾、水獭等珍贵动物的毛皮。

3. 哈吉勒嘎·玛拉嘎（xadzileg malag）

卡尔梅克妇女的哈吉勒嘎·玛拉嘎，帽顶用水獭皮加固，帽顶中央装饰红缨，再钉上顶结或珊瑚贴字（顶饰）作装饰。

4. 哈特吉勒嘎（xatdzileg）

哈特吉勒嘎是卡尔梅克老年人常戴的一种帽式，也称作德居勒孛特尔·玛合拉（dedzilebter maxla）。此帽用黑色羔羊皮制作帽檐。

另外，卡尔梅克蒙古还戴一种陶么立各·玛合拉，造型类似波斯帽，还有一种齐各亚塔·玛合拉，是用狐狸、兔子等动物毛皮制作的有帽带的帽子。

（四）靴

卡尔梅克蒙古主要穿尖头香牛皮靴子，至 19 世纪后期开始流行穿用俄罗斯的轻革皮靴，20 世纪初期开始穿用俄罗斯生产的毡靴。

（五）首饰

卡尔梅克妇女也同其他卫拉特蒙古妇女一样戴耳环（西肯·额蔑，ʃiken e:mæ:），就是一种小银环。还有一种西肯·哈孛塔各，是卡尔梅克妇女常戴的心形耳环。

第三节　卫拉特蒙古服饰的象征内涵

传统服饰是蕴含丰富象征内涵的领域，"人穿什么，只是表象；人为什么这样穿，才是实质。"[1]从古代冠服制度到现代民族服饰，无不隐藏着各个族群不言而喻、约定俗成的象征文化信息。它不仅关乎于对服饰制作知识与技巧的掌握，还包涵特定族群的主观意识、审美心理、社会习俗等积淀而成的一种观念和思维方式。因而通过服饰的款式形制等物质表象，可以看到不同族群的日常着装状态以及背后的社会文化内核。

一、卫拉特蒙古服装中的策格德各与社会规范的象征

卫拉特蒙古传统服饰中有一款名为"策格德各"（也称作策格德克）的服装，指"女式无袖长衫，马甲裙"[2]"姑娘出嫁时穿着的无袖、有四片下摆的服装"[3]。一般形制是衣长过膝、对襟、无扣袢、无领、无袖、左右侧缝开衩（有时不开衩）、后片中缝开叉约至腰部以下的长坎肩。这种款型在其他蒙古部落的传统服饰中很常见，在内蒙古亦称之为"奥吉"即坎肩。结构简易、实用保暖的坎肩并不是蒙古人的独创，考察世界各地的民族传统服饰，可以看到很多类似的款型，而在中国，从唐宋时期流行半臂、背子[4]等服装，直至现代的满族、维吾尔族等很多民族传统服饰中，各式坎肩仍颇为多见。然而，策格德各除具有服装实用保暖的基本功能外，它的穿与不穿还受到传统社会规范的强力制约，甚至它本身已成为社会制度的象征之物。

（一）关于策格德各的起源及其象征意义

关于策格德各的起源，民间流传着这样的传说："在很久以前，女人并没有'策格德克'这种服装。曾有一位富贵的大汗，他的夫人跟着别的男人私奔了。威震八方的大汗派人四处搜寻，最终找到并带回其夫人。大汗恼羞成怒，立即下令砍断夫人的双脚双手和头颅。但是大臣们深知汗王很爱这位夫人，因一时之气才下令用如此重刑，所以进言道：'您的刑罚太重，我们不能同意'，并与大汗商议以另一种同等的惩罚来替代。那个办法就是给夫人穿上特意缝制的'策格德克'。'策格德克'没有袖子是象征夫人的双手被砍掉，下摆两侧开衩是象征夫人的双脚被砍掉，没有领子是象征夫人的头被砍掉了。这样使她免受死刑，夫人从

---

[1] 邓启耀. 衣装秘语——中国民族服饰文化象征. [M]. 成都：四川人民出版社，2005：188.
[2] 乌恩其，齐·艾仁才. 四体卫拉特方言鉴（蒙古文）[M]. 乌鲁木齐：新疆人民出版社，2005：251.
[3] 萨仁格日勒. 德都蒙古风俗（蒙古文）[M]. 呼和浩特：内蒙古人民出版社，2012：186.
[4] 周锡保. 中国古代服饰史 [M]. 北京：中国戏剧出版社，1984：197.

此忠于汗王，恪守妇道。在此之后，女人出嫁时必须穿上'策格德克'对汗王、公婆跪拜立誓。誓词就是自出嫁之日起心无他念、绝不逃跑，假如逃跑同此'策格德克'无手、无脚、无头"[1]（图3-97）。

后来策格德各成为姑娘出嫁时必备的服装，这不仅在《卫拉特法典》中有策格德各及其他相应物品由娘家根据身份等级进行陪嫁的明确规定条目[2]，卫拉特蒙古民间也有"把女儿的头发分梳开来、把无袖的策格德克给她穿上，送给非亲非故的人"这样的俗语[3]。还有"仅出嫁的媳妇穿着，男人和姑娘以及其他有儿女的妇女并不穿用"[4]，且"婚后媳妇见公婆或公共场合必须穿着"的一系列习俗[5]。类似的习俗在其他蒙古部落中也有，如内蒙古的蒙古中有"未婚姑娘忌讳穿坎肩，但必须系腰带；已婚妇人穿坎肩，不系腰带"的习俗[6]。另外，策格德各并不是婚后随时穿着的服装，有一个约为三年的期限，之后媳妇去拜见公婆，公婆会特意宴请亲朋，允许她见面时可以不穿策格德各，并指送有牛犊的母牛等牲畜、物资，其意应为对媳妇恪守妇道、认真持家的一种奖赏[7]。

（二）《卫拉特法典》中有关策格德各的制度条文及其意义分析

《卫拉特法典》中涉及策格德各的制度共有3条，前文中提到过策格德各作为陪嫁物品之一的相关规定，除此之外还有2条制度分别约束女人和男人的个体行为。其一：原法典第23条规定，给远行的使臣"没有子嗣的女人未提供食宿者，没收她的策格德克"[8]；其二：原法典第8条规定，士兵（男人）"面对敌人……逃跑者，给穿上策格德克"[9]。

综合以上内容，可以得知穿策格德各是新娘的标志、是恪守妇道的宣誓、是

❶ 萨仁格日勒.《卫拉特法典》中涉及"策格德克"的条文及新娘磕头礼仪 [J]. 中国蒙古学（蒙古文），2008(5)：114.
❷ 道润梯步. 卫拉特法典(蒙古文)[M]. 呼和浩特：内蒙古人民出版社，1985：70.
❸ 萨仁格日勒. 德都蒙古风俗(蒙古文)[M]. 呼和浩特：内蒙古人民出版社，2012：186.
❹ 那木吉拉. 卫拉特蒙古民俗文化：经济生活卷(蒙古文)[M]. 乌鲁木齐：新疆人民出版社，2010：362.
❺ 纳·才仁巴力. 德都蒙古服饰文化 [J]. 德都蒙古，2016(12)：72.
❻ 曹纳木. 蒙古族禁忌汇编 [M]. 呼和浩特：内蒙古人民出版社，2011：3.
❼ 同❸115.
❽ 同❷54-55.
❾ 同❷29-30.

专属女人的资产、是蒙古社会制度规范的象征体。

　　无独有偶，新疆巴音郭楞蒙古自治州与和布克赛尔蒙古自治县的已婚妇女有一种传统袍服，前襟开至腹部上沿后向右成直角转弯至右侧缝，并在此转弯的部分横向拼接约四指宽（根据具体情况宽度可调整）的装饰带。这个装饰带被称为"托西亚"，汉译是"腿绊"❶。即意为"腿的羁绊"，有此装饰的袍服名为"托西亚特·太尔立克"❷。几乎没有实用功能的意义却装饰烦琐的"托西亚"，使妇人们的行动更加不便，实际上是象征着对已婚妇女的约束，暗示她不能摆脱自己的身份。

　　这不禁使人思考为什么总是约束这些已婚妇女并且利用服饰作为象征体呢？根据分析，可能有以下几点原因。首先，结婚的年龄小。《卫拉特法典》中规定，"年满 14 岁的处女便可以结婚。虽未满这个年龄，亦不妨订立婚约。"❸"女子适宜的出嫁年龄为 17 岁至 21 岁。"❹其次，蒙古人有同姓不通婚的习俗❺，加之游牧生活的分散性特点，使得姑娘都是远嫁他乡，难得再与亲人团聚。因而婚后生活的任何问题都有可能成为她们选择逃离的原因。再次，服饰、布料等对于蒙古人来讲是珍贵的资产，传统的游牧生活并不适宜拥有很多的服装服饰，因而他们十分珍视服饰尤其礼服，并且有很多与服饰相关的禁忌习俗。现如今在卫拉特蒙古人中仍存在新人到家拜见长辈之时，长辈回赠绸缎等上好布料的风俗。综上所述，也许正是年轻的新娘难以适应婚后的生活而离家出逃事件的频发，使得制度设计者以策格德各等女人专属之物、有形资产作为律法和乡约的实物象征，以时刻提醒和约束她们的行为。

　　类似的象征物还有名为查干·扎哈的一种白色的衣领。和丰的乌女士就曾告诉说土尔扈特已婚妇女戴的白色小领子原来是像披风一样大的，据说过去妇女出门都会披上白色的披风，避免自己被天公看到。后来这个披风逐渐缩小，如今在厄鲁特、土尔扈特等部的蒙古服饰中成了已婚的象征，还有很多人告诉我说白色领子是保护袍服领子的，方便清洗。另如卫拉特服饰中的阿吾盖·德勒（已婚妇女袍服）、阿吾盖·玛拉嘎（已婚妇女帽子）等。阿吾盖即夫人、老婆的意思，这样的命名随时强调着穿戴者的社会身份，以及需要遵守的各种习俗和准则。

❶ 乌恩其,齐·艾仁才. 四体卫拉特方言鉴(蒙古文)[M]. 乌鲁木齐:新疆人民出版社,2005:225. 词典中的"托西马克"是用"托西亚"来解释的。
❷ 笔者于 2014 年 8 月 23 日采访和布克赛尔蒙古自治县民族传统服饰制作人的孟女士。
❸[日] 田山茂. 清代蒙古社会制度史 [M]. 潘世宪,译. 呼和浩特:内蒙古人民出版社,2015:236.
❹ 罗布桑悫丹. 蒙古风俗鉴(蒙古文)[M]. 呼和浩特:内蒙古人民出版社,1981:60.
❺ 同 ❹59-60

二、卫拉特蒙古帽饰中乌兰扎拉的部族象征

"乌兰扎拉"即红缨，卫拉特蒙古人自称为"乌兰扎拉特蒙古"意为红缨卫拉特，并在多款帽冠上都坠饰红缨、红穗。例如新疆和内蒙古卫拉特蒙古男女的传统帽式中有名为"托儿楚克"的圆帽（图3-98）、名为"布奇勒齐"的女帽（图3-99）以及青海卫拉特蒙古男女传统帽式中有名为"哈尔帮"（xalba ŋ）、"扎拉图·麻勒海"（图3-100）等帽子，它们共同的特征为在帽顶上装饰红色的缨穗。

关于红缨帽，在卫拉特蒙古英雄史诗《江格尔》中描绘过江格尔汗的夫人阿盖沙布都拉头戴有红缨子、名为"哈拉邦"的帽子；《安多政教史》中也记载了德都蒙古人的王公贵族均有戴传统红缨帽的习俗❶，甚至在民间流传的歌曲中还有"鲜艳的红缨子，别让它远离视线……宝贵的红缨子，别让它脱离帽顶"❷的歌词。可见，红缨子是卫拉特帽饰中必不可少的一个元素。

卫拉特蒙古在帽冠上装饰红缨是起源于何时，又有什么象征意义呢？根据巴托尔乌巴什图们著《四卫拉特史》记载：自卫拉特厄鲁特取名为红缨卡尔梅克至今已卯年，历时382年❸，推算出的具体时间为1437年。其后，关于红缨卫拉特的相关记载见诸各类历史文献中，如蒙古文《大黄册》中记载，满都海"彻辰"汗曾规定卫拉特蒙古带红缨的长度。又如清人祁韵士在《西陲要略》中记录西蒙

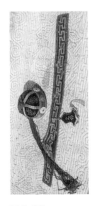

图 3-98
新疆土尔扈特托尔次各
（笔者拍摄）

图 3-99
新疆和丰县布奇来齐帽
（和丰县孟女士制作，笔者拍摄）

图 3-100
青海德令哈市卫拉特蒙古妇女尖顶红缨帽
（青海德令哈市伊女士制作，笔者拍摄）

---

❶ 纳·才仁巴力. 德都蒙古服饰文化 [J]. 德都蒙古, 2016(12)：77.
❷ 新疆民间文艺家协会. 中国歌谣集成·新疆卷·蒙古族分卷(蒙古文)[M]. 乌鲁木齐：新疆人民出版社, 2011：6.
❸ 丹碧, 格·李杰. 蒙汉对照托忒文字卫拉特蒙古历史文献译编(蒙、汉文)[M]. 乌鲁木齐：新疆人民出版社, 2009：220.

古衣饰时提到："冠无冬夏之别，但以毛质厚薄为差，自毡为里，外饰以皮，贵者饰以毡或染紫绿色。其顶高，其檐平，谓之哈尔邦，略如内地暖帽，而缀缨止及其帽之半。妇人冠与男子同，带以丝为之，端垂流苏，其长委地。"[1] 另外，《卫拉特法典》第 75 条 [2] 中还有一条关于帽缨的特别规定："揪妇女帽子的缨子或发髻的人，罚牲畜九头。"[3] 青海的卫拉特蒙古部落中还有"如果本部落王爷去世，全部落之人都要把'扎拉'卸下，以示哀悼，时间为一年"的规定 [4]。

综合上述情况，可以认为红缨帽的象征意义主要有以下两点：首先，是卫拉特蒙古部族的象征。至于为何选用了红缨子，有学者提出"是希望蒙古部落如火焰一般强盛、兴旺的象征"[5]，这一观点仍有进一步研究的空间。其次，是身份尊严的象征。蒙古人历来对帽冠格外重视，拜见长辈、宴席上敬酒等礼俗场合必须戴帽，与帽相关的风俗禁忌也很多，如忌讳触碰、跨过或坐在他人的帽子上等。卫拉特蒙古甚至针对帽上的红缨特别设立了律条，使之受到法律保护，足见对其珍视的程度，不容丝毫的侵犯。

第四节　传统服饰的传承与创新

本章对各地精英表述的卫拉特蒙古服饰情况进行了梳理，主要依据新疆、青海、内蒙古等地传统服饰文化遗产传承人、文化学者等精英们的表述及其相关著述以及蒙古国、俄罗斯卡尔梅克共和国中有关卫拉特蒙古的相关著述与研究中对卫拉特蒙古服饰的描述。通过以上梳理，以及对不同历史时期的服饰的比较可以了解到，精英们表述的传统服饰对历史时期的卫拉特蒙古服饰有传承也有创新发明。

一、对传统服饰的继承

通过历史的纵向比较和同时期不同卫拉特蒙古部落的横向比较，笔者总结右衽袍服、圆帽和戴帽檐、护耳、护颈造型的皮帽以及靴子是最为普遍的卫拉特蒙古服饰（见章末表 3-1），它们也是卫拉特蒙古传统服饰通用的搭配组合。这些服饰在各地蒙古部落中都能找到类似的款型，可见它们是传承的时间长，稳定性

---

[1] 祁韵士. 西陲要略 [M]. 上海：商务印书馆，中华民国二十五年：63.

[2] 赛音乌其拉图.《卫拉特法典》文化阐释 [D]. 内蒙古大学，2012：214.

[3] [日] 田山茂. 清代蒙古社会制度史 [M]. 潘世宪，译. 呼和浩特：内蒙古人民出版社，2015：236. 241.

[4] 纳·才仁巴力. 德都蒙古服饰文化 [J]. 德都蒙古，2016(12)：77.

[5] 萨如拉吉日嘎拉. 蒙古族色彩象征及色彩搭配 [D]. 呼和浩特：内蒙古师范大学，2013：33.

强的一种整体着装造型组合。其中拉布西各、德勒在明清至今国内、国外卫拉特蒙古各部的袍服中均有传承，而毕希米德是明清至今土尔扈特部落特有的袍服，策格德各则是明清时期出现于准噶尔部的袍服，在今天新疆伊犁、青海、甘肃、内蒙古地区及蒙古国的卫拉特蒙古传统服饰中得到传承。这表明服饰组合产生并适用于当时的日常生产生活，而当日常生活的方式没有根本性改变时服饰的基本形制也得以保留。

二、对传统服饰的创新

通过分析精英们对传统服饰的表述，可以从以下几个方面总结卫拉特蒙古对传统服饰的创新发明：

（一）历史时期的男装或男女共同穿用的服饰款型转变为女子特有的服饰

在现代卫拉特蒙古传统服饰中，毕希米德被认为是最具特色的服饰之一，目前仅在新疆和布克赛尔土尔扈特蒙古和内蒙古额济纳土尔扈特蒙古年轻女子和中老年妇女服饰中有此款服装。德国学者帕拉斯在他 1769—1772 年在卡尔梅克人中进行的调查记录中提到"卡尔梅克男子一般情况下穿 1 件拉布希各，1 件或几件毕希米德和长裤"[1]。额尔德尼耶夫在 18—19 世纪完成的《卡尔梅克人》中提到，"毕希米德：在内衣外边穿的长袍，是卡尔梅克男士传统衣服。系扣子束腰带。领子是上边方形小立领，下边领角一直延伸到肚脐上边呈倒三角形。袖子长又窄，胸两侧各有一个五边形贴兜，兜子和领子周围用亮色镶着边，下摆长至腘窝处或过膝。"[2] 这与 20 世纪初卡尔梅克人照片中所穿的服装已经基本一致。此外，毕希米德在流传于卫拉特蒙古的英雄史诗《江格尔》中有关英雄人物服饰描写中频繁出现。在《江格尔》中毕希米德主要是主人公江格尔以及其他英雄在征战和隆重场合穿用的戎装和礼服。但是根据相关研究，也有女子穿用的情况："卡尔梅克地区的《江格尔》中比西米特是男子穿用的，而新疆地区的《江格尔》中毕希米德是男女都穿用的服装。"[3] 如今毕希米德演变为仅年轻女子和中老年妇女穿用，二者也在形制上略有差别。

另外，布齐来奇（Bitschilatschi）、哈吉勒嘎（Chatschilga）在明清时期为男女都戴的帽冠款式，在现代的卫拉特蒙古传统服饰中都是女子专属的帽冠。

（二）将古代军戎服饰的元素融入传统服饰

在史诗《江格尔》中描写英雄赴战场时的整装情况时，总有穿上毕希米德

---

❶ [德]P. S. 帕拉斯. 内陆亚洲厄鲁特历史资料 [M]. 邵建东, 刘迎胜, 译. 昆明: 云南人民出版社, 2002: 106.

❷ 萨仁高娃. 论清代伏尔加河流域土尔扈特蒙古汗王、台吉宰桑服饰 [J]. 内蒙古艺术学院学报, 2018(1).

❸ 萨仁格日勒, 敖其尔加甫·台文. 卫拉特蒙古传统服饰 "比西米特" 的名称来历及其变迁 [J]. 中国蒙古学 (蒙文), 2015(4): 136.

再套上铠甲的描写。这与魏晋时期军人在铠甲内穿裲裆衫的情况类似，毕希米德与裲裆衫当时都属于戎装范畴，其后逐渐发展为日常服饰甚至成为礼服。在明清时期的蒙古婚俗中还有穿着盔甲完婚的情况，就是将军服也当作了一种礼服。

据说，"土尔扈特'克伊立各'（内穿的短衬衣）的领子较高，要到耳垂附近。这是战争时期为了保护脖子而设计的。"❶也有学者提到策格德各前片要附上硬衬，因为它来自军服，据说箭不能射穿。

（三）对历史时期服饰材质的仿制与替代

在历史时期的卫拉特蒙古服饰中，服饰材质都依据身份等级进行取用，尤其王公贵族的服饰材质以君主赏赐所得居多，材料质地大多货真价实。而现代的传统服饰在材质方面往往无法实现与传统完全相同，所以就出现了各种仿制品和替代品。例如，服饰边沿装饰的各种毛皮镶边、头饰上的红缨、挂坠、银饰等均由各种人造皮毛、工业材料等进行仿制与替代。在青海卫拉特蒙古的传统服饰中通常在妇女发套托克各上对称绣制 3—5 个吉祥纹饰，当地的学者说那些吉祥纹样原来是银质的饰牌，由于现在很难找到现成的饰牌就手动刺绣出来，如今已逐渐成了新的传统。

（四）对周边民族服饰文化的借鉴与吸收

生活在不同地域的同一部落服饰会自然地吸收所在地域周边不同民族的服饰文化，从而相互间差异逐渐增大。他们各自将外来的文化元素内化于本民族服饰文化中，形成新的传统。例如，土尔扈特蒙古部的毕希米德是来自伏尔加河畔的服饰款型，其他蒙古部落中均没有这样的款式，它的特点在于其直角形前襟和约到膝盖附近的下摆。这种款型与原伏尔加河畔诺盖鞑靼人的服饰很接近（图 3-101），而直襟的袍服款型还使笔者联想到新疆龟兹壁画中古龟兹人的直襟袍服（图 3-102）。但是诺盖人或龟兹人的袍服的前襟均直开到底，而土尔扈特的毕希米德却在腰际垂至向右掩合下摆。这种直襟和右衽前襟结合的设计发明，体现了土尔扈特蒙古对传统与创新进行的一种平衡与实践。

图 3-101
卡尔梅克士兵（左）与诺盖鞑靼人（右）（转引自《额济纳土尔扈特蒙古史略》，2016）
（引自《丝绸之路·新疆佛教艺术》，2006）

---

❶ 2016 年 7 月 16 日采访和布克赛尔县学者扎·巴图那森。

图 3-102
龟兹石窟壁画中
的龟兹供养人
（引自《丝绸之
路·新疆佛教艺
术》，2006）

　　另外，在服饰命名方面，常有同一款服饰在不同地区的名称不同的情况。
同一个款型的服饰经过在不同地域的长期实践，名称会产生多样化的发展趋势
（表 3-1）。这一现象可能是对原有名称的遗忘导致的。

表 3-1　各地卫拉特蒙古服饰名称对比表

服饰类型		国内						国外	
		新疆（塔城和丰、巴州、伊犁仅列出各地独有款型名称）			青海	甘肃	内蒙古	蒙古国	卡尔梅克共和国
		塔城和丰	巴州	伊犁					
袍服	拉布西各	拉布西各			拉布西各	拉布西各	拉布西各、浩尔莫台、阿日·德勒、浩尔莫台·德勒、霍达苏·德勒	拉布西各	
	德勒	德勒			德个勒	德个勒	德勒	德勒	德勒
	毕希米德	毕希米德					毕希米德		
	弓齐	弓齐			弓齐	弓齐	弓齐		弓齐
	别尔孜	别尔孜							
	萨尔立各	托西亚特·萨尔立各	阿木大·德勒、玛格嘎尔·额博尔合·德勒、博日亚·德勒		特尔立各	特尔立各	特尔立各	特尔立各	泰尔立各
	其他				凯木勒格	和莫里格、奥格茨日、乔巴			
其他服饰品类	无袖类	策格德各、罕吉雅尔			齐格德各	才格德各	齐格德各、罕吉雅尔、额勒立字齐	齐格德各、奥吉	别尔孜
	短衣				罕达斯	罕达斯	呼尔莫		
	衬衣	克依立各（查么查）					切么公格、克依立各		克依立各（查么查）

服饰类型			国内						国外	
其他服饰品类			新疆（塔城和丰、巴州、伊犁仅列出各地独有款型名称）			青海	甘肃	内蒙古	蒙古国	卡尔梅克共和国
			塔城和丰	巴州	伊犁					
	裤装	沙勒布尔						沙勒布尔		
	其他	别日奈、克德泰齐、开么讷各					鄂莫得			
	帽冠	托尔次各						托尔次各	托尔次各	
		布奇来齐				布鲁根·都格图（水獭四耳帽）	布鲁根·玛拉嘎（水獭帽）	布奇来齐		杜尔本·塔勒台·玛拉嘎（四角帽）
		哈吉勒嘎				札拉图·麻勒海（红缨帽）	肖布格尔·玛拉嘎（红缨尖顶帽）			哈吉勒嘎·玛拉嘎
		巴萨拉各								
		局木勒德各						居木立各		
		提尔次各、丹皮亚尔					卡日伊（头巾）			
		陶勒干·阿勒丘尔								
		其他						奥孛加	劳孛加	

服饰类型			国内						国外	
			新疆（塔城和丰、巴州、伊犁仅列出各地独有款型名称）			青海	甘肃	内蒙古	蒙古国	卡尔梅克共和国
			塔城和丰	巴州	伊犁					
帽冠	其他							黑令·麻拉嘎、甘登·玛拉嘎、堂森·玛拉嘎、尤登·玛拉嘎	通莱·玛拉嘎、陶如乐·玛拉嘎、尤登·玛拉嘎、卓·玛拉嘎、玛拉嘎、扎哈沁·玛拉嘎（哈拉班·玛拉嘎）、海留·玛拉嘎、奥锐台·玛拉嘎（门德·奥锐台·玛拉嘎）、吉各·奥锐台·玛拉嘎（仁·台·玛拉嘎）、克依令·玛拉嘎、斯格尔德各尔齐各·玛拉嘎、东西令·玛拉嘎	卡尔梅克·玛拉嘎、哈特吉勒嘎·特尔·玛拉拉（德居勒李字·特尔·玛拉拉）
鞋靴、袜	鞋靴	郭孙				高都松		郭图勒	郭图勒	
		恰日各				帕尔达各		恰日各		
		沙嗨								
		威莫孙				威莫苏		威莫苏		
	袜	布斯				毕司		布斯	布斯	
配饰	毕莱、罕却李齐（恰尔郭尔李齐）					图仁凯				
	图热依农字齐									
	其他							齐合李齐	齐合李齐、查干·扎合（白色领子）	

服饰类型		国内						国外	
		新疆（又列出各地独有款型名称）			青海	甘肃	内蒙古	蒙古国	卡尔梅克共和国
		塔城和丰	巴州	伊犁					
首饰	希尔额勒、希孛尔格勒（希孛人）立克各、托克各				乌斯乃·格尔（发套）	乌斯乃·格尔	乌斯乃·格尔	乌斯乃·格尔、托克各、包勒特	西肯·哈拉塔各
	包德各		博尔奈奈·郭					包德各	
	绥克、字古、毕勒齐各、库尊、祖勒特				绥克、尕斡	虽开、尕吾	绥克、布勒吉各、字古字齐、尕斡	绥克、布勒吉各、字古字齐、尕斡	西肯·额鹰
	赏哈各								
装饰品	阿拉丘尔						阿拉丘尔		
	祖布齐				祖布齐			祖布齐、格德字齐	
	托布齐				别勒	别勒			
	其他				小刀、素结			字勒	
					朗果、月龙				

表格来源：笔者自制。

第四章
现代日常生活中卫拉特蒙古的传统服饰实践

在精英们的表述中，各地卫拉特蒙古的传统服饰种类繁多，各具特色。然而在现代日常生活中，无论城市还是乡村甚至是在牧场，人们早已普遍选择穿用现代服饰，日常穿用传统服饰的一度少之又少。近年来，在一些特殊场合选择传统服饰的情况有所增加，且不同的特殊场合所选择的传统服饰有一定区别，但与精英表述下的传统服饰相比总体呈现简化、模糊化的趋势。

第一节　现代卫拉特蒙古的日常生活

现代卫拉特蒙古的日常生活，与其他民族的日常生活已无多大的区别。尤其是生活在城市里的卫拉特蒙古在衣食住行方面几乎已经全面现代化了。以乌鲁木齐为例，研究表明"乌鲁木齐是新疆蒙古族知识分子荟萃之地，他们中有从事教育、新闻出版和卫生工作的，有供职于党政部门和公检法机关的，有在企业做事的和靠打工谋生的，也有一些无业青年逐渐走向务工、从商或自由职业的，另外，还有一些各地州和县城的生活比较富裕的或退休干部搬进乌鲁木齐居住的。……他们和乌鲁木齐的其他民族家庭一样处在'差不多的平均水平'。"❶ 他们中的大多数居住在城市的各住宅小区楼房之内，日常出行会使用各种公共交通工具，近十年以来有很多家庭添置了私家车。

作为内蒙古的蒙古人，笔者在新疆工作生活十几年的过程中发现新疆蒙古和内蒙古蒙古在日常生活中的一些不同之处，笔者认为比较突出的一点就是新疆的蒙古人更喜欢聚集在一起，无论是家人朋友间的聚会或是各种婚礼节庆中的聚会总是接连不断，大家也都乐此不疲。上述研究得出的结论之一是乌鲁木齐"绝大多数被访者对节日聚会的参与是积极的"❷，笔者的感受也得到了证实。而且在聚会中人们可以随时起来跳舞，尤其大型聚会中萨吾尔登是必须要跳的，在欢快的拖布秀尔弹奏中，大家集体欢腾，快乐无比。但是这样的舞蹈并没有必须穿民族服装的要求，大家即兴而起，人人会跳，而且跳完萨吾尔登还可以跳维吾尔舞蹈、俄罗斯舞蹈、现代舞蹈。有一个细节需要提到的是，在大型的聚会比如婚礼、节日等活动中，主持讲话、表演节目和参加舞蹈的人总是会获赠举办方给的一条哈达或丝巾作为礼物。

---

❶ 加·奥其尔巴特. 新疆蒙古族社会现状报告:和静县和乌鲁木齐市等地蒙古族社会经济发展的调查与分析 [M]. 北京:社会科学文献出版社,2013:68、87.

❷ 同❶83.

近几年以来，卫拉特蒙古在日常生活中的各种场合穿蒙古服装的情况有所增加，有时聚会时朋友们还会要求穿上蒙古特色服装。

第二节　现代卫拉特蒙古日常生活中的传统服饰实践

一、婚礼中的传统服饰

蒙古各部落的传统婚礼在精英们的表述中都有一整套的礼俗程序，其中必有一项是新人换装的内容，表示其身份的转变。

笔者自工作以来参加过约 10 次新疆卫拉特蒙古人的婚礼，地点多数在乌鲁木齐，有 1 次是在和布克赛尔县、1 次在乌苏市，1 次在石河子市，还有 1 次是在哈密市。这些现代卫拉特蒙古婚礼中，婚礼宴席是其中最重要的程序之一，而且多数人选择在大酒店中摆设酒席。笔者仅在 2008 年参加过一次在布克赛尔土尔扈特蒙人在家中举办的婚礼宴席。而即使是家中的婚礼其礼俗程序也比精英描述的程序简单很多。在新人换装方面，没有进行和布克赛尔县传统服饰传承人孟女士说过的"婚礼当天新娘的母亲把姑娘二十根辫子分梳成两条长辫装入发套"，以及青海卫拉特蒙古"新娘到男方家由男方的女眷给穿上齐格德各"等习俗。

在酒店举办婚礼的新人一般都是先到提前预约好的美容美发店化妆，再自己把定制的礼服穿好之后到酒店等待婚宴的开始。宴席上新人一般都会先穿蒙古服饰亮相，然后中间会换 1—2 次服装，有的换上西式的西服婚纱，有的换上时尚的礼服。根据观察，在这些婚礼中无论是新人或是参加婚礼的新人亲友所穿的传统礼服几乎都是含有传统蒙古服饰元素的蒙古特色服饰，与精英们描述的卫拉特传统服饰相距甚远。作为卫拉特蒙古妇女已婚象征的重要礼服策格德各（奥吉，即长坎肩）也是时有时无，即使新娘没有穿策格德各，甚至有的还在扎腰带，都不会引起任何议论。这种情况在青海、内蒙古等地的卫拉特蒙古中也是普遍存在，其他部落的蒙古中亦是如此（图 4-1）。

当问："为什么选择这款婚礼服

图 4-1
婚礼中新人的蒙古特色服饰
（春梅提供）

装？"得到的回答全部都包含"有蒙古特色"这一项，其次是对服装的款式和颜色等比较满意。在 2018 年参加的一次婚礼中，新人的礼服从款型来看是仿元代蒙古袍服的右衽斜襟，而领、襟、袖口的制作工艺用的是蒙古国流行的装饰技艺。新人的母亲告诉笔者说："婚礼的蒙古袍是托人在内蒙古定做的，因为内蒙古的做工好，材料好，但是价钱也好（贵）"（图 4-2）。

当问："为什么没有选择卫拉特蒙古传统服装？"在乌鲁木齐举行婚礼的多数人回答的是"在乌鲁木齐买不到，会做的人很少"，而在和布克赛尔举行婚礼的新人回答"都是蒙古服装就行嘛，主要喜欢这个样式"。这一点在采访和布克赛尔县传统服饰制作人藏女士时也有类似的表述："在大女儿结婚时我给她做了传统的毕希米德，还有布奇来齐帽子。二女儿结婚时做了与现代流行结合的蒙古袍，她说喜欢这种的，现在年轻人都是喜欢选这样的，都是蒙古特色的。当时得到大家的一致好评。"❶ 还有一种情况是，有些卫拉特蒙古完全不了解本部落的传统服饰形制，也并不追求穿戴它们。有一次笔者把土尔扈特毕希米德的照片给一位乌鲁木齐的土尔扈特姑娘看，她表示似乎从未见过这款服饰。

从以上的观察得出的结论：

第一，卫拉特蒙古婚礼中精英表述的传统服饰没有被普遍实践。和布克赛尔县的孟女士曾不无遗憾地说道："在我出嫁时就穿戴着全套的土尔扈特蒙古新娘的服饰出嫁的，穿的是托西亚特·泰尔立各，戴上布奇来齐帽子，有长长的红缨子，还有托克各、希孛尔立各这些都戴上了。现在的年轻人已经不讲究这些了，在我这里定做婚礼服装的也不少，但多数都是现代样式的服装。我想有一个原因是最传统的服装做工复杂，花费的时间很长，所以价钱比较贵，很多人就不做了。偶尔有非常讲究的、有能力收藏的人才会做的。"❷ 和布克赛尔县的藏女士也说："以前的婚礼程序很多的，原来姑娘时头发编成十几条辫子，结婚当天头发分梳成两条再戴上发套、帽子，还有各种装饰。现在都简化了，以前的那种头发都没有人会梳了。"❸

---

❶ 2016 年 7 月 11 日采访和布克赛尔县的非物质文化遗产传承人藏女士。
❷ 2016 年 7 月 13 日采访和布克赛尔县的非物质文化遗产传承人藏女士。
❸ 同❶.

关于青海卫拉特蒙古的婚礼服饰，有的"新娘发式就是烫发扎成马尾辫缠于头顶。戴绿军帽，其上围着红色纱巾，身穿长袍"[1]，也有的人直接购买内蒙古的蒙古袍作为婚礼礼服的记述。而内蒙古的卫拉特蒙古中同样存在类似的简化情况。

可见，即使身边就有会做卫拉特蒙古传统服饰的人，仍然有很多卫拉特蒙古没有选择各自部落的传统服饰作为婚礼礼服（图4-3、图4-4）。

第二，多数卫拉特蒙古在婚礼中选择了普遍意义上现代的传统特色服饰。在和布克赛尔县的街头有2家相对大一点的民族服装服饰店，主要制作和经营蒙古民族特色的服饰和日用品等，里面挂着很多已经做好的成品服装、帽子、饰品等物品供顾客选择。从这些蒙古特色服饰来看与内蒙古街头蒙古服装服饰店的形制一般无二。这些店面无论在场地还是人工的数量上都比主要制作土尔扈特蒙古传统服饰的孟女士、乌女士的店面规模大（图4-5~图4-8）。

类似的蒙古特色服饰店在青海省的德令哈市也有几家，当地的伊女士曾带着笔者到一个民俗文化街参观，内有3家大小不等的商铺，其中有一家双

图4-3（左上）
现代卫拉特蒙古婚礼中的服饰
（乌兰巴特尔提供）

图4-4（右上）
现代卫拉特蒙古婚礼中的服饰
（吾兰拍摄）

图4-5（左下）
和丰县民族服饰店

图4-6（右下）
和丰县乌女士在服装店中

---

❶ 文化. 卫拉特——西蒙古文化变迁 [M]. 北京：民族出版社，2002：104.

图 4-7（左）
额敏县赛女士在
店中

图 4-8（右）
额敏县民族服
饰店

层的店面，楼下经营日用品，楼上是民族服装服饰。在上楼的楼梯口处有两个立体模特，身上穿的服装是青海卫拉特蒙古传统男女服饰，而摆挂整齐的其他几排成品服饰多数是融入现代时尚元素的蒙古特色服装（图 4-9）。楼上还有几台缝纫机，可见这些服装是在店内制作的。当被问到蒙古特色服装的消费群体主要穿戴的场合有哪些时，常有"婚礼""参加各种集体活动"等回答。

在内蒙古额济纳旗经营一家土尔扈特蒙古服装店的旭女士曾提到："近些年

图 4-9
青海德令哈市民
族服饰店及内景

专门定做土尔扈特传统婚礼礼服的增多了，但也并不是与传统的完全一样，也要根据顾客的要求做一些改良。比如，很多新娘的袍子没有以前那么肥大，而是要求更加贴身的剪裁，显出腰身。当然也有很多年轻人选的就是普通的右衽蒙古袍服，这种的比较简单。最传统的那种做工要比较复杂，还有手工刺绣的部分，所以要价也高一些。"旭女士的店也是双层的，一楼是服装展厅，服装、帽子、头饰、靴子等物品一应俱全，二楼则是加工车间。一楼沿着店铺的墙面挂满了成品服装，其中多数仍是结合现代元素的蒙古特色服饰，款型、面料也是五花八门。而店内最为醒目的是一个特别的橱窗，里面展示的是额济纳土尔扈特蒙古男女的整套传统服饰。旭女士介绍说："其中女子的袍服完全是按照内蒙古博物馆中陈列的实物仿制而成的。当年学习传统服装制作技艺时专门到呼和浩特去参观学习过，而对土尔扈特传统服饰形制、工艺等方面的了解就主要源于这件袍服，它算是仅存最直观可靠的实物资料了。"旭女士还说："传统的服饰非常珍贵，但是现在的年轻人都喜欢流行的、时髦的东西，只做最传统的服饰难以吸引顾客，店面很难维持的。所以会关注流行服装的趋势，也经常参考蒙古国时兴的袍服样子，这样的比较受欢迎。也有的顾客自己带来照片什么的，要求按上面的样子制作"❶（图4-10、图4-11）。

就从各地卫拉特蒙古经营的服饰店内成品服饰种类的比例来看，部落传统服饰的比例远远低于现代蒙古特色服饰，而蒙古特色服饰也成为婚礼礼服主要的选择。那些部落传统的服饰虽在显眼的位置被单独地陈列出来，却像是一种参照的资料，被逐渐束之高阁。

这一点在一位朋友开的婚纱艺术摄影店也可以得到证实。摄影店是一位乌苏

图4-10
内蒙古额济纳旗旭女士的民族服饰店及内景

图4-11
旭女士在店中工作

❶ 2017年8月9日采访额济纳旗旭女士。

的蒙古朋友开的，笔者在前年曾去参观过一次摄影店。店面不是特别大，有两个服装间，其中一间挂满了蒙古特色的服饰，除了有一顶托尔次各式各样的表面镶满珍珠的帽子之外，其他都是没有任何部落传统特征的，仅有传统特色的现代礼服。而所谓的传统特色也是主要集中于长袍、右衽前襟等基本元素，拍出来的照片看不出是土尔扈特还是厄鲁特或者哪个具体部落。

二、大型活动中的传统服饰

（一）那达慕中的传统服饰

那达慕即"游艺""游戏""娱乐"之意，是蒙古族重要的传统节日之一，它源于旧时祭礼与庆典相结合的祭敖包庆典活动❶。青海的那达慕是源于清朝时期的会盟制度与蒙古族传统的祭海习俗合并的"祭海会盟制度"，并在每次的会盟和祭海活动时举办那达慕❷。那达慕大会一般在夏季水草丰美、牛羊肥壮之时举行，是集竞赛和娱乐为一体的全民体育运动，包括摔跤、赛马、射箭以及一些表演、娱乐等活动。其中摔跤、赛马、射箭是那达慕最核心的内容，因此那达慕大会通常也被称为男儿三项竞技比赛。蒙古各部都会根据各自的情况举行那达慕大会，届时人们都从四面八方赶来参会，是进行展示和交流的一个契机。

2016 年 7 月 30 日，第九届江格尔文化旅游节暨第十七届那达慕大会在和布克赛尔县开幕。在开幕式上，有 11 个各具民族特色的方队经过主席台，其中有一组以和布克赛尔土尔扈特蒙古中老年妇女为主要成员的方队，她们都穿着以黑色、绿色为主色调的毕希米德，头上都包着蓝色的头巾（图 4-12）。这个方队是县文体局统一组织和安排的，据说她们都是县以下各乡、村的传统文化传承人。在县文体局的办公楼内有一个照片墙，主要介绍当地的民族传统文化，笔者看到上面也有穿着黑色毕希米德的妇女们的照片，文体局的工作人员说照片都是为了申请非物质文化遗产而统一考察和拍摄的（图 4-13）。

2017 年 7 月 27 日新疆巴音郭楞蒙古自治州和静县第二十届东归那达慕大会开幕，期间也有一组穿着当地土尔扈特蒙古传统服饰的方队，这个方队也以中老年妇女为主，身穿阿木太·德博勒，头戴托尔其各、希孛尔立各、托克各，被称为是"土尔扈特服饰形象代言人"❸。关于其他地区的卫拉特蒙古，根据媒体的相关报道能够看到青海、甘肃、内蒙古的卫拉特蒙古在那达慕大会上也都有传统服饰展示或者表演活动。

---

❶ 吐娜，潘美玲，巴特尔. 巴音郭楞蒙古族史：东归土尔扈特、和硕特历史文化研究 [M]. 北京：中国言实出版社，2014：186.

❷ 纳·才仁巴力，红峰. 青海蒙古族风俗志 [M]. 西宁：青海民族出版社，2015：19.

❸ 潘美玲. 流动的风景：土尔扈特服饰 [M]. 乌鲁木齐：新疆人民出版社，2009：22.

图 4-12（左）
和丰县那达慕会上穿毕希米德的方队

图 4-13（右）
和丰县文体局照片墙上的照片

　　而与参加展示与表演活动人员的盛装形成鲜明对比的是看台上或者周围的观众们，他们中穿着民族服饰的很少，而穿戴整套传统服饰的几乎没有（图 4-14）。

　　从以上的观察得出的结论：

　　第一，那达慕大会上的代表性传统服饰展示相对接近精英们描述的相应传统服饰。笔者在和布克赛尔县考察时，无论传统服饰的制作人还是当地的文化学者都曾提到和布克赛尔土尔扈特蒙古中最具特色的代表性传统服饰就是毕希米德。而同为土尔扈特后裔的巴音郭楞土尔扈特蒙古妇女在那达慕大会上穿的是阿木太·德博勒，也被称为是巴州土尔扈特蒙古最具代表性的传统服饰，并且头戴托尔次克、希孛尔立各和托克各（图 4-15）。本书第三章中曾描述和分析过毕希米德和阿木太·德博勒的形制都是立领、直角形门襟，总体造型基本一致，只是在色彩、局部装饰方面有所差别。毕希米德其实也常用蓝色、绿色、红色等颜色制作，但是在这次的那达慕大会上还是选择了以黑色居多的毕希米德作为展示。而阿木太·德博勒总是用鲜艳颜色的绸缎制作。与已婚妇女的盛装比较，传统的男装以及其他各年龄段人物的服饰与现代蒙古特色服饰并无本质区别。

图 4-14
那达慕会场主席台就座的现代着装的人们

图 4-15
巴州那达慕上土尔扈特妇女方队
（网络图片 ❶）

❶ 确·胡热. 巴州第 11 届"东归那达慕节"开幕 [EB/OL].

青海、肃北卫拉特蒙古举行的那达慕上，最吸引人的也是已婚妇女的传统服饰，即身穿齐格德各、特尔立各，头戴尖顶红缨帽、发套垂于胸前并别进腰带的整体造型，而藏式与蒙古式款型结合的男装造型同样令人关注（图4-16、图4-17）。

图 4-16
甘肃肃北那达慕
上的表演
（网络图片 ❶）

图 4-17
青海那达慕上的
表演
（网络图片 ❷）

第二，那达慕大会上其他的文体表演以及展示活动主要选择蒙古特色服饰。除了上述代表性传统服饰的专门展示之外，那达慕大会的入场仪式中通常安排民族服饰展示的环节，有些展示的是较传统的服饰，一般由当地民族服饰传承人指导完成。也有展示的是融合现代时尚元素的民族特色服饰，笔者参加的2017年和布克赛尔举行的那达慕中，穿毕希米德妇女方队的后面就跟随了一队穿着古今结合、各部落传统服饰元素混合的蒙古特色服饰方队。

另外，各地那达慕大会上都有传统的男子三项竞技比赛，摔跤项目与骑马、射箭相比有一套专属的服饰。国内各地卫拉特蒙古的摔跤服在款型上无甚差别与其他蒙古部落的摔跤服基本保持一致。

（二）祭敖包、麦德尔等祭典中的传统服饰

祭敖包是蒙古人传统的祭祀活动，主要表达对天地最虔诚的敬意，以祈求大地风调雨顺、五畜兴旺，使人们获得平安幸福。新疆卫拉特蒙古称祭敖包为塔克勒根，直译也是祭祀的意思。在祭敖包活动中一般是首先由喇嘛在敖包前焚香诵经，并用酒、肉、奶食设祭。男女老少从附近捡拾石头放在敖包上，并顺时针绕敖包3圈，再进行磕头叩拜，但至今也有一些敖包是女人不能去的。祭敖包仪式

❶ 每日甘肃. 丝路激情那达慕——肃北蒙古族自治县文化旅游节掠影 [EB/OL].
❷ 中新网. 青海柴达木举行第七届那达慕大会 [EB/OL].

完毕之后就会在附近举行那达慕，主要进行骑马、摔跤、射箭等比赛，赛后举办酒宴，欢度节日。

在精英们的表述中，祭祀和礼拜这种庄重的场合，服饰穿戴要整齐得体，巴州和静县的塔女士曾说："蒙古人有专门在祭礼时穿用的德勒，穿上别尔孜、特尔立各、陶尔干·沙勒布尔（绸缎裤子），戴上哈吉勒嘎帽子，脚蹬翘尖头的靴子。"而在笔者的采访中，参加祭敖包的活动时穿传统服饰的人比例有限，而这种传统服饰也与精英们的表述差距很大，只能算是看不出部落特征的蒙古特色服饰。在前些年敖包节上穿蒙古特色服饰的人很少，近几年开始有所增加，而且在款型、材质方面都有提升（图4-18）。

图4-18
祭敖包活动中的
民族服饰
（左为吾兰拍摄，
右为网络图片❶）

麦德尔即弥勒佛，麦德尔节最早是祭祀弥勒佛的，后来演变为一个宗教节日。新疆卫拉特蒙古的麦德尔节在正月十五日举行，当日寺庙内喇嘛坐台诵经，还会举行跳"查玛"仪式，附近的男女老少都会参加（图4-19）。在祭礼结束之后也会举办宴席，大家聚集在一起庆祝一番。青海的卫拉特蒙古一般称"麦德尔经会"，"是蒙古族喇嘛寺内的主要宗教活动中规模最大的节日。每年农历正月初五至初九，六月初七至十五举行。经会上先诵经，后举行盛大的喇嘛'禅木'跳鬼活动，以攘除不祥，祈祷平安。"❷

在新疆城市里的卫拉特蒙古普遍在酒店举办麦德尔节活动，根据相关资料可以了解到在酒店举办的麦德尔节没有了去寺庙礼拜的环节，宗教色彩已经非常淡薄。每年乌鲁木齐市会有各单位轮流组织的大型麦德尔节庆祝活动，一般是在各大酒店预订场地，相当于组织一个大型的宴会，人们直接到酒店欢聚庆祝节日。

❶ 雪落无声的博客. 和布克赛尔土尔扈特蒙古人祭祀敖包大会 [EB/OL].

❷ 纳·才仁巴力, 红峰. 青海蒙古族风俗志 [M]. 西宁:青海民族出版社,2015:19、25.

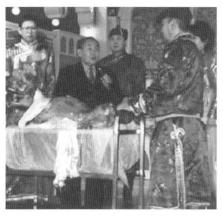

图 4-19
麦德尔节在黄庙
转经的人
（网络图片❶）

图 4-20
麦德尔节举办的
聚会
（网络图片❷）

活动中组织方的主持人和节目表演者通常会穿上蒙古特色服饰，而参加活动的女士当中穿时尚服饰者居多，男士仍以衬衫西服为主，也有少数穿着蒙古特色服装的人，包括儿童（图 4-20）。

除各单位或以地区划分的大型聚会活动外，由亲朋好友自行组织的小型聚会也很多。笔者曾参加过几次在乌鲁木齐举办的小型麦德尔节庆祝活动，一般都是十几家人每家先出资垫付经费，由一到两家主持操办。席间组织各种娱乐活动，载歌载舞。参加活动的人们几乎都穿现代服饰，但仍有不少女士选择银饰、珊瑚等蒙古人普遍喜爱的饰品。2016 年的麦德尔节，组织者专门要求每个人都要穿着蒙古特色服饰出席。根据观察，当天除一名女士之外其他女士都穿了蒙古特色服饰，而男士中仅有一名穿了蒙古袍，还戴了礼帽。而女士们的蒙古特色服饰，至少三分之一是从内蒙古购买的，还有两位主持人的蒙古特色服饰是从蒙古国购买的。圆立领、右衽、细绳边、下摆约到膝盖的服饰款型占据多数，仅有 1 人选择绸缎面料，其他的都是以各类棉质、毛质面料制作。

（三）祖鲁节、查干等节日中的传统服饰

祖鲁节源于藏传佛教节日的点灯节，每年的农历十月二十五日隆重举行，而这一天正是黄教创始人宗喀巴的逝世之日。祖鲁节本是全体蒙古都会过的节日，如今在内蒙古的蒙古部落中几乎消失，而在卫拉特蒙古中得到了传承。

祖鲁节最重要的环节是点灯祈福，完成这个仪式之后就开始设宴欢度节日。如今的这种宴席，除主要的仪式内容之外程序基本相同，期间也并没有特别的服饰穿着规定。因此，传统服饰穿着方面，活动主持人员与表演节目的人员会

---

❶《丝路民俗记忆》. 图说节庆风俗(14)：蒙古土尔扈特人的麦德尔节 [EB/OL].
❷ 韩冰栀子. 2012 年乌鲁木齐的"麦德尔节"纪实 [EB/OL].

图 4-21
城市卫拉特蒙古
的祖鲁节聚会节
场面
（网络图片 ❶）

选择蒙古特色服饰，参加活动的人多数穿着现代服饰（图 4-21）。

查干，直译即白色，新疆卫拉特蒙古称春节为查干，过春节为查嘎拉合，内蒙古的蒙古称希呢勒合。蒙古人都把大年初一至三十的一个月称为查干萨日，即白月，所以春节也会译为白月节。

蒙古人普遍有新年换新衣的习俗，大年初一是查干萨日的头一天，人们也要从头到脚都换成全新的，尤其是给儿童从里到外都要换上新衣。但是如今的新衣大多不是传统服饰，而是日常穿用的现代服饰。就笔者在乌鲁木齐过年的十几年经历来看，无论大年三十到长辈家团聚或是初一开始到亲友家拜年，基本没有见到穿着传统服饰的情况。而在年节期间举行团拜活动时偶尔有人穿着蒙古特色服饰。

从以上的观察得出的结论：

第一，在敖包、麦德尔、祖鲁等大型的活动中穿蒙古特色服饰的人比例较高。而在查干节与家人和亲人在一起时人们主要穿现代的日常服饰。

第二，近年来对传统服饰的重视程度有所提升，选择穿民族特色服饰的人与适合穿民族特色服饰的场合增多，民族服饰制作从款型、材质到工艺等方面都有一定发展。

三、舞台表演中的传统服饰

（一）民族服饰展示与评比中的传统服饰

近年来，各种民族服饰的展示与评比活动逐渐增多，各地卫拉特蒙古服饰的制作人也为此忙碌不停。不仅县乡地方各有评比，大到地州、省市甚至跨省的此类活动也是接连不断，内蒙古额济纳旗的旭女士 2019 年还带着自己的土尔扈特传统服饰团队参加了蒙古国举办的服饰展演。笔者采访过的传统服饰制作人都参加过这类展示评比活动，她们总是不无自豪地把参展或者获奖的证书拿出来作为自己手艺的证明。而这些荣誉也是申报、申请各地与传统服饰、民间技艺等名目

---

❶ 加·加拉. 巴州蒙古族群众欢度 2014 年"祖鲁节"[EB/OL].

下非物质文化传承人的支撑材料
（图 4-22）。

在和布克赛尔县考察期间，
当地传统蒙古族服饰制作人孟女
士讲述了 2013 年她参加和布克赛
尔县举办的首届蒙古族服饰设计
制作大赛的情况。她说道："是县
总工会在江格尔影剧院举办'江
格尔杯'土尔扈特蒙古族服饰设

图 4-22
和丰县首届民族
传统服饰比赛
现场
（孟女士提供）

计制作大赛，共有 16 支队伍参赛，分传统蒙古服饰和现代蒙古服饰比赛。"孟
女士的托西亚特·泰尔立各搭配托尔次各帽的一套服饰获得了二等奖。同为和布
克赛尔县传统服饰制作人乌女士参加了现代蒙古服饰比赛，并且一举拿到了一等
奖。笔者在她家采访时，她还把获奖的设计作品拿来展示。她认为改良的现代蒙
古服饰既传承了其古老的文化特色，又融入了现代元素，适合现代青年日常穿
着。自 2013 年以后，和丰县每年都举办这类的服饰评比和表演活动。这在一定
程度上推广了当地的服饰文化，在去年和丰的敖包节中已经有人穿着毕希米德参
加活动了。

（二）文艺演出中的传统服饰

文艺演出中的传统服饰与服饰表演和比赛有一定的区别，虽然有时演员也会
选择偏传统的服饰，但更多的时候是选择既有民族特色也有时尚活力，同时考虑
舞台的效果，比如灯光、背景等因素。这种服装的局限在于它只能在舞台上绽放
光彩，但是以欣赏为目的的舞台服饰可以给设计师更多挥洒创意的空间。

在新疆各地蒙古的文艺表演中江格尔总是重要的内容之一，今年年前还举办
了首届江格尔春晚。根据观看了这次春晚
的朋友发布的现场照片，可以看到有一幕
场景中，有很多穿着民族传统服饰的人在
表演。可以看出妇女们穿着的传统服饰既
有巴州的阿木太·德勒和托尔次各·托克各，
也有人穿着和丰的毕希米德，头上围着白
色和粉色的头巾，男士们穿着袍服扎着腰
带，有的装饰了火镰、餐刀、褡裢等物品，
可见这也是一场传统服饰和文化的展示活
动（图 4-23~ 图 4-26 ）。

图 4-23
2019 年首届江
格尔春晚现场
（乌兰提供）

图4-24（左）
和丰举办的文艺
表演活动中的服
饰展演
（春梅提供）

图4-25（右）
文艺表演中的
服饰
（吾兰拍摄）

图4-26
卡尔梅克蒙古的
文艺演出
（锦松提供）

四、传统服饰象征内涵的式微

有学者提到"卫拉特蒙古缝制的服饰总体形制上虽与其他地区蒙古人的服饰基本一致，但在细节方面有自己独特之处，并且将此特征作为'乌兰扎拉坦'（戴红缨的人）的服饰标志保持至今"❶。"乌兰扎拉"在前文中也提到过，卫拉特蒙古自称为"乌兰扎拉特蒙古"意为红缨卫拉特，并在多款帽冠上都坠饰红缨穗。例如，现今新疆、青海和内蒙古卫拉特蒙古男女的传统帽式中有名为"托儿奇各"的圆帽、名为"布齐来奇"的女帽、名为"哈吉勒嘎"的新娘和中年妇女礼帽以及青海卫拉特蒙古男女传统帽式中有名为"哈尔帮""扎拉图·麻勒海（红缨帽）"等名称的帽式，它们都在帽顶坠饰长短不一的红色缨穗。红缨子被认为是卫拉特传统帽饰中必不可少的一个元素，也成为各地卫拉特蒙古人传统服饰中的主要特色。

在田野考察过程中笔者注意到，新疆卫拉特蒙古人偶尔在日常交流中会提到"我们是'乌兰扎拉特蒙古'"，或者得知对方是蒙古人就会问候一句"是'乌兰扎拉特蒙古'吗？"但生长在内蒙古的笔者，在内蒙古还没有遇到过这样的表述和问候，而对蒙古帽顶红缨的重视程度也似乎不及卫拉特蒙古。即使红缨在卫拉

---

❶ 纳·才仁巴力,红峰.青海蒙古族风俗志 [M].西宁:青海民族出版社,2015:19、25.

特蒙古传统服饰中有重要意义，但现在的很多仪式场合中男子常常穿着袍服而没有戴帽，或者戴了帽子却没有红缨子的情况也并不少见。红缨成为可有可无的装饰，失去了原来重要的象征意义。

策格德各原是卫拉特蒙古的妇女服饰中具有重要身份象征意义的服饰，在《卫拉特法典》中也有这款妇女专属服饰。帕拉斯在 18 世纪的卡尔梅克人中见到并记录了当地人穿着的策格德各，它是一种"女式无袖长衫，马甲裙"[1]，在青海德都蒙古中是"姑娘出嫁时穿着的无袖、有四片下摆的服装"[2]。一般形制是衣长过膝、对襟、无扣襻、无领、无袖、左右侧缝开衩（有时不开衩）、后片中缝开衩约至腰部以下的长坎肩。这种款型在其他蒙古部落的传统服饰中很常见，在内蒙古亦称之为"奥吉"即坎肩。如今，在新疆塔城地区额敏县的厄鲁特蒙古、青海德都蒙古和内蒙古额济纳土尔扈特蒙古的服饰中，策格德各被认为是卫拉特蒙古传统服饰的典型代表。策格德各原本是姑娘出嫁当天必须穿着的服饰，象征已婚的身份。但是在现代卫拉特蒙古的婚礼中有没有穿策格德各都无关紧要，它对已婚妇女的行为进行制约的象征意义也已无踪影，人们将其作为一种传统服饰的典型而频繁出现在展示和表演的舞台。

此外，随着封建体制的瓦解，使得以服饰明辨等级的制度消失，服饰也自然失去了象征身份等级的意义。元朝进入中原后，其服饰制度融合了北方少数民族和中原汉族服饰的传统。据《元史》卷 78《舆服一》记载："元初立国，庶事草创，冠服车舆，并从旧俗。世祖混一天下，近取金、宋，远法汉、唐。"元代的法典《大元通制条格》规定了不同民族、不同阶层的服饰形制。元代法律对贵族官僚和普通百姓服饰的限制不像后来明清两代那么严格，蒙古人及见当怯薛诸色人等，仅不许服龙凤纹的服饰，其余不再禁限。《旧唐书·舆服志》载，普通的庶民百姓"除不得服赭黄，惟许服暗花紵丝、丝绫罗、毛毳，帽笠不许饰用金玉，靴不得裁置花样"。在清代的《皇清职贡图》图中，可以直观地看到卫拉特蒙古中分为台吉、宰桑和民人，他们的服饰虽款型基本一致，但帽式、服饰颜色、材质、装饰纹样等方面有明显的等级差别。

近现代以来，各民族服饰均产生巨大的变迁，人们不约而同地脱掉民族服饰，穿上了现代服装。但是随着 20 世纪 80 年代民族识别工作之后出现的大力弘扬民族文化之风，使得各民族又悄然开始穿上了民族服饰。而此时的民族服饰已经没有了过多的内涵、禁忌，只要经济能力允许，服饰的材质、纹样等都已无所

❶ 乌恩其,齐·艾仁才.四体卫拉特方言鉴(蒙古文)[M].乌鲁木齐:新疆人民出版社,2005:251.
❷ 萨仁格日勒.德都蒙古风俗(蒙古文)[M].呼和浩特:内蒙古人民出版社,2012:186.

限制。

在田野考察中，传统服饰文化的传承人总是会或多或少地提到一些服饰象征的内容，但是这种知识仅停留在少数了解它们的人当中，而更多的人并不很在意这种象征意义，而更倾向于从审美的角度关注民族特色服饰外在的形制。

第三节 关于传统与现代的困惑

在聊起参加民族传统服饰或现代民族服饰的制作、展示与评比的过程时，总是能感觉到制作者和设计师们的一种困惑，孟女士有一次说道："我这件托西亚特·泰尔立各已经参加了好几次比赛了，这次马上又让参加比赛，我想还是得再做一件。"笔者当时问她："一件衣服参加好多次比赛能被允许吗？"她说："当然是不同的比赛，有的是比长调时穿的，有的是民间刺绣比赛时穿的。再说，想好好再做一件要花很多功夫，而且最传统的就是这件了。但是这件也不能算是特别好的，因为那个托尔次各·托克各上的装饰都是假的，没有什么价值。"在孟女士的表述中感到真正的传统已经远离，人们只是在拼命地挽留而已。同样的情况也发生在额敏县的非物质传承人赛女士身上，在笔者 2016 年去她的服饰店时，她就拿出来她认为最传统的那件厄鲁特蒙古特色的衣服，是一件棕色的策格德各，领子上有白色的方领子（图 4-27），当时笔者还是第一次看到那个白色的领子的实物。她给笔者展示了她穿着这件策格德各参加比赛的照片（图 4-28），获奖的照片等。而就在去年，笔者偶然在网上看到赛女士穿着这件策格德各又在参加另一个的比赛（图 4-29）。

在和这些传统服饰的非物质传承人或者在当地被称为善于民族传统服饰的制作者们接触的过程中，能够感觉到她们对传统也存在的很多的不确定，而当有一件认为非常接近传统的服饰，她们总是小心翼翼，不敢太随意的改动，似

图 4-27（左）
策格德各上的白领子

图 4-28（右）
赛女士穿着传统服饰参加活动
（赛女士提供）

乎生怕会丢失了什么。当笔者问每一个制作者最传统的到底是什么样的服装时,她们不约而同地指向了认为是和其他蒙古部落最为显著区别的部分。孟女士反复强调:"和布克赛尔的拉布西各虽在整体形制上与内蒙古的袍服一样,但是有一个最重要的特点就是下摆开衩,约 1 托（18—20cm）。"[1] 她和同为和丰的藏女士也都提道:"毕希米德袍服只有和丰才有的,其他地区都没有"[2],当笔者问巴州的土尔扈特有吗,她们同样斩钉截铁地说没有。额敏县的赛女士则说道:"厄鲁特蒙古男子的亚布西各与内蒙古的袍服基本一致,只有在前襟在胸前弯折的位置有一个小的装饰,称奥莫各,应该是象征男子汉的精气神的。"[3]

图 4-29
赛女士穿着传统
服饰参加活动
（网络图片）

在制作与现代时尚结合的蒙古特色服饰的时候藏女士则提到另一个困惑,她曾讲道:"参加比赛后这些服饰就都收起来了,平时大家都不会穿这些。"笔者当时问她"您获奖的那件现代改良版的服饰呢?"她回答:"我女儿都不穿,说太土了,我觉得很好呢,尤其的这种泡泡袖的……"然后她又把那件衣服收了起来。她还说道:"现代样式的传统服装平时很不好穿,不知为什么年轻人也不爱穿。有时我觉得已经很漂亮了,可是谁知道他们就是不喜欢"[4]（图 4-30）。

可见,作为服饰制作者的地方精英们在传统与现代的问题上不断进行着自己的实践和思考。

图 4-30
藏女士获奖的民
族特色服饰
（藏女士制作）

❶ 2016 年 7 月 13 日采访和布克赛尔县的非物质文化遗产传承人孟女士。
❷ 2016 年 7 月 11 日采访和布克赛尔县的非物质文化遗产传承人藏女士。
❸ 2016 年 8 月 1 日采访额敏县的非物质文化遗产传承人赛女士。
❹ 同❷。

第四节　传统服饰的实践与人的思维方式

本章对现代卫拉特蒙古对传统服饰的实践活动进行了阐述，从中能够明显地感受到与第三章中各地方精英表述的传统服饰相比卫拉特蒙古传统服饰产生的巨大变迁，并且通过对这种实践的观察和分析认为对传统服饰的选择与实践的背后是人的思维方式起到的关键作用。

一、传统服饰的现代实践

卫拉特蒙古传统服饰在现代实践过程中产生的变迁主要可以从以下几个方面进行总结：

（一）服饰制作的变化

在历史时期，服饰都是人们手工制作的，女孩子们从小就要学习刺绣、缝制衣服等手艺，服饰的设计、剪裁、缝制、装饰等所有的工序都由手工制作完成。而现在，人们所穿戴的衣服、饰物都是从市场上购买，只有一些老人偶尔会自己缝制一些裙裤、烟袋、针线包等类的小型饰物，而刺绣等工艺手法已经远不如从前精细复杂了。社会纺织技术的改进使传统的手工艺技术逐渐淘汰，市场体系的发展和生活水平的提高使人们花少量的钱就可以在市场上买回所需的服饰，人们不必再自己动手缝制衣物，因而妇女们得以从繁复的服饰制作劳动中解放出来。

各地的市面上几乎都多少有几家能够制作传统服饰的服装店，而正如笔者文中描述，大部分的服饰制作都用缝纫机完成，个别细节的部分手工加工。相比之下，手工制作的部分越多价格越昂贵。新疆和布克赛尔县的乌老人就曾给笔者列出她制作的蒙古传统服饰中主要类别的大致价格。其中最贵的属乌齐大衣，要两千左右，视选用的毛皮估价而定。因为现在毛皮材质难得遇到，如果是上等好的羊皮价格还要更贵。但是她也提到，做这种服装的人现在几乎没有，她最近一次制作也是几年之前为了参加乌鲁木齐举办的传统服饰展演。

而在制作工艺方面，呈现借鉴中西，以整体造型接近传统形制为目的，制作程序、工艺方面结合现代服饰制作技术工艺的特点。例如，以前的蒙古袍服是平面裁剪、缝合的制作程序，根据面料的幅宽和长度决定袖子是连体裁剪或者裁后袖笼处拼接。而现在的袍服、衬衣等服饰的制作中出现了源自西服上袖的制作工艺。新疆和布克赛尔县的孟女士说："这种袖子穿上腋下不会出现褶皱，比较合体，有人比较喜欢这种的。但是也有人专门提出做传统的肩袖式样，认为那种更大方、传统。"

（二）服饰款型的变化

服饰款型的变化主要有两个方面，一方面是各地方各部落的传统服饰不断强调和突出地方特色，另一方面是传统服饰向着全体蒙古趋同的民族特色服饰发展。

在本章笔者曾提到同为东归土尔扈特蒙古部的新疆和布克赛尔县和巴州和静县的蒙古妇女在各自地方举办的那达慕大会上穿着传统服饰出场的情况。其中和布克赛尔蒙古中老年妇女穿着以黑色为主色调的毕希米德，头上统一包着蓝色的头巾，而巴州和静县的中老年妇女身穿颜色鲜艳的阿木太·德勒，头戴托尔其各、希孛尔立各等。根据笔者观察，其实这两种服饰的基本款型是一致的，它们最显著的标志就是直角形的前襟。这款服饰吸收了伏尔加河流域诺盖人等部族的服饰特点，于土尔扈特部东归之时带回本土，又在清朝分散治理的政策下，同根同源的服饰逐渐产生不同方向的变迁，直到现在各自演变成为当地卫拉特蒙古典型的传统服饰，在颜色和装饰方面差异越来越大。而至今留居于伏尔加河畔的卡尔梅克蒙古人的传统服饰中也有直襟袍服，男式穿着的黑色者居多，只是没有像新疆卫拉特蒙古妇女毕希米德款型中腰际向右掩合的下摆造型。

此外，在笔者采访过程中能够明显地感觉到，当问到各地卫拉特蒙古传统服饰的形制时，受访者都不约而同地提出当地服饰与其他地区服饰的不同之处。例如，在新疆除上述土尔扈特部之间的传统服饰差异之外，还有伊犁地区厄鲁特部对策格德各的重视，青海卫拉特蒙古对尖顶红缨帽的强调，以及几乎所有的卫拉特蒙古与东部蒙古服饰在袍服下摆开衩等细节方面差异的表述等。而这些都是在传承历史时期服饰的基础上逐渐演变而成的。

另一方面，如今的传统服饰普遍向着全体蒙古趋同的民族特色服饰发展。无论是婚礼礼服还是各种大型活动以及个人聚会等场合中，都能够看到没有部落区分的蒙古特色服饰。

（三）穿着场合的变化

这里所说的场合是指在日常和非日常的服饰穿着状态。现代所谓的传统服饰大多是传承了历史时期的日常服饰和非日常服饰，并且主要是贵族阶层的服饰。在此过程中既有传承也有创新发明，其中有多种元素的拼接和组合。如今这些传统服饰或者民族特色服饰在现代蒙古人的生活中都已经失去日常服饰的意义，逐渐演变为非日常服饰。

此外，卫拉特蒙古传统服饰在现代的实践中还在年龄和性别上存在一定差异。例如，各地传统服饰的代言人以已婚中老年妇女居多，年轻女子必要时一般选择民族特色服饰，儿童服饰则在各地蒙古人中普遍相似。对于年轻人来说，传统的服饰文化对他们已经失去了一定的吸引力，但在一些仪式场合仍能见到他们选择穿戴民族特色服饰。这在乌鲁木齐开的蒙古艺术婚纱摄影店的生意兴隆上得到证实。而男子的服饰除卡尔梅克男子的直襟中长袍服以及青海的藏式袍服之外大多没有区别。当然，以上无论男女老少在个体之间对传统服饰的态度和审美上也有差异，因而穿戴上也有所不同。

二、人的思维方式对服饰实践的影响

服饰变迁的原因中当然包括社会发展、经济进步的客观条件下人们对当下社会环境进行的适应性调整，然而在现代卫拉特蒙古对传统服饰的态度以及选择实践中能够认识到人们的思维方式在具体实践过程中起到关键的引导作用。

思维方式即是思考问题的基本方法，是人们看待事物的角度、方式和方法，它对人们的言行起到决定性的作用。思维系统的维持和社会实践紧密地联系在一起，二者是一种互相促进的关系：思维系统引领社会实践，同时社会实践也强化着思维系统。

通过本章的阐述，可以认为卫拉特蒙古个体在直面现代日常生活中对传统服饰选择实践的问题时表现出一种理性的思维方式，这种思维方式基于人们对现实生活的需要，它既是一种满足日常生活需要的手段和工具，又是人们主观选择与日渐形成的生活方式。这具体表现为在着装选择过程中进行的各种思维活动，即平衡与他者的趋同与区分之间关系的过程。

（一）趋同

趋同即和别人保持一致，是获得对方认可以及自身安全感的有效途径之一。现代社会开放性的增长和人们经济社会性交往活动的不断扩大，使得各民族文化之间的交流、影响和涵化现象逐步增强，这促使了各民族的生活习俗、服饰穿戴等方面向着趋同化方向发展。

人们一般会根据对特定场景中大部分人的着装判断来选择与他们类似的服饰。例如，和布克赛尔的乌女士曾提到，20世纪70年代她的父亲"从牧场到县城办事的时候穿上一套蓝灰色的军服和军帽，因为县上的人们都这么穿的，如果穿袍子出门总是不方便，和别人不一样"。而如本书中所提到的，大多数人在参加婚礼、大型活动以及舞台表演时多会选择穿着现代服饰。

有研究者提出，这种趋同的心理基于人们对他人赞同和赞赏的心理需要，并在研究着装的动机时提到："如果一个成功的武士是部落英雄的话，他就要从服装上表现出他的尚武和勇敢的美德；当经济观念取代这种美德时，人们的装束必须随之改变。然而，不管人们如何改变他们的装束，其动机都是为了赢得人们的

赞许。当前，通过服装巧妙地显示了各阶层的富有、社会地位和时代精神，如同早先的武士以服装表现其勇敢和成功一样。"❶

卫拉特蒙古传统服饰中各部落的服饰与各自内部成员保持着一致性，而蒙古特色服饰则体现与整体蒙古族保持一致的趋向。

（二）区分

"服装能够满足我们想成为某个团体中一员的欲望，同时它也能够把我们从这个团体中区分开来。"❷ 人类在原始社会时期就出现了用服饰作为区分所属阶级的标志，在卫拉特蒙古服饰的历史发展时期同样伴随着利用服饰体现社会阶级的区分。吉登斯曾提出："身体表特征（appearance）涉及身体表面所有特征（包括衣着和服饰的形式等），个体看得见，他者也能看得见，而且这些特征被惯常性地用以作为解释其行为的线索。……外表特征主要表现的是社会身份而不是个体身份。"❸

而现代社会中，中华人民共和国成立以来提出"各民族一律平等"的民族政策，使得服饰阶级等级的区分消失，而伴随民族识别工作的开展，各民族又开始通过服饰表达相互间的区别。这在一些政府会议上，少数民族代表被要求穿本民族服装，并合影留念上有所体现。王明珂曾指出各民族代表的团体照是"借着身体与服饰，一个多元团结的中华民族图像被展示出来；同时借民族服饰展示的则是少数民族与汉族间、各少数民族彼此之间的区分"❹。同样，在民族内部也出现各个支系之间的服饰区别。

现今在卫拉特蒙古对传统服饰的实践过程中，这种区分与趋同视具体情境而决定，既有外部社会的制约，同时又包含个体自身的调整。总体而言，在政府组织的地方特色展示活动中，普遍强调各部落支系的特色与同民族的其他部落进行区分。在婚礼、聚会等场合普遍选择民族特色服饰。正如吉登斯所说："当个体离开某种情境而进入另一种时，会敏感地依据特定环境来调整自我的外在形式，个体面临多少种不同的互动场景就会有多少种自我呈现，场景的多元可能导致自我的碎片化，裂变为多元的自我，人们巧妙的利用这种多元化创造了独特的自我身份认同，把不同场景的元素融合成一个整体的叙事。"❺ 这体现了个体的一种实用主义的理性思维方式引导的生存策略。

---

❶ [美]E. B. 赫洛克. 服装心理学 [M]. 吕逸华，译. 北京:纺织工业出版社,1986:20.

❷ 同❶30.

❸ [英]安东尼·吉登斯. 现代性与自我认同:晚期现代中的自我与社会 [M]. 北京:中国人民大学出版社,2016:52.

❹ 王明珂. 羌族妇女服饰:一个"民族化"过程的例子 [J]. 台北:历史语言研究所集刊,1998:841-885.

❺ 同❸178-179.

总之，卫拉特蒙古传统服饰一直处于发展变化的动态过程之中，社会发展、经济进步以及人们为适应社会、经济的发展而进行的心理调适，即人们关于传统服饰的价值观念、行为习俗等方面发生的转变是推动这一进程的主要因素。其中个体与他者进行趋同或区分的思维活动对现代日常生活中卫拉特蒙古传统服饰的实践过程起到引导性作用。

第五节　卫拉特蒙古服饰变迁思考

服饰变迁是人类文化变迁的主要内容之一，是人类社会的普遍现象。而文化变迁是个动态的概念，包括变迁的时间、动因、过程以及变迁的特征、结果等等诸多因素。"导致文化变迁的原因大致有两种，一是因一个社会自身内部的发展变化而出现，通常是源自发明和发现；二是由两个不同社会之间的接触而引起。"[1] 其实也可以说是主观和客观两个方面的原因，主观原因中文化系统内部之所以会出现发明和发现，与人自身的需求直接相关。人们一般是为了满足对物质和精神方面的各种需求而进行发明、创造，实际上也推动了技术的不断进步。客观原因主要是文化自身的进化、文化系统内部的发明创造以及因接触而产生不同文化系统间的文化借用、融合、同化等结果。然而，不同文化体系之间之所以会出现文化特质、文化丛体的传播，主要还是因为人们在相互接触中是有选择性地接受和吸纳异文化，进而融入自身的文化系统中使其变为日常生活的组成内容。"接受文化一方的成员可以选择接受或是拒绝，其结果一般都是接受了一些特质而拒绝了另一些特质。那些被传递的特质在被传递的过程中，经历了文化间作用系统中接受一方的估价和转换，这些估价和转换与接受一方的价值系统有密切关系，根据自己的价值观进行选择，决定取舍。"[2] 因此，产生文化变迁的原因是主观和客观原因共同作用的结果。然而，二者都与人的价值判断和思维观念密切相关。因此，也可以认为除了根源于时代、环境变化所形成的外部因素外，还离不开实施变迁的主体"人"的主观能动性，人的价值判断和思维观念的变化是文化变迁的核心因素，是文化变迁的基本动力所在。而卫拉特蒙古传统服饰变迁的历程，明显地体现了这一方面。

卫拉特蒙古在历史上经历了长期的迁徙过程，不同的部族迁徙的轨迹不同，

---

❶ 国外文化人类学课题组. 国外文化人类学新论——碰撞与交融 [M]. 北京：社会科学文献出版社，1996：67.
❷ 黄淑娉，龚佩华. 文化人类学理论方法研究 [M]. 广州：广东高等教育出版社，2004：229.

而且所到之处周边的族群也各有不同，这使得卫拉特蒙古的服饰文化产生了多种倾向的变迁。14世纪末至15世纪中叶，卫拉特蒙古在脱欢、也先的带领下，一度统一东西蒙古以及周边诸多族群。15世纪下半叶至16世纪初，也先政权衰落之后，卫拉特蒙古的活动中心继续向西移动，当时的卫拉特蒙古周围以操突厥语的民族或已被突厥化了的蒙古人居多❶。18世纪时期，卫拉特蒙古史学家噶班沙拉勃注意到卫拉特部众的分散格局以及周边族群的文化影响，指出随着卫拉特蒙古的不断西迁，在地理位置上不断远离蒙古主体文化，至18世纪时期形成分散各处的形势。同时指出当时各部落的周边族群，并预测了当时及其后卫拉特各部落文化的变迁趋势。而直至现今，现代卫拉特蒙古文化总体而言"有受周围突厥、俄罗斯文化影响的'卡尔梅克文化'；还有受到藏族文化影响的青藏高原上以和硕特为主的卫拉特人的'德迪蒙古文化'，此外就是与蒙古主体文化毗邻的'准噶尔蒙古文化'"❷。根据本书第三、第四章中描述的这些文化中的服饰，也诠释了卫拉特蒙古各部落的人们在与周边族群的互动过程中，通过因地制宜地借用、融合与创新，不断建构自身服饰文化的历程和结果。

赫勒在个体生存的层面理解日常生活，把日常生活界定为"那些同时使社会再生产成为可能的个人再生产要素的集合"❸。"没有个体再生产，任何社会都无法存在，而没有自我再生产，任何个体都无法存在。因而，日常生活存在于每一社会之中；每个人无论在社会劳动分工中所占据的地位如何，都有自己的日常生活……个人的再生产总是具体个人的再生产。"❹她将日常生活的主要内涵概括为"语言""对象世界""习惯世界"三个规则系统❺。日常生活的目的是"为人们获得生存手段、合作和抗争、意义的建构提供规则系统的'人类条件'"❻。

在日常生活中"穿什么"是人们每天需要思考和回答的问题，同时问题中一般包含"穿什么是合适的"，而"所谓合适的衣着，将取决于情境和场合。比如穿着一件浴衣去购物，将是极不合适、骇人听闻的，同样的，穿着外套和鞋子去游泳，也是十分荒唐的事，但是如果作为募捐活动中的表演噱头，这样的衣着也未尝不可"❼。"穿合适的衣服，展现我们最好的一面，我们就对自己的身体感到安闲自在，反之，若在某个情境中着衣不当，我们就会感到尴尬、不对劲和脆

❶ M.乌兰.卫拉特蒙古文献及史学：以托忒文历史文献研究为中心 [M].北京：社会科学文献出版社,2012：18.
❷ 同❶21.
❸ [匈] 阿格妮丝·赫勒.日常生活 [M].衣俊卿,译.哈尔滨：黑龙江大学出版社,2010：3.
❹ 衣俊卿.现代化与文化阻滞力 [M].北京：人民出版社,2005：158.
❺ 同❸4.
❻ 同❺.
❼ [英] 乔安妮·恩特维斯特尔.时髦的身体：时尚、衣着和现代社会理论 [M].郜元宝,等,译.桂林：广西师范大学出版社,2005：2.

弱。"[1] 而这些来自外部环境的压力持续地影响着个体的服饰选择，使得服饰选择实践向着被各种环境场景认可和接受的方向发展。

那么，在现代化的社会场景中，传统服饰该如何被认可呢？人们其实想出了不少德赛托式的策略或者他所称的战术。例如，笔者的一位卫拉特蒙古女性朋友在闲聊中说道："我在给学生上课时总是要戴上我那套镶着珊瑚吊坠的银耳环，或者有时换上另一套，我想让学生们知道我和别的老师不同，我戴着传统的首饰，而且比较夸张，他们一定会注意到。但是他们的注意力也不会分散太久，毕竟只是一对耳环。对于上思想政治课的学生来说也算是给个小亮点。"还有一位朋友在买衣服时说道："有时你可以看看现代休闲服中有右衽领子戴盘扣的款式，穿上它再带上丝巾感觉和蒙古袍接近了，这样参加活动时穿上挺好的。"笔者还有一次听说在 20 世纪 60 年代新人结婚时找不到一件袍子，新郎用风衣代替了一下，因为总算是长款的。

可是正如李金铨在评价潘忠党"临场发挥"这一概念时所说："我觉得，它们多半会被主流结构吸收、削弱，以至击败，因此夸大受众的主体性而忽视结构的控制恐怕只见树不见林；那些小胜利流于短暂、自恋和逃避，并不能改变、抵抗或颠覆深层的支配。"[2] 面对现代化的全面渗透，人们的日常生活已经被挤压得重复而乏味，再看到人人穿着 T 恤、运动鞋，难免回顾传统时期的生活体验。

笔者认为，传统文化是一座不断充实的宝库，人们会通过回望获得一定的前行力量，那么现代日常生活中传统文化的存在方式及其可能发展变迁的方向成为值得思考的问题。通过以卫拉特蒙古传统服饰为例对其服饰变迁历程的梳理以及在现代日常生活中人们对传统服饰进行的选择与实践活动，认为传统服饰必然在现代社会生活中做出调整与建构，而除外部力量和因素等的影响之外，作为文化主体的人的思维观念的发展进步是主要依赖因素。

（一）传统服饰的现代化

其实很多传统服饰的制作者、设计者都在进行各种各样传统服饰的现代化实践，尝试借鉴、融合、建构等多种途径和方法。传统服饰的现代化也可以是一种传统服饰的时尚化，因为"时尚的衣着是体现当下审美趣味的衣着；它是特定时刻被定义为可心、漂亮和流行的衣着。在表达当下审美趣味和退出一定服装品种方面，时尚为日常衣着提供了'素材'，而日常衣着乃众多团体在不同场所运作

❶ [英] 乔安妮. 恩特维斯特尔. 时髦的身体: 时尚、衣着和现代社会理论 [M]. 郜元宝, 等, 译. 桂林: 广西师范大学出版社, 2005: 2-3.
❷ 李金铨. 中国媒介的全球性和民族性: 话语、市场、科技以及意识形态 [J]. 二十一世纪网络版, 2003(1): 8.

的产物。理解时尚，需要理解在时尚系统中运作的这些不同团体之间的关系：服装学院和学生、设计师和设计室、裁缝和成衣匠、模特儿和摄影师，以及时尚杂志的编辑、批零商、零售商、时尚买手、商店和消费者"❶。所以，如前面藏女士对笔者说她的女儿更喜欢时尚流行的服装，说明如果想让消费者接受传统或者现代化的传统，可以用时尚的体系运作，或者融入时尚当中。而在时尚的一系列链条中，服装学院和学生是链条的第一环。

（二）人自身的现代化

所谓现代化，总是指人类社会从传统向现代的嬗变。因为从人类实践总体的超越本性和人类社会的发展本性来看，传统与现代化（即传统的扬弃）永远是历史进程相互交织的两个方面。诚然，时尚的风向标难以精准把握，但是如果想让传统文化在时尚中有所作为，设计者具有先天的优势条件。人类学家费孝通先生曾于 1997 年 1 月在北京大学重点学科汇报会的讲话中，提到了"文化自觉"。他对"文化自觉"给出的定义是：文化自觉是指生活在一定文化中的人对其文化有"自知之明"，明白它的来历，形成过程，所具的特色和它发展的趋向。自知之明是为了加强对文化转型的自主能力，取得决定适应新环境、新时代文化选择的自主地位。文化自觉是一个艰巨的过程，只有在认识自己的文化，理解所接触到的多种文化的基础上，才有条件在这个正在形成中的多元文化的世界确立自己的位置。❷而这种文化的自觉意识需要每一个个体，每一个成员具体落实和实践的。

---

❶ ［英］乔安妮·恩特维斯特尔. 时髦的身体：时尚、衣着和现代社会理论［M］.郜元宝，等，译. 桂林：广西师范大学出版社，2005：引言 1.

❷ 费宗惠，张荣华. 费孝通论文化自觉［M］. 呼和浩特：内蒙古人民出版社，2009：22.

参考文献

一、著作

1. 译著

[1]弗朗兹·博厄斯. 原始艺术 [M]. 金辉,译. 上海:上海文艺出版社,1989.

[2]马可·波罗. 马可波罗行纪 [M]. 冯承钧,译. 上海:上海书店出版社,2001.

[3]拉德克利夫·布朗. 社会人类学方法 [M]. 夏建中,译. 北京:华夏出版社,2002.

[4] 道森. 出使蒙古记 [M]. 吕浦,译. 北京:中国社会科学出版社,1983.

[5] 乔安妮·恩特维斯特尔. 时髦的身体:时尚、衣着和现代社会理论 [M]. 郜元宝,等,译. 桂林:广西师范大学出版社,2005.

[6] 凡勃伦. 有闲阶级论 [M]. 北京:商务印书馆,2011.

[7] 弗格森. 文明社会史论 [M]. 林本椿,王绍祥,译. 沈阳:辽宁教育出版社,1999.

[8]J. C. 弗吕格尔. 服装心理学 [M]. 孙贵定,刘季伯,译. 上海:商务印书馆,1936.

[9] 西格蒙德·弗洛伊德. 图腾与禁忌 [M]. 赵立玮,译. 上海:上海人民出版社,2005.

[10][苏]Б·Я·符拉基米尔佐夫. 蒙古社会制度史 [M]. 刘荣焌,译. 北京:中国社会科学出版社,1980.

[11]克利福德·格尔兹. 地方性知识:阐释人类学论文集 [M]. 王海龙,张家瑄,译. 北京:中央编译出版社,2000.

[12]克利福德·格尔茨. 文化的解释 [M]. 纳日碧力戈,郭于华,李彬,等,译. 上海:译林出版社,1999.

[13] 欧文·戈夫曼. 日常生活中的自我呈现 [M]. 黄爱华,冯钢,译. 杭州:浙江人民出版社,1989.

[14]E. H. 贡布里希. 秩序感 [M]. 杭州:浙江摄影出版社,1987.

[15][美]托马斯·哈定,大卫·卡普兰,马歇尔·D萨赫林斯,等. 文化与进化[M]. 韩建军,商戈令,译. 杭州:浙江人民出版社,1987.

[16]亨宁·哈士纶. 蒙古的人和神 [M]. 徐孝祥,译. 乌鲁木齐:新疆人民出版社,2013.

[17] 马丁·海德格尔. 存在与时间 [M]. 北京:三联书店出版社,1999.

[18] 阿格妮丝·赫勒. 日常生活 [M]. 衣俊卿,译. 重庆:重庆出版社,1990.

[19]E. B. 赫洛克. 服装心理学 [M]. 吕逸华,译. 北京:纺织工业出版社,1986.

[20] 黑格尔. 精神现象学:上卷 [M]. 贺麟,王玖兴,译. 北京:商务印书馆,1981.

[21] 玛里琳·霍恩. 服饰:人的第二皮肤 [M]. 乐竟泓,杨治良,译. 上海:上海人民出版社,1991.

[22] 安东尼·吉登斯. 现代性的后果 [M]. 田禾,译. 南京:译林出版社,2011.

[23]C. B. 吉谢列夫,等. 古代蒙古城市 [M]. 孙危,译. 北京:商务印书馆,2016.

[24] 拉施特. 史集 [M]. 余大钧,周建春,译. 北京:商务印书馆,2017.

[25] 乔治·卢卡契. 审美特性:第一卷 [M]. 徐恒醇,译. 北京:中国社会科学出版社,1986.

[26] 马达汉. 马达汉西域考察日记(1906—1908)[M]. 王家骥,译. 北京:中国民族摄影艺术出版社,2004.

[27] 马凌诺斯基. 西太平洋的航海者 [M]. 梁永佳,李绍明,译. 北京:华夏出版社,2002.

[28] 马凌诺斯基. 文化论 [M]. 贾孝通,译. 北京:华夏出版社,2002.

[29] 迈克·费瑟斯通. 消费文化与后现代主义 [M]. 刘精明,译. 南京:译林出版社,2000.

[30] 本·海默尔. 日常生活与文化理论导论 [M]. 王志宏,译. 北京:商务印书馆,2008.

[31] 路易斯·亨利·摩尔根. 古代社会 [M]. 杨东莼,马雍,马巨,译. 北京:中央编译出版社,2007.

[32]P. S. 帕拉斯. 内陆亚洲厄鲁特历史资料 [M]. 邵建东,刘迎胜,译. 昆明:云南人民出版社,2002.

[33] 米歇尔·德·塞托. 日常生活实践 1. 实践的艺术 [M]. 方琳琳,黄春柳,译. 南京:南京大学出版社,2009.

[34] 沙·比拉. 蒙古史学史:13 世纪至 17 世纪 [M]. 陈弘法,译. 呼和浩特:内蒙古教育出版社,1988.

[35] 史徒华. 文化变迁的理论 [M]. 张恭启,译. 台北:远流出版事业股份有限公司,1989.

[36] 爱德华·泰勒. 原始文化 [M]. 连树声,译. 上海:上海文艺出版社,1992.

[37] 田山茂. 清代蒙古社会制度 [M]. 潘世宪,译. 呼和浩特:内蒙古人民出版社,2015.

[38] 韦伯. 社会学的基本概念 [M]. 顾忠华,译. 桂林:广西师范大学出版社,

2005.

[39]克莱德·M. 伍兹. 文化变迁 [M]. 何瑞福,译. 石家庄:河北人民出版社,
1989.

[40]伊·亚·兹拉特金. 准噶尔汗国史 [M]. 马曼丽,译. 兰州:兰州大学出版社,
2013.

2. 中文著作

[1]白翠琴. 瓦剌史 [M]. 长春:吉林教育出版社,1991.

[2]蒙古族通史编写组. 蒙古族通史 [M]. 北京:民族出版社,1991.

[3]卫拉特蒙古简史编写组. 卫拉特蒙古简史 [M]. 乌鲁木齐:新疆人民出版社,
1992.

[4]孛儿只济特·道尔格. 额济纳土尔扈特蒙古史略 [M]. 额日德木图,译. 呼和
浩特:内蒙古大学出版社,2016.

[5]曹纳木. 蒙古族禁忌汇编 [M]. 呼和浩特:内蒙古人民出版社,2011.

[6]查干扣. 肃北蒙古人 [M]. 北京:民族出版社,2005.

[7]邓启耀. 衣装秘语——中国民族服饰文化象征 [M]. 成都:四川人民出版社,
2005.

[8]杜荣坤,白翠琴. 西蒙古史研究 [M]. 乌鲁木齐:新疆人民出版社,1986.

[9]费宗惠,张荣华. 费孝通论文化自觉 [M]. 呼和浩特:内蒙古人民出版社,
2009.

[10]华梅. 服饰心理学 [M]. 北京:中国纺织出版社,2004.

[11]河南蒙古族自治县地方志编纂委员会. 河南县志 [M]. 兰州:甘肃人民出版
社,1996.

[12]加·奥其尔巴特. 新疆蒙古族社会现状报告:和静县和乌鲁木齐市等地蒙
古族社会经济发展的调查与分析 [M]. 北京:社会科学文献出版社,2013.

[13]M. 乌兰. 卫拉特蒙古文献及史学:以托忒文历史文献研究为中心 [M]. 北
京:社会科学文献出版社,2012.

[14]马大正,成崇德. 卫拉特蒙古史纲 [M]. 北京:人民出版社,2012.

[15]马汝珩. 清代西部历史论衡 [M]. 太原:山西人民出版社,2001.

[16]纳·才仁巴力,红峰. 青海蒙古族风俗志 [M]. 西宁:青海民族出版社,
2015.

[17]倪梁康. 现象学及其效应:胡塞尔与当代德国哲学 [M]. 北京:生活·读
书·新知三联书店,1994.

[18]潘美玲. 流动的风景:土尔扈特服饰 [M]. 乌鲁木齐:新疆人民出版社,

2009.

[19]青海省德令哈市地方志编纂委员会. 德令哈市志 [M]. 北京:方志出版社,
2004.

[20]任文军. 肃北史话 [M]. 兰州:甘肃文化出版社,2010.

[21]泰亦赤兀惕·满昌. 蒙古族通史 [M]. 沈阳:辽宁民族出版社,2004.

[22]吐娜,潘美玲,巴特尔. 巴音郭楞蒙古族史:东归土尔扈特、和硕特历史文化研究 [M]. 北京:中国言实出版社,2014.

[23]王建民. 艺术人类学新论 [M]. 北京:民族出版社,2008.

[24]文化. 卫拉特——西蒙古文化变迁 [M]. 北京:民族出版社,2002.

[25]吴宁. 日常生活批判——列斐伏尔哲学思想研究 [M]. 北京:人民出版社,
2007.

[26]乌·叶尔达. 跨洲东归土尔扈特:和布克赛尔历史与文化 [M]. 乌鲁木齐:新疆人民出版社,2008.

[27]衣俊卿. 现代化与文化阻滞力 [M]. 北京:人民出版社,2005.

[28]亦邻真. 亦邻真蒙古学文集 [M]. 呼和浩特:内蒙古人民出版社,2001.

[29]袁仄,胡月. 百年衣裳:20 世纪中国服装流变 [M]. 北京:生活·读书·新知三联书店,2010.

[30]张碧波,董国尧. 中国古代北方民族文化史 [M]. 哈尔滨:黑龙江人民出版社,2001.

[31]周汛,高春明. 中国衣冠服饰大辞典 [M]. 上海:上海辞书出版社,1996.

[32]周锡保. 中国古代服饰史 [M]. 北京:中国戏剧出版社,1984.

[33]庄孔韶. 人类学概论 [M]. 北京:中国人民大学出版社,2006.

3. 蒙文著作

[1]宝音乌力吉,包格. 蒙古·卫拉特法典(蒙古文)[M]. 呼和浩特:内蒙古人民出版社,2000.

[2]布林特古斯. 蒙古族民俗百科全书·物质卷(蒙古文)[M]. 呼和浩特:内蒙古教育出版社,2015.

[3]才仁加甫,玉孜曼. 新疆巴音郭楞土尔扈特与和硕特礼俗(蒙古文)[M]. 乌鲁木齐:新疆人民出版社,2009.

[4]道润梯步. 卫拉特法典(蒙古文)[M]. 呼和浩特:内蒙古人民出版社,1985.

[5]古·才仁巴力,和硕特·青格力. 青海卫拉特联盟法典(蒙古文)[M]. 北京:民族出版社,2009.

[6]罗布桑悫丹. 蒙古风俗鉴(蒙古文)[M]. 呼和浩特:内蒙古人民出版社,1981.

[7]敏·光布加甫. 八山之乡——和布克赛尔(蒙古文)[M]. 通辽:内蒙古少年儿童出版社,2004.

[8]娜·阿拉腾其其格. 额济纳土尔扈特民俗传承与变迁(蒙古文)[M]. 海拉尔:内蒙古文化出版社,2013.

[9]纳·巴生. 卫拉特风俗(蒙古文)[M]. 呼和浩特:内蒙古人民出版社,2012.

[10]那木吉拉. 卫拉特蒙古民俗文化:经济生活卷(蒙古文)[M]. 乌鲁木齐:新疆人民出版社,2010.

[11]那木斯来. 准噶尔汗国史(蒙古文)[M]. 呼和浩特:内蒙古人民出版社,2011.

[12]普日莱桑布. 蒙古族服饰文化(蒙古文)[M]. 沈阳:辽宁民族出版社,1997.

[13]青格力,萨仁格日勒. 德都蒙古历史文化(蒙古文)[M]. 呼和浩特:内蒙古人民出版社,2016.

[14]Ц·达木丁苏荣. 蒙古秘史(蒙古文)[M]. 呼和浩特:内蒙古人民出版社,1957.

[15]萨仁格日勒. 德都蒙古风俗(蒙古文)[M]. 呼和浩特:内蒙古人民出版社,2012.

[16]新疆民间文艺家协会. 中国歌谣集成·新疆卷·蒙古族分卷(蒙古文)[M]. 乌鲁木齐:新疆人民出版社,2011.

4. 英文著作

[1]Marshall Sahlins. Culture and Practical Reason[M]. Chicago:University of Chicago Press,1978.

[2]Lefebvre Henri. Critique of Everyday Life(vol. 2):Foundations for a Sociology of the Everyday[M]. London,NewYork:Verso Books,2002.

[3]Julian H. Steward. Theory of Culture Change[M]. Urbana:University of Illinois Press,1990.

[4]Norbert Elias. The Court Society[M]. Edmund Jephcott Pantheon,1983.

二、参考论文

1. 学位论文

[1]艾丽曼. 我心依旧:青海河南蒙旗文化变迁研究 [D]. 厦门:厦门大学,2009.

[2]白永芳. 哈尼族服饰文化中的历史记忆——以云南省绿春县 "窝拖布玛" 为例 [D]. 北京:中央民族大学,2009.

[3]甘代军. 文化变迁的逻辑——贵阳市镇山村布依族文化考察 [D]. 北京:中

央民族大学,2010.

[4]格日勒图. 游牧文化视野中的蒙古族服饰研究 [D]. 上海:上海大学,2011.

[5]葛英颖. 汉地佛教服饰文化研究 [D]. 长春:吉林大学,2011.

[6]关丙胜. 族群的演进博弈:中国图瓦人研究 [D]. 厦门:厦门大学,2009.

[7]哈斯同力嘎. 蒙古族冠帽文化研究 [D]. 北京:中央民族大学,2017.

[8]李岩. 周代服饰制度研究 [D]. 长春:吉林大学,2010.

[9]赛音乌其拉图.《卫拉特法典》文化阐释 [D]. 呼和浩特:内蒙古大学,2012.

[10]王兰. 赛尔龙蒙古族文化变迁研究 [D]. 兰州:兰州大学,2014.

[11]曾慧. 满族服饰文化变迁研究 [D]. 北京:中央民族大学,2008.

[12]周梦. 苗侗女性服饰文化比较研究 [D]. 北京:中央民族大学,2010.

[13]周莹. 意义、想象与建构——当代中国展演类西江苗族服饰设计的人类学观察 [D]. 北京:中央民族大学,2012.

[14]萨如拉吉日嘎拉. 蒙古族色彩象征及色彩搭配 [D]. 呼和浩特:内蒙古师范大学,2013.

2. 期刊论文

[1]巴图尔·乌巴什·图们. 四卫拉特史 [J]. 蒙古学资料与情报,1990(3).

[2]噶班莎拉布. 四卫拉特史 [J]. 蒙古学资料与情报,1987(4).

[3]Г·鲁缅采夫,姜世平. 十二—十七世纪蒙古文化史上的几个问题 [J]. 蒙古学资料与情报,1985(2).

[4]黄金东. 浅析《皇清职贡图》及其史料价值 [J]. 兰台世界,2012(12).

[5]胡斯振,白翠琴. 1257 释迦院碑考释 [J]. 蒙古史研究,1985(0).

[6]胡文兰. 布依族妇女传统蜡染服饰变迁的"真假"之喻 [J]. 广西民族研究,2019(1).

[7]刘怀玉. 列斐伏尔与 20 世纪西方的几种日常生活批判倾向 [J]. 求是学刊,2003(5).

[8]刘军. 中国少数民族传统服饰的文化功能 [J]. 黑龙江民族丛刊,2004(4).

[9]纳·才仁巴力. 德都蒙古服饰文化 [J]. 德都蒙古,2016(12).

[10]宁布. 蒙古服装史(蒙古文)[J]. 内蒙古社会科学(蒙古文版),1994(5)、(6).

[11]萨仁高娃. 论清代伏尔加河流域土尔扈特蒙古汗王、台吉宰桑服饰 [J]. 内蒙古艺术学院学报,2018(1).

[12]萨仁格日勒,敖其尔加甫·台文. 卫拉特蒙古传统服饰"比西米特"的名称来历及其变迁 [J]. 中国蒙古学(蒙文),2015(4).

[13]萨仁格日勒.《卫拉特法典》中涉及"策格德克"的条文及新娘磕头礼仪 [J].

中国蒙古学(蒙古文),2008(5).

[14]王龙耿. 额济纳旗的历史变迁 [J]. 内蒙古社会科学,1982(3).

[15]王锡苓. 肃北蒙古族宗教弱化探析 [J]. 科学·经济·社会,1997(3).

[16]吴飞."空间实践"与诗意的抵抗——解读米歇尔·德塞图的日常生活实践理论 [J]. 社会学研究,2009(2).

[17]许宪隆,谢文强. 畲族传统服饰的文化功能及变迁——基于敕木山村的实证调查研究 [J]. 大理大学学报,2019(7).

[18]苑涛. 中国服饰文化略论 [J]. 文史哲,1991(3).

[19]周宪. 日常生活批判的两种路径 [J]. 社会科学战线,2005(1).

[20]朱贵. 辽宁朝阳十二台营子青铜短剑墓 [J]. 考古学报,1960(1).

三、图册

[1]傅恒,等. 皇清职贡图 [M]. 扬州:广陵书社,2008.

[2]聂崇正. 清代宫廷绘画 [M]. 上海:上海科学技术出版社,1999.

附录

附录 1

法典中的卫拉特蒙古服饰

序号	文献名称	时间	服饰名称（形制）											军戎服饰	服饰面料
			服装						配饰						
			袍服	上衣	坎肩（马甲）	披风	裤子	其他	帽	首饰	鞋	装饰品	其他		
1	白桦法典（桦树皮令）①	16世纪后半叶至1639年		旱獭袄 大毛皮袄	去毛鞣革马甲	斗篷		羊驼毛护腰	帽缨	耳坠子 项链	靴子	金佩 扣子 盔顶插缨管	银腰带 皮腰带	盔甲 盔帽	织物：缎子；动物毛皮：大毛羊皮、貂、丛林猫（皮）、旱獭、羊羔皮、去毛鞣革 水獭皮、羊羔革
2	阿勒坦汗法典②	16世纪末	黄狗皮大氅 山羊皮大氅 貂皮大氅 "克阿蒙"大氅 西方菁蓝色或红色旱獭皮大氅	马褂		斗篷	上等裤子	衣服	帽尾 帽带 帽翅 金帽	银颈带	靴子		腰带	头盔 铠甲服 盔甲	动物毛皮：狐皮、黄狗皮、山羊皮、貂皮、旱獭皮
3	卫拉特法典	1640—1761年	拉布西各：卫拉特蒙古无论老少都常穿的一种袍服③ 褡护：用各种动物皮毛制作并毛朝外的长大衣 德勒：有长下摆的衣服④	奥伦代（奥勒布苏各）：袄 黄格德各：男人穿在里面的衣服或短衣服⑤ 加合：（给女儿陪嫁的）有活领子的冬天穿的服装⑥			沙勒布尔：渡河时穿用生皮制作的连着靴子的裤子⑧ 都：裤子的统称	霍苏布奇各：穿着服的连着裤子之统称 木讷都的雨衣	玛拉各：帽子的统称 扎击各：帽顶的缨子	比力格各：戒指	郭度苏各：靴子 郭度·威孙 莫各：袜子	陶布其各：扣子		霍伊各：铠甲 多拉各：头盔 劳卜加：护面的头盔⑨ 德莱·霍伊各：无长下摆的铠甲⑩ 哈日巴各：有短袖子的铠甲⑪ 弓箭：号弓 孙线	织物：绸缎（天鹅绒或平绒）、布斯（布）动物毛皮：博勒（貂皮）、乌讷根（鼠鼬皮）、讷黑的（大毛羊皮）、伊勒根（去毛鞣革）、蒙尔斯各（羊羔革、燕皮）⑫

序号	文献名称	时间	服饰名称（形制）												军戎服饰	服饰面料
			服装						配饰							
			袍服	上衣	坎肩（马甲）	披风	裤子	其他	帽	首饰	鞋	装饰品	其他			
3	卫拉特法典	1640—1761年	德卜勒（加萨）：赛音·德卜勒·蒙古袍⑥（用于打扮的上好的衣服）	加德盖：（给女儿陪嫁的）无活领子的常服或里面穿的长衫衣之类⑦												另有：虎、豹、水獭、狐、狼、狼狸、沙狐、捨猁、猞猁、鼠等动物毛皮⑧（文中提到整张张皮，是否为服饰用料不清楚）
4	喀尔喀法典	1676—1770年	阿日亚坦·搭护：动物毛皮大衣塔尔巴根·搭护：旱獭皮大衣（布）德勒：讷黑·德勒（大毛皮）·德勒（布）：布斯·讷黑皮（大毛皮）伊勒根（去毛糅革）·德勒	奥勒布各·恰木恰：绸缎长衫·衬衣布斯·恰木恰：衬衣忽尔莫·恰木恰·衬衣忽尔莫：布斯·霍制马褂·布制上衣	奥吉·马甲：马甲		乌木都·裤子	阿拉·亚坦·图尔图：霍苏·奇布物里子的衣服额拉·捞楞：霍黑·布苏·破旧衣服⑨	奥勒布各因·托比·托尔短袄的帽子，头盔的村帽海溜·玛拉嘎：水獭皮的皮帽弓汹拉根：狐玛拉嘎皮博勒嘎·玛拉嘎：貂皮帽⑩	遂合·坠子：耳子	郭图·靴勒：袜子苏：袜子	额尔德尼·额日和：宝珠额尔德尼·额日和：装饰的珠子陶布其	布斯·德勒·腰带带子		霍伊各：铠甲统称乌布具·整套伊各：铠套德莱·霍伊各：胸甲·短铠伊勒德·霍伊各森·铁皮铠甲阿勒森·霍伊各尔·皮各德伊各·霍伊各：阿日暗哈各巴齐：臂甲	织物：陶尔嘎布斯动物毛皮：卜力嘎日（香牛皮）⑪旱獭皮、獾皮、讷黑、羊羔革、去毛糅革

序号	文献名称	时间	服饰名称（形制）												服饰面料
			服装						帽	配饰				军戎服饰	
			袍服	上衣	坎肩（马甲）	披风	裤子	其他		首饰	鞋	装饰品	其他		
5	青海卫拉特联盟法典㉒	1685年		策格德㉑					玛拉各					霍伊各·卢布苟·霍伊各㉒ 全幅铠甲㉒	织物：陶尔噶、布斯 动物毛皮：豹皮

附录1注释
①图雅.《桦树皮律令研究》——以文献学研究为中心[D].呼和浩特:内蒙古大学,2007.
②苏鲁格.阿勒坦汗法典[J].蒙古学信息,1996(2):26-33.
③那木吉拉.卫拉特蒙古民俗文化:经济生活卷(蒙古文)[M].乌鲁木齐:新疆人民出版社,2010:358.
④⑤⑥⑦道润梯步.卫拉特法典(蒙古文)[M].呼和浩特:内蒙古人民出版社,1985:71.
⑧道润梯步.卫拉特法典(蒙古文)[M].呼和浩特:内蒙古人民出版社,1985:254.
⑨同⑧33.
⑩同⑧85.
⑪同⑧134.
⑫⑬动物名称的翻译参考内蒙古大学蒙古学研究院蒙古语文研究所.蒙汉词典[M].呼和浩特:内蒙古大学出版社,1999.
⑭⑮⑯⑰⑲翻译参考内蒙古大学蒙古学研究院蒙古语文研究所.蒙汉词典[M].呼和浩特:内蒙古大学出版社,1999.
⑱翻译参考新蒙汉词典编委会.新蒙汉词典[M].北京:商务印书馆,1999.
⑳才仁巴力,青格力.青海卫拉特联盟法典[M].赤峰:内蒙古科学技术出版社,2015.
㉑同⑳410.
㉒同⑳384.

附录 2

清代地方志中的卫拉特蒙古服饰

序号	文献名称	时间	作者	服装 - 袍服	服装 - 坎肩	服装 - 裤子	帽	首饰 - 珠环	配饰 - 鞋	配饰 - 装饰品	配饰 - 其他	制作工艺 - 服装	制作工艺 - 配饰	服饰面料	服饰色彩
1	皇清职贡图①	1751年	清·傅恒	衣："台吉锦衣；台吉妇衣以锦绣；宰桑衣长领衣；宰桑妇服饰与台吉妇同；伊犁台吉男人男着无面丰皮衣。民人妇人与男子同。"			帽："台吉戴高顶平边毡帽；台吉妇戴红缨红毡帽；宰桑妇冠红缨；宰桑妇亦同。宰桑高顶卷边皮帽；民人戴黄顶白年皮帽，民人妇与男子同。"	珠环："台吉左耳饰以珠环；台吉妇两耳珠环。台吉妇戴左右珠环"；"民人男左耳饰以铜环；民人妇左耳饰以铜环；民人妇双发双垂两耳俱贯铜环。"	红牛革靴：台吉穿红牛革靴；台吉妇履与台吉牛革靴同。宰桑穿红牛革靴；宰桑妇黄黑革靴：民人男穿黄黑革靴，民人妇与男子同。	刀："台吉腰插小刀；宰桑妇腰插小刀"缀珠："台吉妇发双垂约以红帛缀珠"	带："台吉锦巾；民人男腰系布带"碗巾："台吉妇佩碗巾；宰桑妇佩碗巾"		绣	织物：锦、锦绣、纻丝褡裢、布 动物毛皮：毡、红皮、黄羊皮、牛革、黑革	鞋：红牛革、黄黑革 帽：白羊皮、红缨 冠：黄帽顶、黄缨
				衣："土尔扈特台吉台吉长袖锦衣。台吉妇与宰桑衣男子同。宰桑衣锦衣。民人则褐衣"			冠："台吉红缨平顶深灤冠；宰桑妇冠长红缨高顶。宰桑红缨红毡冠顶，人民则素帽"	珠环：耳环；妇人耳贵珠环	革靴：皮鞋；妇人衣与男子同		丝绦："丝编的带子或绳子，台吉锦衣长袖系之丝绦"带："宰桑束带"			织物：粗布、锦（褐衣）动物毛皮：羊皮、红牛革、黄黑革	
2	西域图志②	1756—1762年	清·傅恒	拉布锡克：袍，"右衽平袖不镶，四围皆纫"拉布锡克：袍，"右衽平袖不镶，四围皆纫"			哈尔邦：冠，"男内地暖帽，其形简略。其边平，其顶里，色为褐以皮，贫者无皮饰"	缓克："妇，男以发曰辫，环，约发之皮、帛，在辫之间，帛间缀以珠基约之属"	固都迹：靴，"以皮皆为之，台吉用鹿皮中嵌文饰。宰桑亦用红香牛皮，不嵌文饰，不刺绣。"皮履：荷卜塔牁：荷皮，"制与内地妇女靴履与男子同。"	红帛："好珠，（妇人）垂发，双垂，约发用红帛缀以珠基之属"	布包："以丝为之，端平长委曲，其长委委也。"	纫 绣 镶边："台吉之衣，两袖用锦绣，在交禊以续红、续以金花，或民女襟袖衣纫，俱用皮镶之，色皮镶之。"	刺绣 嵌	织物：锦缎绒、丝缎绒丝织之锦、缎绫布	冠："毡或染紫褐色。贵用锡克：拉布多用绿色及杂色"贱者锡克：色及杂色"

序号	文献名称	时间	作者	服饰名称（形制） 服装 袍服	坎肩	裤子	帽	首饰	配饰 鞋	装饰品	其他	服饰制作工艺 服装	配饰	服饰面料	服饰色彩
2	西域图志②	1756—1762年	清·傅恒				"无冬夏之别,但以毛质厚薄为差""上缀缨名札拉,止及其帽之半。妇人冠与男子同"								动物毛皮:毡、牛皮、香皮、鹿皮、染色皮	靴:"合台香牛皮为之,宰桑用红香牛皮"皮履"黑或黄,贱色者无"
3	西陲要略③	1807年	清·祁韵士	拉布锡克:袍,"右衽平袖,四围连衽"			"其顶平,其檐平,谓之'哈尔邦','略如内地暖帽,而缀止及其冠之半。妇人冠与男子同"		靴:"合台吉靴以红香牛皮为之,中嵌恶皮,刺以文绣,宰桑用红香牛皮,贱者视如贵靴,贱视如贵皮履。民人皮履曳曳履"	红帛,好珠"妇以人羊发绕双垂""妇约发用红帛在辫""妇人缀以好珠蔓苤之属"	带:"端垂流苏,其长委地""约腰,帛同缀以好珠蔓苤之属"	纫绣 镶边:(男子衣不镶边)"妇人衣用棉绣两肩,袖及交襟,镶以金及,其民妇则以皮色镶之。"	刺绣 嵌	织物:丝 锦缎 绣褦褞	冠:"紫绿色""绿色"
4	新疆图志④	1906年	清·王树楠	勒椿得褞:"冬裘夏葛""褦素质丰装" 布袍,"无缘" 长袍:"长穗,接长袖(袖)。接长袖,'妇人衣长袍,如两截衫,容袖对襟,下截如围裙曳地""其式如大褂" 朱袍:"新妇穿长衫,长袍曳地"袍腹"	两当:"外罩长袖,直裰,襟钩边,缘以编缘,此妇人礼服,有事必服之。"	袴:"男冬夏单袴出门,女冬夏着长袴,贵以羊皮"	冠:"妇人冠""金纯毡帽,顶结红绒或红丝长穗""童子冠满、汉同""新妇冠昵簾红缨妇冠昵簾红缨""大帽""寄尔图"皮冠,冠式如大帽""昌帽,顶绒毡""缝缨绒带巴"	耳环(手镯)腕钏(指约)(指环)	皮靴:新妇的妇约的	布袍:"女子布袍,无缘,缪尖佩"	小幘:"妇人小幘"	勒椿得褞的 缘的 青训	耳环得腕钏,指约,多以金银、珊瑚、珠宝为之	织绸 布 动物毛皮:羊皮、毡、呢	两当:青色

附录 2 注释
① 傅恒,等. 皇清职贡图[M]. 扬州:广陵书社,2008.
② 钟兴麒,王豪,韩慧. 西域图志校注[M]. 乌鲁木齐:新疆人民出版社,2014.
③ 祁韵士. 西陲要略[M]. 上海:商务印书馆,1936.
④ 王树楠,等. 朱玉麒等整理. 新疆图志[M]. 上海:上海古籍出版社,2015.

附录3

民国志书中的卫拉特蒙古服饰

序号	文献名称	时间	作者	服饰名称（形制）							服饰制作工艺	服饰面料	服饰色彩
				服装			帽	配饰			服装		
				袍服	坎肩（马甲）	裤子		首饰	鞋靴	其他			
1	新疆概观①	民国二十二年（1933年）		男装：长袍、背心、无面羊皮袍 女装：布制无缘 礼服：长袍细袖、对衿而下部几可及地，外罩长褂，直襟钩边，同以编绪 婚礼服：衣礼服		长裤裆	瓜皮帽（男子） 金丝毡帽（妇人） 礼服配的帽子（女）：顶结红绒或红丝，长穗尖帽 新娘冠红帽	女子耳环、手镯、戒指		腰佩鼻烟壶之类、累累如杂货店	羊皮袍同、缘绒边、阔至四五寸	首饰：贫者银制；富者多以金玉、珊瑚、宝珠	衣服色尚黄、紫
2	新疆考察记②	民国二十三年（1934年）		服装与满人大致相同，冬则裹羊裘 婚礼服：朱袍			新妇冠红缨喇帽	环钏	长靴			羊裘 首饰：金银、珠宝	
3	新疆志略③	民国二十四年（1935年）	许崇灏	官服（与前清礼服相似） 便服（"拉布锡克"袍） 素质羊裘无面（平民装） 便服较汉、满服装稍形宽润	背心		哈尔邦：以毡为里，外饰以皮，上缀以缨，只及其半 女子冠金丝毡帽	约发用红帛，头上银圈或碧玉珊瑚沿圈下垂 耳环、腕钏、约指	固都迤牛皮翻底靴	布色：腰带之左右前后插入烟管、烟袋、餐刀、箸物等等 顶系佛珠 手拈佛像	拉布锡克：贵者上饰以缨 女子衣用锦绣、襟袖衣衽镶以金花	拉布锡克：贵者用锦缎、驼毛裘 素质羊裘 染色皮 毡 牛皮 丝 棉布 首饰：珊瑚、金、银、珠宝	便服：红、黄
4	青海志略④	民国三十二年	许崇灏	普通人冬夏着皮衣毛衣 衣服之制同，男女圆领长袍，袖又逾膝 身长及足，冀当床被，一经伸长，广如床被，衣无		单袷冬夏不换裤	高圆尖顶帽（毡其内而布袋其外） 北京毡帽（金边红缨）		长统皮靴	从发际线缘一布片，宽五寸，垂至足跟或胸前，其上挂以银（），玛瑙石之类。贫（）则有戴		皮毛：一般人用老羊皮，较富者用薄毛或洋布，蒙贵及有势力者则披着	当用红、黄、紫，亦有用蓝色、黑色，黄白 灰白

续表

序号	文献名称	时间	作者	服饰名称（形制）							服饰制作工艺	服饰面料	服饰色彩
				服装				配饰			服装		
				袍服	坎肩（马甲）	裤子	帽	首饰	鞋靴	其他			
4	青海志略④	民国三十二年	许崇灏	纽扣，仅将前后裙提（）膝盖，用大带紧束腰。所有杂物均放怀中，前后胸俱有口袋之作用。女大衣亦与男子相同，惟袖短仅及肘下，更下则略窄。布衣：蒙古喜爱。王公富户长袍王公着（蒙古富户着汉装）		单裤（男女冬夏皆穿）	妇人毡帽（顶结红纽）新妇红缨大帽	铜石者，重可数斤，耳坠大如汉人之镯子，更有加以两串珊瑚，（）及肩上者				绸缎，帽子：毡其内而布缘其外，羊毛狐皮不等，亦有加用獭皮者 布	一色，咸认为紫色
5	新疆史地及社会⑤	民国三十六年		无表之羊装（冬装）女装：布袍无缘礼服：对开长袍（长可电地），外罩长褙裆，直襟约边，周以编绪 婚礼服：未包	长褙裆	羊皮之裤（出门时套于裤上）		女子盛饰：环、钏、指约	皮靴（新妇）			

附录3注释
①丁世良,赵放.中国地方志民俗资料汇编·西北卷[M].北京:北京图书馆出版社,1989:325.
②同①363.
③同①341.
④许公武.青海志略[M].上海:商务印书馆,1945:121.
⑤丁世良,赵放.中国地方志民俗资料汇编·西北卷[M].北京:北京图书馆出版社,1989:337.
（）为原文识别不清。

附录 4

蒙古式测量标准

序号	蒙古式测量单位	蒙古式测量方式	对应尺寸（cm）
1	托（tɸːʔ）	拇指 + 无名指	约 20
2	缩么（sɸːm）	拇指 + 食指	约 17
3	莫合尔·缩么 （mɔxɔr sɸːm）	拇指 + 弯折的食指 （食指从中间骨节弯折，即拇指到食指骨节处）	约 12
4	霍如（xʊrʊː）	手指的宽度	约 1
5	套哈（tʊxæ）	从指尖到胳膊肘	约 50
6	阿勒塔（alt）	双臂展开的长度	约 150

未婚女子毕希米德的一般尺寸

序号	部位	部位蒙语名称	蒙古尺寸	通用尺寸（cm）
1	衣长	背因·窝尔图（beyin ʊrt）	6 托	120
2	肩宽	搭鲁（dal）	1 托 2 霍如（1/2）	22（1/2）
3	袖长	罕区（xantsʊiː）	3 托	60
4	袖口宽	罕区因·乌朱尔 （xantsʊin ʊrt）	1 缩么（1/2）	17（1/2）
5	领长	加哈因·窝尔图 （dzaxin ʊrt）	＜ 2 托	＜ 40
6	领宽	加哈因·乌尔根 （dzaxin ɸrgen）	4 霍如	4
7	叠门	额立布齐（eːlibtʃi）	1 托 3 霍如	23
8	前襟装饰条宽	卜日亚·安班奈·乌尔根 （bɸræː ambenæː ɸrgen）	4 霍如	4
9	前襟装饰条长 （竖条）	卜日亚·安班奈·窝尔图 （bɸræː ambenæː ʊrt）	1 托 1 缩么	37
10	里襟拼接片 （上部）	导掏得·沃波尔因·西格西各 （dɔtɔd ɸwyrin ʃigʃig）	4 霍如	4
11	里襟拼接片 （下部）	导掏得·沃波尔因·西格西各 （dɔtɔd ɸwyrin ʃigʃig）	1 托 1 莫合尔·缩么	12

序号	部位	部位蒙语名称	蒙古尺寸	通用尺寸（cm）
12	前拼接片（上部）	额木讷·图如（emen tyry） 嘎杂德合·沃波尔因·西格西各（gadad ɸwyrin ʃigʃig）	1 缩么	17
13	前拼接片（下部）	额木讷·图如（emen tyry） 嘎杂德合·沃波尔·西格西各（gadad ɸwyrin ʃigʃig）	1 托 2 霍如	22

注：布料的幅宽 150cm。未婚女子与已婚女子的毕希米德在装饰上有所区别。

托西亚特·泰尔立各的一般尺寸

序号	部位	部位蒙语名称	蒙古尺寸	通用尺寸（cm）
1	衣长	背因·窝尔图	—	137
2	肩宽	搭鲁	1 托 4 霍如（1/2）	24（1/2）
3	袖长	罕区	3 托 3 霍如	63
4	领长	加哈（dzax）	2 托	40
5	袖笼	虽（缩），syi:（sʊ:）	1 托 1 莫合尔·缩么（1/2）	32（1/2）

注：布料的幅宽 140cm。裁剪时面料的正面朝外，先沿面料竖向中缝对折，再根据衣长横向对折，布料为 4 层。因此多数尺寸为折叠后尺寸，表格中根据情况做了标注，如 1/2，表示是全尺寸的 1/2。前襟要对齐布料的纹样。

男子拉布西各（安班·沃波尔太·拉布西各）的一般尺寸

序号	部位	部位蒙语名称	蒙古尺寸	通用尺寸（cm）
1	衣长	背因·窝尔图	7 托	143
2	肩宽	搭鲁	1 托 4 霍如	24
3	袖长	罕区	3 托 3 霍如	63
4	领长	加哈	2 托 1 缩么	57
5	前襟（宽）	安班·沃波尔因·乌尔根（amban ɸwyrin ɸrgen）	1 缩么	17
6	袖笼	虽（缩）	1 托 1 莫合尔·缩么（1/2）	32（1/2）
7	下摆开叉	奥闹（ɔnɔ:）	2 托 3 霍如	43
8	拼接片（宽）	西格西各	2 霍如	2

注：布料的幅宽 140cm。过去男子拉布西各的两侧要各加 2 条拼接片（西格西各），还要对齐布料的纹样。